“十四五”职业教育国家规划教材

工业和信息化精品系列教材
智能制造技术

智能制造概论

王道平 殷悦 / 主编

ELECTROMECHANICAL

人民邮电出版社
北京

图书在版编目（CIP）数据

智能制造概论 / 王道平，殷悦主编. -- 北京：人
民邮电出版社，2021.11（2024.7重印）
工业和信息化精品系列教材. 智能制造技术
ISBN 978-7-115-57367-4

Ⅰ．①智… Ⅱ．①王… ②殷… Ⅲ．①智能制造系统
－高等学校－教材 Ⅳ．①TH166

中国版本图书馆CIP数据核字(2021)第188734号

内 容 提 要

　　本书系统地介绍了智能制造相关的基本理论和技术，以及这些技术的应用情况，并重点介绍了智能制造的概念、系统、支撑技术、软件、设计、装备、服务和管理等内容。本书既包括对智能制造发展现状的概述，也包括对智能制造未来趋势的介绍，希望能够帮助学生了解智能制造相关概念和掌握智能制造关键技术，进一步普及智能制造相关知识，为培养亟需的智能制造领域应用型人才提供参考资料。

　　本书既可供高等院校智能制造工程、机械工程、电气工程及自动化等专业作为本科生和研究生基础课程的教材，也可供政府部门、制造企业和研究机构中的相关人员参考。

　◆ 主　　编　王道平　殷　悦
　　责任编辑　刘晓东
　　责任印制　王　郁　焦志炜
　◆ 人民邮电出版社出版发行　　北京市丰台区成寿寺路 11 号
　　邮编　100164　　电子邮件　315@ptpress.com.cn
　　网址　https://www.ptpress.com.cn
　　涿州市京南印刷厂印刷
　◆ 开本：787×1092　1/16
　　印张：15.75　　　　　　　　　　2021 年 11 月第 1 版
　　字数：299 千字　　　　　　　　2024 年 7 月河北第 7 次印刷

定价：49.80 元

读者服务热线：(010)81055256　印装质量热线：(010)81055316
反盗版热线：(010)81055315
广告经营许可证：京东市监广登字 20170147 号

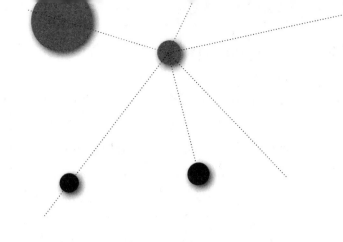

前　言

党的二十大报告中提出：推进新型工业化，加快建设制造强国。在过去几年我国的制造业规模稳居世界第一。一些关键核心技术实现突破，战略性新兴产业发展壮大，载人航天、探月探火、深海深地探测、超级计算机、卫星导航、量子信息、核电技术、大飞机制造、生物医药等取得重大成果，进入创新型国家行列。

制造业是国民经济的主体，是立国之本、兴国之器、强国之基。18世纪中叶开启工业文明以来，世界强国的兴衰史和中华民族的奋斗史一再证明，没有强大的制造业，就没有国家和民族的强盛。打造具有国际竞争力的制造业，是我国提升综合国力、保障国家安全、建设世界强国的必由之路。然而，与世界先进水平相比，我国制造业仍然大而不强，在自主创新能力、资源利用效率、产业结构水平、信息化程度、质量效益等方面差距明显，转型升级和跨越发展的任务紧迫而艰巨。为了实现从制造大国向制造强国的转变，我国正在部署推进以智能制造为主攻方向的制造业的转型升级。多年来，我国推行工业化和信息化深度融合，使得信息技术广泛应用于制造业的各个环节，在发展智能制造方面具有一定的优势。智能制造日益成为制造业发展的重大趋势和核心内容，是加快发展方式转变，促进工业向中高端迈进，建设制造强国的重要举措，也是新常态下打造新的国际竞争优势的必然选择。

正是基于这样的背景，编者认为有必要编写能反映新一代信息技术环境下智能制造的概念、技术、沿革及相关成果的教学用书。在编写本书的过程中，编者结合多年的教材编写经验和专业教学实践，以国内外最新的研究成果和实践经验充实本书的内容，以系统论和方法论为指导，提升本书的科学性、系统性和完整性，注重介绍智能制造相关的基本理论和技术，以及这些技术的应用情况，并重点介绍智能制造发展的最新状况，相信本书是适合智能制造工程及相关专业教学的一部好教材。

本书共8章。第1章为智能制造概述，主要介绍制造模式的发展历程、智能制造产生的背景、智能制造的概念与特征、智能制造的模式、智能制造的发展趋势等。第2章介绍智能制造系统的相关内容，包括系统和制造系统的定义、智能制造系统的概念、特征、架构及发展趋势等。第3章介绍智能制造的支撑技术，包括人工智能技术、大数据技术、云计算技术、第五代移动通信技术、物联网技术，包括它们的产生、概念、特点、发展历程、核心技术和应用等。第4章介绍企业资源管理软件ERP、制造执行系统软件MES、产品全生命周期管理软件PLM、信息物理系统软件CPS等智能制造软件的概念、发展趋势、功能等。第5章介绍智能制造设计的相关知识，包括智能制造设计的产生、概念、方法，以及智能设计系统的概念、关键技术和发展趋势等。第6章介绍智能制造装备的基本内容及4种智能制造设备，分别是智能机床、3D打印设备、工业机器人和智能仪器仪表。第7章介绍制造服务的概念、特点，并详细介绍智能制造服务的概念、支撑技术、发展的现状和趋势等。第8章主要介绍智能制造管理的内容，包括智能制造管理的基本概念和发展趋势、体系，以及智能制造中的精益管理、供应链管理，智能制造工厂等。

本书具有以下特点。

（1）既注重系统性和科学性，又注重完整性和实用性，全面介绍智能制造体系及其构成，涉及智能制造的概念、技术、软件、装备、服务、管理等方面的知识。

（2）提供大量生动的阅读案例，包括人物介绍、公司简介、应用案例等，可以激发学生的学习兴趣和学习视野。

（3）每章末都提供有形式多样的练习题，便于教师的授课和学生巩固所学知识。

（4）编写过程中，通过人物介绍、公司简介、应用案例等形式，大量融入思政元素，弘扬了中国优秀传统文化和职业精神，弘扬精益求精的专业精神、职业精神和工匠精神，着力培养学生的创新意识，激发学生的爱国热情。

本书由北京科技大学王道平和殷悦担任主编，负责设计全书的结构、草拟写作提纲和最后的统稿，参加教材编写的还有李明芳、郝玫、赵文博、舒晴、王婷婷、李小燕等。

在本书的编写过程中，编者参考了大量的相关书籍和资料，这些书籍和资料对本书的编写起到了重要的作用，在此向所有相关资料的作者表示衷心的感谢！同时在本书出版过程中，编者得到了北京科技大学和人民邮电出版社的大力支持，在此一并表示衷心的感谢！由于编者水平有限，书中难免存在不足之处，敬请广大读者批评指正。

编　者

2023年5月于北京科技大学

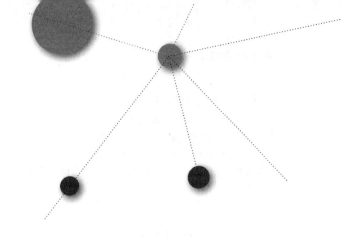

目　录

第1章
智能制造概述

【本章教学要点】

知识要点	掌握程度	相关知识
制造模式的发展历程	了解	从手工作坊制造到智能制造的 6 种模式
精益制造和柔性制造	熟悉	概念、产生背景和特点
四次工业革命	熟悉	每次工业革命的推动力、崛起的国家等
德国工业 4.0 战略	了解	宗旨和主要内容
我国发展智能制造的指导思想	熟悉	5 个方面：创新驱动、质量为先、绿色发展、结构优化和人才为本
智能制造的概念和关键环节	掌握	智能制造的概念和 5 个关键环节
智能制造的模式	掌握	5 种制造模式，重点是网络协同制造和大量定制生产
智能制造与传统制造的异同	了解	在产品设计、产品加工、制造管理和产品服务等方面的比较
智能制造的发展趋势	了解	发展智能制造的意义、面临的挑战等

　　21世纪以来，随着全球信息化与工业化的高度集成发展，出现了以物联网、云计算、大数据、人工智能、移动互联网等为代表的新一轮技术创新浪潮。当前，新兴经济体快速崛起，全球市场经济交流合作规模空前，多样化和个性化需求快速发展，用户体验成为市场竞争力的关键要素。在此背景下，许多国家将智能制造视为振兴实体经济和新兴产业的支柱和核心，以及提升竞争力和可持续发展能力的基础和关键。对于我国来说，发展智能制造是制造业向数字化、智能化转变的必然趋势，不仅会推动我国经济结构、需求结构不断进化，更将成为我国经济增长的新引擎。

　　如今我国智能制造快速发展，为传统制造业的升级提供了良好契机。加快推进装备制造业智能化，建立完备的智能制造装备产业体系，是落实工业化和信息化深度融合战略的重要举措。以智能制造带动装备制造业智能化升级，再以装备制造业智能改造推动智能制造在全行业普及，可以更好地达成我国的制造强国梦。

1.1　制造模式的发展历程

　　制造模式是指企业体制、经营、管理、生产组织和技术系统的形态和运作的模式。

从更广义的角度看，制造模式就是一种有关制造过程、制造系统建立和运行的哲理及指导思想。纵观制造模式发展的历史，制造模式总是与当时的生产发展水平及市场需求相联系。至今，制造模式经历了手工作坊制造、大规模制造、精益制造、柔性制造、敏捷制造、智能制造等不同发展阶段。

1.1.1　手工作坊制造

手工作坊制造也叫单件生产，是人类经历的第一种制造模式。这种模式产生源于欧洲，产品的设计、加工、装配和检验都是由个人完成的，一次生产一件产品。这种制造模式灵活性好，但效率很低，难以完成大批量产品的生产。

按技术的发展，手工作坊制造的发展大致可分为三个阶段。

（1）第一阶段的特征是按每个用户的要求进行单件生产，即按照每个用户的要求，每件产品单独制作，产品的零部件完全没有互换性，制作产品依靠的是操作者自己的技艺。

（2）第二阶段是第二次社会的大分工，即手工业与农业相分离，形成了专职工匠，手工业者完全依靠制造谋生，制造工具不是为了自己使用，而是为了同他人交换。

（3）第三阶段以蒸汽机的发明为标志，形成近代制造体系，但使用的是手动操作的机床。

手工作坊制造属于"少品种单件小批生产"的生产方式，其基本特征如下。

（1）按照用户的要求进行生产，采用手动操作的通用机床。由于无标准的计量系统，因此生产出来的产品规格只能达到近似要求，可靠性和一致性不能得到保证。

（2）生产效率不高，产量很低。例如，当时的汽车产量每年不超过1 000辆，而且生产成本很高，成本也不随产品产量的增加而下降。

（3）从业者通晓和掌握产品设计、机械加工和装配等方面的知识和操作技能，大多数人从学徒开始，最后成为制作整台机器的技师或作坊业主。

（4）工厂的组织结构松散，管理层次简单，由制造者和所有顾客、雇员、协作者联系。生产一般是凭借个人的劳动经验和师傅定的行规进行管理，因此个人的经验智慧和技术水平起了决定性的作用。

1.1.2　大规模制造

大规模制造也称为量产，是指在较长时间内接连不断地重复制造品种相同的产品的生产。例如采掘、钢铁、纺织、造纸等工业生产，都是大量生产。大量生产的特点是：产品品种少，产品产量大，生产比较稳定。一般可以采用流水线、自动线等先进的生产组织形式，操作工人往往固定从事一种劳动，有利于提高工人的操作熟练程度和劳动生产率。

19世纪中叶到20世纪中叶，美国福特汽车公司提出了基于可互换零件的大规模制造模式，以低成本生产高质量的产品，在制造业中占主导地位近百年。这种模式通过劳动分工实现作业专业化，在机械化和电气化技术的支持下，大大提高了劳动生产效率，降低了生产成本，有力推动了制造业的发展和社会进步，并成为各国纷纷效仿的制造方式。大规模制造的主要特征如下。

（1）实行从产品设计、加工制造到管理的标准化和专业化。

（2）采用移动式的装配线和高效的专用设备。

（3）实行纵向一体化制度，把一切与最终产品相关的工作都归并到厂内自制，自制率高。

【阅读案例1-1：美国福特汽车公司的大规模制造】

美国福特汽车公司创立于1903年，当时汽车年产量为1 700多辆。福特建立了汽车业的第一条生产线，大大降低了生产的成本。为了实现一分钟生产一辆汽车，并且让造车的人也买得起汽车，让汽车成为大众的代步工具的梦想，福特开始琢磨在每一个细节当中节省成本。汽车的成本一天天下降，大量的汽车被卖出去，产量的增加让生产的成本继续下降。福特的发展思路是上量——降成本，大规模生产，大规模采购，用规模和低成本来竞争。原因也很简单：市场刚刚起步，基本的需求还没有得到满足，很多家庭还没有汽车，处于供应短缺的年代，汽车还只是属于少数有钱人；消费者的收入水平也使得低价格成为一个很好的卖点；顾客都有基本需求，相同倾向很大。

福特认为，以最低的成本卖出最多的产品就能获得最大的利润。通过规模经济，增加产量可以急剧降低成本，从而可以降低产品价格。而需求是有弹性的，低价格能够保证最大限度卖出产品，价格越低，就会有越大的产销量；当产销量涨上去了，随着生产规模的增加，会进一步加速成本的下降，这就会产生进一步降低价格的空间。随着价格的降低，市场扩大了，在细分市场上的消费者会选择低价格，在差别化和低价格之间，选择更低的价格，消费者转向统一的市场，这就增加了消费市场的一致性。提供品种相对较少的产品，顾客的选择余地虽然减少，但是却有助于成本的降低，在相对统一的市场环境下，可以卖出更多的产品。

为了实现尽可能低的成本和更大的市场，生产过程应当尽量自动化，由此增加的固定成本会被规模经济所消化，新的工艺技术也就能有力地推动成本的降低。同时，应时刻保持生产过程的效率，其中最重要的就是稳定，包括输入、转化、输出过程的稳定，以保障每一个环节的流畅运转。在此种经营模式下，产品的生命周期会被尽量延长，以降低单位产品的生产成本，并减少对技术和工艺的平均投入。产品生命周期的延长，使得有更多的时间进行产品改进，这又推动了更大规模市场的形成。福特的T型车虽然款式单一，颜色也比较少，却占据了很大的市场份额，取得了极大的成功。

从1908年开始，福特着手在T型车上实行单一品种大量生产，到1915年建成了第一条生产流水线，实现了一分钟生产一辆汽车的愿望。到1916年，T型车的累计产量达到58万辆。随着产量的增加，汽车的成本也大幅下降，从1909年的950美元，降到了1916年的360美元。11年后，也就是1927年，T型车的累计产量突破了150万辆，市场占有率达到50%。很多美国家庭实现了汽车梦想。

1.1.3　精益制造

精益制造（Lean Manufacturing）也称为精益生产，是由美国麻省理工学院的学者们提出的。他们在一项名为"国际汽车计划"的研究项目中，通过对日本企业大量调查、对比发现，日本丰田汽车公司的生产组织、管理方式是最适用于现代制造的一种生产方式。这种生产方式的目标是降低生产成本、提高生产过程的协调度、杜绝企业中的一切浪费现象，从而提高生产效率，故称之为精益生产。

20世纪50年代，日本丰田汽车公司副总裁大野耐一注意到制造过程中的浪费是造成生产率低下和成本增加的根源。他从美国的超级市场运作中受到了启发，形成了看板系统的构想，于1953年提出了准时生产（Just-In-Time，JIT）制。经过不断改进和逐步推广，20世纪60年代初日本丰田汽车公司形成了应用于运营管理的精益生产模式。20世纪80年代后期，精益生产系统的原理在美国、中国和欧洲的一些国家开始运用。

【人物介绍：大野耐一】

大野耐一（1912—1990），丰田生产方式的创始人，被日本人称为"日本复活之父""生产管理的教父""穿着工装的圣贤"。1912年出生于中国大连，1932年毕业于日本名古屋高等工业学校机械科，同年进入丰田纺织公司，1943年调入丰田汽车公司，1949年任该公司机械厂厂长，后来历任丰田纺织公司和丰田合成公司会长。大野耐一在丰田工作了一辈子，在屡经挫折和失败之后，创造了一套完整的、超常规的、具有革命性的全新生产方式——丰田生产方式（Toyota Production System，TPS）。

1.1.4　柔性制造

从20世纪50年代开始，人们逐渐认识到刚性自动流水线存在许多自身难以克服的缺点和矛盾，如下。

（1）劳动分工过细，导致了大量功能障碍。

（2）生产单一品种的专用工具、设备和生产流水线不能满足产品品种、规格变动的需要，对市场和用户需求的应变能力较弱。

（3）纵向一体化的组织结构形成了臃肿的"大而全""小而全"的塔形多层体制。

面对市场的多变性、顾客需求的个性化、产品品种和工艺过程的多样性，以及生产计划与调度的动态性，人们开始寻找新的生产方式，同时提高工业企业的柔性和生产率。在这种背景下，柔性制造（Flexible Manufacturing，FM）应运而生。

简单地说，柔性制造系统是由若干数控设备、物料运贮装置和计算机控制系统组成的、能根据制造任务和生产品种变化而迅速进行调整的自动化制造系统。柔性制造主要基于计算机辅助技术，这些技术基本上都是在20世纪60年代至70年代发展起来的，且都已获得广泛的应用，大大提高了企业的决策能力和管理水平。

柔性制造的模式目前已经广泛存在，比如定制制造，这种制造是以消费者需求为导向的。与以需定产的方式对立的是传统大规模量产的生产模式。在柔性制造中，考验的是生产线和供应链的反应速度。比如在电子商务领域兴起的"C2B（Customer to Business，顾客对企业电子商务）"等模式体现的正是柔性制造的精髓。柔性制造技术是实现未来工厂的新颖概念模式和新的发展趋势，是决定制造企业发展前途的具有战略意义的技术。

柔性制造具有以下基本特征。

（1）机器柔性：系统的机器设备具有随产品变化而加工不同零件的能力。

（2）工艺柔性：系统能够根据加工对象的变化或原材料的变化而确定相应的工艺流程。

（3）产品柔性：产品更新或完全转向后，系统不仅对老产品的有用特性有继承能力和兼容能力，而且具有迅速、经济地生产出新产品的能力。

（4）生产能力柔性：当生产量改变时，系统能及时做出反应且经济地运行。

（5）维护柔性：系统能采用多种方式查询、处理故障，保障生产正常进行。

（6）扩展柔性：当生产需要的时候，系统可以很容易地扩展系统结构，增加模块，构成一个更大的制造系统。

1.1.5 敏捷制造

20世纪90年代，信息技术突飞猛进，信息化的浪潮汹涌而来，许多国家制订了旨在提高自己国家在未来世界中的竞争地位、培养竞争优势的先进的制造计划。为重新夺回制造业的领先地位，美国把制造业发展战略目标瞄向21世纪。美国通用汽车公司和里海大学的雅柯卡研究所在美国国防部的资助下，组织了百余家公司，由来自通用汽车公司、波音公司、IBM、德州仪器公司、AT&T、摩托罗拉等15家大公司和国防部的20名代表组成了核心研究队伍。此项研究历时3年，于1994年底提出了报告《21世纪制造企业战略》。在这份报告中，提出了既能体现国防部与工业界各自的特殊利益，又能获取其共同利益的一种新的生产方式，即敏捷制造（Agile Manufacturing，AM）。

敏捷制造的核心思想是：要提高企业对市场需求变化的快速反应能力，满足顾客的要求。除了充分利用企业内部资源外，还可以充分利用其他企业乃至社会的资源来组织生产。敏捷制造具有以下特点。

（1）从产品开发开始的整个产品生命周期都是为了满足用户需求。

（2）采用多变的动态的组织结构。

（3）着眼于长期获取经济效益。

（4）建立新型的标准体系，实现技术、管理和人的集成。

（5）最大限度地调动、发挥人的作用。

1.1.6　智能制造

智能制造（Intelligent Manufacturing，IM）源于人工智能的研究。一般认为智能是知识和智力的总和，前者是指智能的基础，后者是指获取和运用知识的能力。

随着2013年德国工业4.0等国家制造战略的提出，社会进入智能制造模式。智能制造突出了知识在制造活动中的价值和地位，而知识经济又是继工业经济后的主体经济形式。智能制造成为未来经济发展过程中制造业重要的制造模式。关于智能制造产生的背景、概念、特征等，将在后文详细介绍。

总体来说，每种制造模式都具有一组不同的需求集合，既有来自社会的需求，也有来自市场的需求。制造模式的特点如表1.1所示。

表 1.1　制造模式的特点

制造模式	开始时间	社会需求	市场力量	模式目标	使用技术	制造系统	产品结构	商业模式
手工作坊制造	约1850年	独特产品	不稳定需求	满足要求	电力	电动机床	个性化	拉动式
大规模制造	约1913年	大批量，低成本	稳定需求	降低成本	可互换零件	专用制造系统（机床、装配线等）	不变	推动式
精益制造	约1960年	低成本，高质量	稳定需求	低成本，高质量	精益生产	精益生产系统	模块化	拉动式
柔性制造	约1980年	多品种，小批量，高质量	稳定需求	多品种，高质量	计算机数控	柔性制造系统/计算机集成制造系统	模块化	推动式
敏捷制造	约2000年	个性化产品和服务	波动需求	快速响应服务	信息技术和互联网	可重构制造系统/现代集成制造系统	高度模块化	拉动式
智能制造	约2012年	智能产品和服务	波动需求	智能服务	新一代信息技术	智能制造系统	智能化	拉动式

1.2 智能制造产生的背景

制造业是国民经济的基础，是决定一个国家发展水平的基本因素之一。从制造业发展的历程来看，制造业经历了由手工制作、泰勒化制造、高度自动化、柔性自动化和集成化制造、并行规划设计制造等阶段。纵观历史，制造业在每一次新的工业革命中都得到了迅猛的发展。

1.2.1 四次工业革命

迄今为止，人类社会已经经历了三次工业革命，即蒸汽时代、电气时代、信息时代，现在正处于第四次工业革命时期，即智能时代。每一次工业革命都使人类的生产方式发生巨大变化，生产力水平大幅提高，经济活动的范围、规模空前扩大，人们的生活方式发生根本改变。

（1）第一次工业革命（工业1.0——蒸汽时代）

18世纪从英国发起的技术革命是技术发展史上的一次巨大革命，它开创了以机器代替手工劳动的时代。第一次工业革命是以工作机的诞生开始的，以蒸汽机作为动力机被广泛使用为标志，它使工厂代替了手工工场，用机器生产代替了手工劳动。从社会关系来说，第一次工业革命使依附于落后生产方式的自耕农阶级消失了，使工业资产阶级和工业无产阶级形成和壮大起来。因此这不仅是一次技术改革，更是一场深刻的社会变革，为世界开启了机械化生产之路。

（2）第二次工业革命（工业 2.0——电气时代）

19世纪中期，欧洲国家和美国、日本的资产阶级革命或改革的完成，促进了经济的发展。以电力的广泛应用为标志，用电力取代蒸汽动力驱动机器，从此零部件生产与产品装配实现分工，人类进入了"电气时代"。第二次工业革命极大地推动了社会生产力的发展，对人类社会的经济、政治、文化、军事、科技和生产力产生了深远的影响。工业制造进入大规模生产时代，催生了流水生产线与大规模标准化生产。

（3）第三次工业革命（工业3.0——信息时代）

第三次工业革命是从20世纪50年代开始，以原子能、电子计算机、空间技术和生物工程的发明和应用为主要标志，涉及信息技术、新能源技术、新材料技术、生物技术、空间技术和海洋技术等诸多领域的一场信息控制技术革命。它是人类文明史上继蒸汽技术革命和电力技术革命之后科技领域里的又一次重大飞跃，促使制造业实现了自动化控制，极大地提高了制造业的生产效率和水平。

（4）第四次工业革命（工业4.0——智能时代）

进入21世纪，人类面临空前的全球能源与资源危机、全球生态与环境危机、全球气候变化危机的多重挑战，由此引发了第四次工业革命。工业4.0的概念于2011年在德国汉诺威工业博览会上被首次提出，2013年"工业4.0"报告发布。作为工业领域的全球领先展会，汉诺威工业博览会对推动"第四次工业革命"发挥了重要作用。第四次工业革命是以人工智能、石墨烯、基因、虚拟现实、量子信息技术、可控核聚变、清洁能源及生物技术为技术突破口的工业革命。在这一次工业革命中，制造业开始应用信息物理系统（Cyber-Physical System，CPS），使物理设备具有计算、通信、精确控制、远程协调和自治等功能。

第四次工业革命的浪潮由几大工业强国共同发起，正在以惊人的速度席卷全球，它将把新一代信息技术广泛深入地渗透并融合到制造业中，彻底改变传统制造业的生产方式和人类知识技术的创新方式，推动制造技术和制造业向智能方向的发展。

随着四次工业革命的出现，世界生产方式也经历了四次重大变革，并且在每次的变革过程中，都会有一些国家奇迹般地崛起，如表1.2所示。

表 1.2　生产方式的变革和国家的崛起

变革	时间	技术变革	生产力方式变革	崛起国家	崛起的原因
第一次工业革命	18世纪70年代—19世纪50年代	机器代替人类	工厂代替手工工场	英国	利用生产技术和方式的变革和进步，即劳动分工与标准化
第二次工业革命	19世纪80年代—20世纪20年代	电力、化学、石油、新动力、新材料	企业集团出现大规模流水生产	美国、德国	利用新兴生产方式和新技术，如福特的大批量生产方式
第三次工业革命	20世纪40年代末—20世纪末	信息技术及网络、核能、生物技术、新材料	中小企业的兴起，大企业的联盟	日本、德国、美国	利用高科技产业的发展与技术的进步，包括日本的精益制造、德国的柔性制造、美国的敏捷制造等生产方式
第四次工业革命	2012年至今	移动互联网、大数据、云计算、人工智能、物联网等	智能制造、服务型制造、客户化定制	美国、德国、中国	利用创新能力，即技术创新、商业模式创新、生产组织方式创新，以及制造体系创新等，如工业互联网、工业4.0等

1.2.2　部分国家的智能制造发展战略

制造业在世界工业化进程中始终发挥着支柱作用，在经济全球化和信息技术革命的推动下，国际制造业的生产方式正在发生着重大变化。近年来，主要工业国家纷纷制订各种发展计划，促进传统制造业向先进制造业（Advanced Manufacturing Industry）转变。加快发展先进制造业，已经成为世界制造业发展的新潮流。美国、德国、英国、日本等是世界上制造业发达的国家，也是先进制造业发展快速的国家，印度也在多年以前提出了发展先进制造业的计划，这些国家的智能制造规划的提出和发展动态如表1.3所示。

表1.3 一些国家关于智能制造的规划情况

国家	规划名称	时间	规划的主要目标
美国	先进制造业美国领导力战略	2018年	发展先进制造业，实现制造业的智能化，保持美国制造业价值链上的高端位置和全球控制者地位
德国	工业4.0战略	2011年	由分布式、组合式的工业制造单元模块，通过组建多组合、智能化的工业制造系统，应对以智能制造为主导的第四次工业革命
英国	工业2050战略	2011年	科技改变生产，信息通信技术、新材料等科技将在未来与产品和生产网络融合，以应对个性化需求和数字化时代
日本	机器人新战略	2015年	依靠传感器、控制/驱动系统、云端运算、人工智能等技术大力发展机器人产业，并且让其相互联网
印度	制造计划	2014年	以基础设施、制造业、能源、技能发展和商业环境为经济改革战略的5根支柱，通过智能制造技术的广泛应用，将印度打造成新的"全球制造中心"，建设"数字印度"

（1）美国先进制造业战略

为保持美国在制造业的领先地位，美国国家科学技术委员会下属的先进制造技术委员会于2018年10月5日发布了《先进制造业美国领导力战略》报告。报告包括美国制造竞争力分析、战略愿景、战略方向、具体战略目标、优先领域、任务分工等内容，为美国联邦计划和活动提供长期指导，以支持包括先进制造研发在内的美国制造业竞争力的提升。

该报告认为先进制造是美国经济实力的引擎和国家安全的支柱，并提出了三大目标，分别是：① 开发和转化新的制造技术；② 教育、培训和集聚制造业劳动力；③ 扩展国内制造供应链的能力。针对每个目标，报告确定了若干个战略目标和相应的一系列需要优先发展的任务。

（2）德国工业4.0战略

随着新一轮技术浪潮的到来和国际科技竞争的加剧，作为世界工业强国，德国敏锐地察觉到新机遇、新挑战，为此及时制定并推进促进产业发展创新战略——工业4.0。该战略旨在提升德国制造业的智能化水平，建立具有适应性、资源效率及符合人体工程学的智慧工厂，在商业流程及价值流程中整合客户及商业伙伴。其技术基础是网络实体系统及物联网，通过利用CPS将生产中的供应、制造、销售信息数字化和智能化，最后达到快速、有效、个性化的产品供应。

智能制造是工业4.0的核心，通过嵌入式的处理器、存储器、传感器和通信模块，把设备、产品、原材料、软件联系在一起，使得产品和不同的生产设备能够互联互通并交换数据，而且未来的工厂能够自行优化并控制生产过程。

（3）英国工业2050战略

英国工业2050战略是定位于2050年英国制造业发展的一项长期战略研究报告，通过分析制造业面临的问题和挑战，提出英国制造业发展与复苏的政策。报告也向英国政府建言献策，提出了未来需要政府给予关注的3个系统性领域，包括更加系统、完整地看待制造领域的价值创造、明确制造价值链的具体阶段目标、增强政府长期的政策评估和协调能力。这一报告的出台将英国制造业发展提到了战略的高度。

报告展望了2050年制造业的发展状况，并据此分析了英国制造业的机遇和挑战。其主要观点是科技改变生产，信息通信技术、新材料等科技将在未来与产品和生产网络融合，极大改变产品的设计、制造、提供甚至使用方式。报告认为，未来制造业的主要趋势是个性化的低成本产品需求增大、生产重新分配和制造价值链的数字化。这将对制造业的生产过程和技术、制造地点、供应链、人才甚至文化产生重大影响。

（4）日本机器人新战略

早在1990年6月，日本通产省就提出了智能制造研究的十年计划，并联合欧洲共同体委员会、美国商务部协商共同成立了智能制造系统国际委员会。2004年，日本制定了《新产业创造战略》，其中将机器人、信息家电等作为重点发展的新兴产业。2013年的《制造业白皮书》将机器人、新能源汽车、3D打印机等作为今后制造业发展的重点领域。2014年的《制造业白皮书》中指出，日本制造业在发挥IT作用方面落后于欧美，建议日本的制造业转型为利用大数据的"下一代"制造业。2015年发布的《机器人新战略》，提出了机器人发展的3个核心目标，即"世界机器人创新基地""世界第一的机器人应用国家""迈向世界领先的机器人新时代"。

在德国工业4.0战略的影响下，日本于2015年成立了与工业4.0相对应的工业价值链促进会，即通过互联网将不同企业连接起来，利用政府提供的平台，各企业相互合作，将网络信息技术与工业制造相结合来推动"智能工厂"的实现。此外，该促进会还在基于企业自然合作前提下提倡两个基本原则：关联制造和可变标准。前者是依靠智能化连接的工厂来处理过剩资源，达到不浪费、充分利用资源的目的；后者提出的是一种自适应模式，在外部条件发生变化时可以自动进行自我调整以适应当前变化。无论是以智能化方式利用过剩资源还是可变化的自适应模式，都是在发展智能制造过程中必备的。

（5）印度制造计划

2014年，印度正式推出了印度制造计划，旨在将制造业占印度GDP的比重从当时的15%提升至25%，并为每年进入印度劳动力市场的逾1 200万年轻人创造就业机会。这一计划以市场化、自由化为主导思想，以扩大对外开放、吸引外资为核心思路，包括快速拉动制造业增长、创造就业岗位等目标，主要涉及25个行业，包括汽车、化工、制药、纺织、信息技术、港口、航空、旅游、铁路、再生能源、采矿及电子产业等。

作为振兴印度制造业的重要组成部分，印度同时推出了25个重大基建项目，以吸引外资进入。在城市基建领域，印度将打造100个智慧城市；在工业基建领域，将重点打造德里—孟买工业走廊、清奈—班加罗尔工业走廊、东海岸工业走廊、阿姆利则—加尔各答工业走廊及班加罗尔—孟买工业走廊五大工业走廊，以此构成今后制造业发展的新阵地。其中，每条工业走廊拥有至少6个基于智能城市原理开发的关键点，范围超过200平方千米。

1.2.3　我国发展智能制造的指导思想和战略目标

经过几十年的快速发展，我国制造业规模跃居世界前列，建立了门类齐全、独立完整的制造体系，成为支撑我国经济社会发展的重要基石和促进世界经济发展的重要力量。持续的技术创新，大大提高了我国制造业的综合竞争力。载人航天、载人深潜、大型飞机、北斗卫星导航、超级计算机、高铁装备、百万千瓦级发电设备、万米深海石油钻探设备等一批重大技术装备取得突破，形成了若干具有国际竞争力的优势产业和骨干企业，我国已具备建设工业强国的基础和条件。

党的十九大报告指出："加快建设制造强国，加快发展先进制造业，推动互联网、大数据、人工智能和实体经济深度融合，在中高端消费、创新引领、绿色低碳、共享经济、现代供应链、人力资本服务等领域培育新增长点、形成新动能。""促进我国产业迈向全球价值链中高端，培育若干世界级先进制造业集群。加强水利、铁路、公路、水运、航空、管道、电网、信息、物流等基础设施网络建设。"

我国发展智能制造的指导思想如下。

（1）创新驱动

坚持把创新摆在制造业发展全局的核心位置，完善有利于创新的制度环境，推动跨领域跨行业协同创新，突破一批重点领域关键共性技术，促进制造业数字化、网络化、智能化，走创新驱动的发展道路。

（2）质量为先

坚持把质量作为建设制造强国的生命线，强化企业质量主体责任，加强质量技术攻关、自主品牌培育。建设法规标准体系、质量监管体系、先进质量文化，营造诚信经营的市场环境，走以质取胜的发展道路。

（3）绿色发展

坚持把可持续发展作为建设制造强国的重要着力点，加强节能环保技术、工艺、装备推广应用，全面推行清洁生产。发展循环经济，提高资源回收利用效率，构建绿色制造体系，走生态文明的发展道路。

（4）结构优化

坚持把结构调整作为建设制造强国的关键环节，大力发展先进制造业，改造提升传统产业，推动生产型制造向服务型制造转变。优化产业空间布局，培育一批具有核心竞争力的产业集群和企业群体，走提质增效的发展道路。

（5）人才为本

坚持把人才作为建设制造强国的根本，建立健全科学合理的选人、用人、育人机制，加快培养制造业发展急需的专业技术人才、经营管理人才、技能人才。营造大众创业、万众创新的氛围，建设一支素质优良、结构合理的制造业人才队伍，走人才引领的发展道路。

我国发展智能制造，将坚持"市场主导、政府引导，立足当前、着眼长远，整体推进、重点突破，自主发展、开放合作"的基本原则，通过"三步走"实现制造强国的战略目标。

（1）第一步，到2025年迈入制造强国行列。

（2）第二步，到2035年我国制造业整体达到世界制造强国阵营中等水平。

（3）第三步，到中华人民共和国成立100年时，制造大国地位更加巩固，综合实力进入世界制造强国前列。

我国在智能制造领域计划实施的5项重大工程如表1.4所示。

表 1.4　中国在智能制造领域计划实施的 5 项的重大工程

工程名称	工程内容
智能制造工程	（1）开展信息技术与制造装备融合的集成创新和工程应用，开发智能产品和自主可控的智能装置并实现产业化； （2）坚实重点领域智能工厂 / 数字化车间； （3）开展智能制造试点示范及应用推广； （4）建立智能制造标准体系和信息安全保障； （5）搭建智能制造网络系统平台
工业强基工程	（1）支持核心基础零部件（元器件）、先进基础工艺、关键基础材料的首批次或跨领域应用； （2）突破关键基础材料、核心技术零部件工程化、产业化瓶颈； （3）完善重点产业基础体系
绿色制造工程	（1）组织实施传统制造业能效提升、清洁生产、节水治污、循环利用等专项技术改进； （2）开展重大节能环保、资源综合利用、再制造、低碳技术产业化示范； （3）实施重点区域、流域、行业清洁生产水平提升计划； （4）开展绿色评价
高端装备创新工程	（1）实施一批创新和产业化专项、重大工程； （2）开发一批标志性、带动性强的重点产品和重大装备
制造业创新中心建设工程	（1）形成一批制造业创新中心； （2）重点开展行业基础和共性关键技术研发、成果产业化、人才培训等工作

1.3　智能制造的概念、关键环节与特征

智能制造始于20世纪80年代人工智能在制造业领域中的应用，发展于20世纪90年代智能制造技术和智能制造系统的提出，成熟于21世纪基于信息技术智能制造的发展。它将智能技术、网络技术、制造技术等应用于产品制造和服务的全过程中，并能在产品的制造过程中分析、推理、感知等，满足产品的动态需求。智能制造不是简单的技术突破，也不是简单的传统制造业改造，而是信息技术等和制造业的深度融合和创新集成。

1.3.1　智能制造的概念

智能制造的概念最早在20世纪80年代由美国提出，之后受到众多国家的重视和关注，也给出了一些不同的定义。具有代表性的有以下几个。

（1）美国智能制造领导联盟的定义

2011年，美国智能制造领导联盟（Smart Manufacturing Leadership Coalition，SMLC）发表了"实施21世纪智能制造"报告。其中的定义是：智能制造是先进智能系统强化应用、新产品制造快速、产品需求动态响应，以及工业生产和供应链网络实时优化的制造。智能制造的核心技术是网络化传感器、数据互操作性、多尺度动态建模与仿真、智能自动化，以及可扩展的多层次的网络安全。

（2）德国工业4.0战略中的定义

德国工业4.0战略中智能制造的概念，包含了由集中式控制向分散式增强型控制的基本模式转变，目标是建立一个高度灵活的个性化和数字化的产品与服务的生产模式。在这种模式中，传统的行业界限将消失。核心内容可以总结为：建设一个网络（信息物理系统），研究两大主题（智能工厂、智能生产），实现三大集成（纵向集成、横向集成、端到端集成），推进三大转变（生产由集中向分散转变、产品由趋同向个性转变、用户由部分参与向全程参与转变）。

（3）百度百科中的定义

百度百科中关于智能制造的定义是：智能制造是一种由智能机器和人类专家共同组成的人机一体化智能系统，它在制造过程中能进行智能活动，诸如分析、推理、判断、构思和决策等。通过人与智能机器的合作共事，去扩大、延伸和部分地取代人类专家在制造过程中的脑力劳动。它把制造自动化的概念更新，扩展到柔性化、智能化和高度集成化。

（4）我国对智能制造的定义

在工业和信息化部公布的"2015年智能制造试点示范专项行动"中，智能制造的定

义是：基于新一代信息技术，贯穿设计、生产、管理、服务等制造活动各个环节，具有信息深度自感知、智慧优化自决策、精准控制自执行等功能的先进制造过程、系统与模式的总称。具有以智能工厂为载体、以关键制造环节智能化为核心、以端到端数据流为基础、以网络互联为支撑等特征，可以有效缩短产品研发周期、降低运营成本、提高生产效率、提升产品质量、降低资源能源消耗。中国机械工程学会在2011年出版的《中国机械工程技术路线图》一书中提出，智能制造是研究制造活动中的信息感知与分析、知识表与学习、智能决策与执行的一门综合交叉技术，是实现知识属性和功能的必然手段。

综合智能制造的已有定义，可以认为：智能制造是将物联网、大数据、云计算、人工智能等新一代信息技术与先进自动化技术、传感技术、控制技术、数字制造技术相结合，贯穿设计、生产、管理、服务等制造活动各个环节，实现工厂和企业内部、企业之间和产品生命周期的实时管理和优化，具有信息深度自感知、智能优化自决策、精准控制自执行等功能的先进制造过程、系统与模式的总称。

1992年，时任宏碁电脑董事长施振荣提出了著名的"微笑曲线"，该曲线横轴从左至右分为3个部分，前端为产品设计和研发，中端为产品加工和生产，后端为市场营销和服务，纵轴指代附加值。对于智能制造来说，也有类似的"微笑曲线"，如图1.1所示。

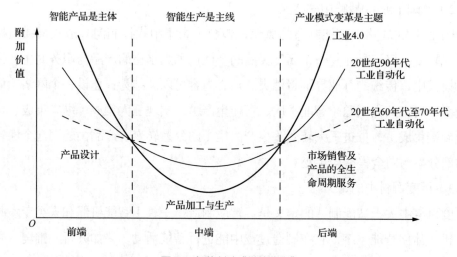

图1.1 智能制造"微笑曲线"

1.3.2 智能制造的关键环节

智能制造是一种集自动化、智能化和信息化于一体的先进制造模式，是信息技术特别是互联网计算与制造业的深度融合和创新集成，主要包括设计智能化、生产智能化、产品智能化、管理智能化和服务智能化5个关键环节。

1. 设计智能化

设计智能化是指应用智能化的设计手段和先进的数据交互信息系统来模拟人类的思维活动，从而使计算机能够更多、更好地承担设计过程中的各种复杂任务，不断地根据市场需求设计多种方案，从而获得最优的设计成果和效益。

2. 生产智能化

生产智能化是指个性化定制、极少量生产、服务型制造及云制造等新业态、新模式，其本质是重组客户、供应商、销售商及企业内部组织的关系，重构生产体系中信息流、产品流、资金流的运行模式，重建新的产业价值链、生态系统和竞争格局。智能制造能够实现个性化定制，不仅打掉了中间环节，还加快了商业流动，产品价值不再由企业定义，而是由用户定义。只有用户认可的，用户参与的，用户愿意分享的，用户不说你坏的产品，才具有市场价值。

3. 产品智能化

产品智能化是把传感器、处理器、存储器、通信模块、传输系统融入各种产品，使得产品具备动态存储、感知和通信能力，实现产品可追溯、可识别、可定位。计算机、智能手机、智能电视、智能机器人、智能穿戴设备都是物联网的“原住民”，这些产品从生产出来就是网络终端。而传统的空调、冰箱、汽车、机床等都是物联网的“移民”，未来这些产品都需要连接到网络世界。

4. 管理智能化

随着纵向集成、横向集成和端到端集成的不断深入，企业数据的及时性、完整性、准确性不断提高，必然使管理更加准确、更加高效、更加科学。企业生产和运营管理的很大一部分由机器来承担，数据驱动技术、决策支持技术、知识推理技术、人机交互技术等将在管理中得到广泛的应用。

5. 服务智能化

智能服务是智能制造的核心内容，越来越多的制造企业已经意识到从生产型制造向生产服务型制造转型的重要性。今后，企业服务将会实现线上与线下的并行，不仅对传统制造业的服务进行拓展，而且是从消费互联网进入产业互联网。比如，目前广泛使用的微信，未来连接的不仅是人，还包括设备和服务。个性化的研发设计、总集成、总承包等新服务产品的全生命周期管理，会伴随着生产方式的变革不断出现。

智能制造过程的智能化关键环节如图1.2所示。

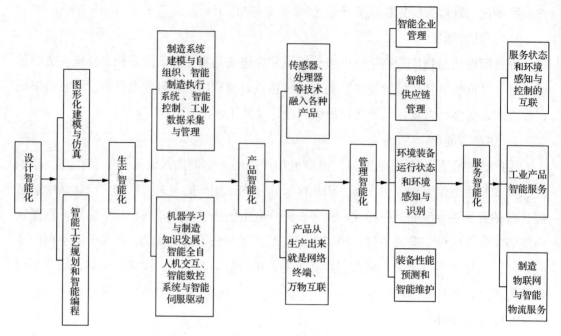

图1.2　智能制造过程的智能化关键环节

1.3.3　智能制造的特征

智能制造是一种由智能机器和人类专家共同组成的人机一体化系统，通过人与智能机器的合作共事，扩大、延伸和部分地取代人类专家在制造过程中的脑力劳动。它更新了制造自动化的概念，使其扩展到柔性化、智能化和高度集成化。智能制造具有以下5个特征。

1. 生产现场无人化

工业机器人、机械手臂等智能设备的广泛应用，使工厂的无人化制造成为可能。数控加工中心、智能机器人和其他柔性制造单元，让"无人工厂"得以实现。

2. 生产数据可视化

目前信息技术已经渗透到制造业的各个环节，条形码、二维码、RFID（Radio Frequency Identification，射频识别技术）、工业传感器、工业自动控制系统、工业物联网、ERP、CAD、CAM、CAE、CAI等技术广泛应用，数据也日益丰富。企业可以利用大数据分析进行生产决策，实时纠偏，建立产品虚拟模型以模拟并优化生产流程，从而降低生产能耗与成本。

3. 生产设备网络化

物联网通过各种信息传感设备，实时采集任何需要监控、连接、互动的物体或过程等各种需要的信息，其目的是实现物与物、物与人的网络连接，方便识别、管理和控制。

4. 生产文档无纸化

构建绿色制造体系，建设绿色工厂，实现生产洁净化、废物资源化、能源低碳化，是我国智能制造的重要战略之一。传统制造业，在生产过程中会产生繁多的纸质文件，不仅产生大量的浪费现象，也存在查找不便、共享困难、追踪耗时等问题。实现无纸化管理之后，工作人员在生产现场即可快速查询、浏览、下载所需要的生产信息，大幅减少基于纸质文档的人工传递及流转，从而避免了文件和数据丢失，提高了生产准备效率和生产作业效率。

5. 生产过程透明化

通过建设智能工厂，促进制造工艺的仿真优化、数字化控制、状态信息实时监测和自适应控制，进而实现整个过程的智能管控。在机械、汽车、航空、船舶、轻工、家用电器和电子信息等行业，制造执行系统（Manufacturing Execution System，MES）可将企业的生产工艺路径信息进行录入，这样MES中的管理者就能清晰地看到该产品的整个生产工艺路径。除此之外，MES还会对每道工序的生产计划、实际生产数量、待生产数量等进行记录，这些信息可以通过看板直接清晰、直观地展现在管理者面前，看板上的数据会根据实际生产进行实时更新，从而确保数据的真实性和有效性。

智能制造与传统制造的差别主要体现在产品设计、产品加工、制造管理及产品服务等方面，如表1.5所示。

表 1.5 智能制造与传统制造的异同

分类	传统制造	智能制造	智能制造的影响
产品设计	（1）常规产品； （2）面向功能需求设计； （3）新产品周期长	（1）虚拟结合的个性化设计、个性化产品； （2）面向客户需求设计； （3）数值化设计、周期短、可实时动态改变	（1）设计概念与使用的改变； （2）价值观的改变； （3）设计方式的改变； （4）设计手段的改变； （5）产品功能的改变
产品加工	（1）加工过程按计划进行； （2）半智能化加工与人工检测； （3）生产高度集中； （4）人机分离； （5）减材加工成型方式	（1）加工过程柔性化，可实时调整； （2）全过程智能化加工与在线实时监测； （3）生产组织方式个性化； （4）网络化过程实时跟踪； （5）网络化人机交互与智能控制； （6）减材、增材多种加工成型方式	（1）劳动对象变化； （2）生产方式的改变； （3）生产组织方式的改变； （4）生产质量监测方式的改变； （5）加工方法多样化； （6）新材料、新工艺不断出现
制造管理	（1）人工管理为主； （2）企业内管理	（1）计算机信息管理技术； （2）机器人与人机交互指令管理； （3）延伸到上下游企业	（1）管理对象变化； （2）管理方式变化； （3）管理手段变化； （4）管理范围扩大

续表

分类	传统制造	智能制造	智能制造的影响
产品服务	产品本身	产品全生命周期	（1）服务对象范围增大； （2）服务方式变化； （3）服务责任增大

1.4 智能制造的模式

制造模式是指企业体制、经营、治理、生产组织和技术系统的形态和运作模式。先进制造模式是指在生产制造过程中，依据不同的制造环境，通过有效地组织各种制造要素形成的，可以在特定环境中达到良好制造效果的先进生产方法。在我国开展的智能制造试点示范项目中，包括以下5种智能制造模式。

1. 离散型智能制造

离散型制造是指生产过程中基本上没有发生物质改变，只是物料的形状和组合发生改变，制造出的产品往往由多个零件经过一系列并不连续的工序的加工最终装配而成。加工此类产品的企业可以称为离散型制造企业。例如火箭、飞机、武器装备、船舶、电子设备、机床、汽车等制造企业，都属于离散型制造企业。

离散型制造企业推行智能制造的目的是利用新技术、新工艺，突破生产瓶颈，提升生产效率，保证产品质量，合理配置资源，降低人员劳动强度。由于我国离散型制造领域的智能制造渗透较低，因此离散型智能制造系统解决方案的需求缺口较大。

【阅读案例1-2：三一重工公司应用离散型智能制造生产工程机械】

近年来，三一重工公司紧跟智能制造发展形势，积极推进两化融合体系工作，形成了智能化制造、装备智能化、智能服务的完整产业链模式下的集成示范应用。集合优势智力资源，打造智能工厂建设。

三一重工公司是典型的离散型制造企业，建有亚洲最大的智能制造车间，这也是该公司的总装车间，车间还配有混凝土机械、路面机械、港口机械等多条装配线。三一重工公司从2012年开始进行智能制造示范项目建设，目前已建成车间智能监控网络和刀具管理系统，公共制造资源定位与物料跟踪管理系统，计划、物流、质量管控系统，生产控制中心（PCC）中央控制系统等智能系统，厂房规划全面应用数字化工厂仿真技术进行方案设计与验证，大大提升了规划的科学性和布局的合理性。

2. 流程型智能制造

流程型制造是指通过一系列的加工装置对原材料进行不间断的混合、分离、粉碎、加热等物理或化学方法，以批量或连续的方式使原材料增值的制造方法，主要包括石油、化工、造纸、冶金、电力、轻工、环保等多种原材料加工和能源行业的生产。流程工业位于整个制造业的上游，具有资源密集、大批量生产、自动化程度高等特点，在制造业及整个国民经济中占有举足轻重的地位。

流程型智能制造具有3个特点：一是重视数据采集与管理，制造企业会选择物联网技术、MES、ERP等信息化管理平台作为生产数据的采集与流转平台，通过实时、规范的操作，实现对设备远程监控和高效的管理；二是重视生产质量管理，流程型制造企业的智能制造管理也离不开质量管控系统的完善，如检验、试验在生产订单中作为工序或工步来处理，相关流程、表单、数据及生产订单的关联与穿透等；三是重视设备管理，设备是生产要素，流程型制造企业的智能制造管理同样需要关注设备管理，最大限度释放设备最高产能，通过合理的安排，减少设备等待时间。同时，在设备管理过程中，需要建立各类设备数据库、编码，及时对设备进行维保；通过实时数据采集，为生产排产提供有效依据。

3. 网络协同制造

网络协同制造（Network Collaborative Production，NCP），是21世纪的现代制造模式。它也是敏捷制造、协同商务、智能制造、云制造的核心内容。网络协同制造充分利用网络技术、信息技术、物联网技术等，将串行工作变为并行工作，实现供应链内及跨供应链的企业产品设计、制造、管理和商务等的合作的生产模式，使整个供应链上的企业和合作伙伴共享客户、设计、生产经营信息。从传统的串行工作方式转变成并行工作方式，从而最大限度地缩短新品上市的时间，缩短生产周期，快速响应客户需求，提高设计、生产的柔性。例如生产、质量控制和运营管理系统全面互联，众包设计研发和网络化制造等模式创新，以及公共云制造平台服务等。

网络协同制造打破了时间和空间的约束，大大提高了产品设计水平，提高了供应链的反应速度、匹配精度和调运效率，有利于降低企业的原料或物料的库存成本和经营成本，提高产品质量和客户满意度。网络协同制造已经在机械、航空、航天、船舶、汽车、家用电器、集成电路、信息通信产品等领域得到广泛的应用。

4. 大量定制生产

大量定制生产（Mass Customization，MC）是一种集企业、客户、供应商、员工和环境于一体，在系统思想指导下，用整体优化的观点，充分利用工业云计算、工业大数据、工业互联网等技术，根据企业已有的各种资源，按照客户的个性化需求，以大批量生产的低成本、高质量和效率提供定制产品和服务的生产方式。

传统的定制生产模式，只能生产有限品种的产品。大规模生产虽然为顾客低成本、高效率地提供了大量的商品，但是对顾客日益扩大的多样化、个性化需求不能满足。大量定制生产模式通过定制产品的大规模生产，低成本、高效率地为顾客提供充分的商品选择空间。因此，大量定制生产企业与传统的定制生产企业或大规模生产企业相比，其核心能力表现在其能够低成本、高效率地为顾客提供充分的商品选择空间，从而最终满足顾客的个性化需求。目前，大量定制生产主要应用的领域是石化化工、钢铁、有色金属、建材、汽车、纺织、服装、家用电器、家居、数字视听产品等。

【阅读案例1-3：戴尔公司的大量定制生产】

戴尔公司是全球规模较大的IT产品及服务提供商，于1984年由迈克尔·戴尔创立。戴尔公司是全球IT界发展最快的公司之一，1996年开始通过网站采用直销手段销售戴尔计算机产品，2004年5月，戴尔公司在全球计算机市场占有率排名第一，成为世界领先的计算机系统厂商。戴尔公司在数十年的时间里从一个计算机零配件组装店发展为世界500强的大公司，其直线定购模式及高效的供应链管理是其实现高速发展的保证。戴尔公司创立之初向客户提供计算机组装服务，在研发能力和核心技术方面与业界的IBM、惠普等公司有着一定差距，要想在市场竞争中占据一席之地，必须进一步分拆计算机价值链，依靠管理创新获取成本优势。因此，戴尔公司在发展过程中虽有业务和营销模式的革新，但把重点放在成本控制和制造流程优化等方面，尤其是创造了直销模式，这可以减少中间渠道，直接面对最终消费者，达到降低成本的目的。而实施面向大量定制生产的供应链管理更能帮助戴尔公司与供应商有效合作和实现虚拟整合，降低库存周期及成本，从而获取高效率、低成本的优势，这也正是其核心竞争力所在。

5. 远程运维服务

远程服务类似于在线服务，是指利用通信手段实现不同地域（区域）之间的实时人工服务方式。与在线服务不同的是，在线服务特指基于网络的服务方式。远程服务具有即时性、灵活性、人性化等特点，用户可以与服务实施人员直接沟通获取服务。

传统的运维服务都是相关工程师去现场对问题设备进行诊断或者排查，这样各种成本都非常高。远程运维服务就是通过信息平台解决这样的问题，从而给企业和个人都提供了方便，而且还节约了成本，提高了办事效率，远程运维服务平台还可以提前预知故障等。目前在石油化工、钢铁、建材、机械、航空、家用电器、家居、医疗设备、信息通信产品、数字视听产品等领域，智能制造企业通过建立产品全生命周期管理信息平台，开展智能装备（产品）远程操控、健康状况监测、虚拟设备维护方案制定和执行、最优使用方案推送、创新应用开放等远程运维服务。

1.5　智能制造的发展趋势

目前各国都已意识到智能制造对制造业的重要作用，未来制造业的竞争将是智能制造技术的竞争，工厂的生产从原料的供应到产品设计、制造、测试、使用过程，都将通过网络和虚拟计算连接、分析和预测，用更灵活的手段实现市场所需产品的生产制造，满足用户需求的同时，将制造成本降到最低。智能制造既是各国制造业发展的必然选择，同时也会带来挑战，认清发展趋势，抓住发展机遇，才能推动制造业高质量发展并迈上新的台阶。

1.5.1　智能制造是我国制造业发展的必然选择

如前所述，从20世纪90年代开始，国内外在智能制造理论、智能制造技术和智能制造系统等方面进行了广泛的探索和研究，很多国家和国际组织支持了相关的研究计划及项目。无论是从技术发展的角度，还是从国家战略的角度，智能制造已经成为各国确保制造业领先发展的必然选择。我国也把智能制造作为制造业未来的主攻方向，原因有以下几个。

1. 国际环境前所未有

制造业是现代工业的基石，是实现国家现代化的保障，也是国家综合国力的体现，是一个国家的脊梁。这早已是世界各国的共识。而自国际金融危机以来，世界各国对制造业在推动贸易增长、提高研发和创新水平、促进就业等方面的重要作用又有了新的认识，纷纷提出制造业的国家战略，如美国的先进制造业战略、德国的工业4.0战略和日本的机器人新战略等，制造业正重新成为国家竞争力的重要体现。智能制造发展的国际环境前所未有，我国推动智能制造正当其时。

2. 支撑技术日趋成熟

纵观制造业的发展史，每一次制造业的巨大变革都离不开相应技术的支持。智能制造是一种高度网络连接、知识驱动的制造模式，它优化了企业全部业务和作业流程，可实现可持续生产力增长、高经济效益目标。智能制造结合信息技术、工程技术和人类智慧，从根本上改变产品研发、制造、运输和销售过程。正像电子信息技术推动了工业3.0的变革一样，以大数据、物联网、云计算、人工智能等为代表的新一代信息技术也必将不断推进智能制造的健康发展。

3. 产业结构调整的必然选择

我国经济经过几十年的高速发展，部分制造业也逐渐向东南亚等人工成本更低的地区转移，传统制造业依靠低廉的人工成本占领市场的局面已经一去不返了。我国制造业要想在发达国家先进技术优势和部分国家低成本竞争的双重挤压下突出重围，实现制造业由大转强的历史性跨越，产业结构调整势在必行。而智能制造正是利用新一代信息技术对传统制造业生产方式和组织模式进行的创新，由此可见，智能制造是我国经济新常态下的一种必然选择，也是我国制造业发展的现实需要。

4. 社会生产力发展的内在需求

当今企业处在一个瞬息多变的市场环境中，市场的需求和国际化竞争环境对制造业提出了更高的要求，社会需求的转变也使得产品的生产模式从大批量、规模化的生产模式转向小批量、定制化单件产品的生产模式。为了提高自身的竞争力，企业的制造应表现出更高的灵活性和智能性。另外，随着市场竞争的加剧和信息量的增加，企业进行决策的难度越来越大，未来的制造系统必须减少制造过程对人类智慧的依赖，具有智能处理信息的能力。

5. 关键软硬件核心部件的制造需求

虽然我国先进制造技术已经取得了长足的进步，但自主研发能力相对薄弱，产业化水平依然较低，高端智能制造装备及核心零部件仍然严重依赖进口，关键技术主要依赖国外的状况仍未从根本上改变。部分行业以劳动密集型为主，附加值不高。面对这种情况，我国必须加快推进智能制造技术和装备的研发，提高产业化水平，重塑我国制造业的新优势。

1.5.2　我国智能制造面临的挑战

我国虽然具有发展智能制造的有利条件，但由于工业化起步晚，技术积累相对薄弱，先进技术的产业化能力与工业强国存在显著差距，面临以下一些挑战。

1. 智能制造生产模式尚处于起步阶段

现阶段，我国智能制造仍停留在初级应用阶段，以智能制造整合价值链和商业模式的企业屈指可数，更没有形成构建智能制造体系的战略思维和总体规划。

2. 制造业整体大而不强

作为国民经济发展过程中的主体，制造业的强大与否是衡量一个国家在国际上的地位高低的重要指标。从我国改革开放以来，我国的制造业空前壮大，并且我国也成了国际上名副其实的制造大国，但是与其他制造强国相比还算不上强大，主要体现在我国智能制造的自主创新能力不足、产品质量相对较低，对相关的生产制造资源的利用不够充分，在生产制造的结构上不够完善，再加上信息化水平与国际强国之间还存在着相对较大的差距，使得我国制造业呈现出不够强大的形势，同时这种差距的存在也表现出了生产效率、环境等方面的问题和矛盾。

3. 技术创新能力不足

首先是我国制造业不够强大，使得我国智能制造领域的创新能力不够充足，进而导致我国在智能制造的发展过程中所依靠的创新驱动力、知识驱动力不足，并且智能制造环节中的技术含量较低，使得我国智能制造行业的产品缺乏一定的竞争力。其次是核心的技术受到了一定的限制，主要体现在基础制造装备核心技术、基础原材料等方面。最后是核心技术的研发人员的缺乏，导致智能制造产品缺乏了一定的核心竞争力。由此可见，我国智能制造方面技术创新能力的不足导致了这一行业的发展较为缓慢。

4. 资源配置率偏低

在我国工业经济现阶段的智能制造发展过程中，虽然很多生产企业在大量的资源利用下获得了较高的经济效益和发展速度，但是在对这些资源进行利用的过程中，由于没有对其进行合理化配置，发展阶段出现了资源配置率低的问题；再加上没有相应保护环境的意识，导致后续的环境问题以及人与自然的矛盾较为突出。

5. 智能制造标准等基础薄弱

先进标准是指导智能制造顶层设计、引领智能制造发展方向的重要手段，它是产业特别是高技术产业领域工业大国和商业巨头的必争之地，主导标准制定意味着掌握市场竞争和价值分配的话语权。目前，德国除了在国内及欧盟层面推广工业4.0标准化工作外，还在国际标准化组织设立了与工业4.0相关的咨询小组。我国虽然是制造大国，但是由我国主导制定的制造业国际标准数量并不多，国际上对我国标准的认可度也不高，我国在全球制造标准领域缺少话语权及影响力。

6. 高素质复合型人才严重不足

从经营管理层面来看，我国企业缺少具有预见力的领军人物，以及高水平的研发、市场开拓、财务管理等方面的专门人才。从员工队伍层面来看，我国企业存在初级技工多、高级技工少，传统型技工多、现代型技工少，单一技能的技工多、复合型的技工少的现象。员工综合素质偏低，直接制约了智能制造系统的应用和推广。而在国家战略层面，涉及智能制造标准制定、国际谈判、法律法规等方面的高级专业人才较少更是明显的"短板"。

1.5.3 智能制造的未来

工业发达的国家经历了机械化、电气化、数字化3个历史发展阶段，具备了向智能制造阶段转型的条件。未来必然是以高度的集成化和智能化为特征的智能化制造系统取代制造中的人的脑力劳动为目标，即在整个制造过程中通过计算机将人的智能活动与智能机器有机融合，以便有效地推广专家的经验知识，从而实现制造过程的最优化、自动化、智能化。智能制造的未来发展具有以下5个趋势。

1. 制造全系统、全过程应用建模与仿真技术

建模与仿真技术是制造业不可或缺的工具与手段。基于建模的工程、基于建模的制造、基于建模的维护作为单一数据源的数字化企业系统建模中的3个主要组成部分，涵盖从产品设计、制造到服务完整的产品全生命周期业务，从虚拟的工程设计到现实的制造工厂直至产品的上市流通，建模与仿真技术始终服务于产品全生命周期的每个阶段，为制造系统的智能化提供了使能技术。

2. 重视使用机器人和柔性化生产

柔性与自动生产线和机器人的使用可以积极应对劳动力短缺和用工成本上涨的问题。同时，利用机器人高精度操作，提高产品品质和作业安全，是市场竞争的取胜之道。以工业机器人为代表的自动化制造装备在生产过程中应用日趋广泛，在汽车、电子设备、奶制品和饮料等行业已大量使用基于工业机器人的自动化生产线。

3. 物联网和务联网在制造业中作用日益突出

通过虚拟网络—实体物理系统整合职能机器、储存系统和生产设施，通过物联网、服务计算、云计算等信息技术与制造技术融合，构成制造务联网，实现软硬件制造资源和能力的全系统、全生命周期、全方位的透彻的感知、互联、决策、控制、执行和服务化，使得从入厂物流配送到生产、销售、出厂物流和服务，实现泛在的人、机、物、信息的集成、共享、协同与优化的云制造。

4. 普遍关注供应链动态管理、整合与优化

供应链管理是一个复杂、动态、多变的过程，供应链管理更多地应用物联网、互联网、人工智能、大数据等新一代信息技术，更倾向于使用可视化的手段来显示数据，采用移动化的手段来访问数据；供应链管理更加重视人机系统的协调性，实现人性化的技术和管理系统。企业通过供应链的全过程管理、信息集中化管理、系统动态化管理实现整个供应链的可持续发展，进而缩短了满足客户订单的时间，提高了价值链协同效率，提升了生产效率，使全球范围的供应链管理更具效率。

5. 增材制造技术发展迅速

增材制造技术（如3D打印技术）是综合材料、制造、信息技术的多学科技术。它以数字模型文件为基础，运用粉末状的沉积、黏合材料，采用分层加工或叠加成行的方式逐层增加材料来生成实体。其突出的特点是无须机械加工或模具，就能直接从计算机数据库中生成几乎任何形状的物体，从而缩短研制周期、提高生产效率和降低生产成本。增材制造技术与云制造技术的融合将是实现个性化、社会化制造的有效制造模式与手段。

应用案例：海尔公司的智能制造之路

2017年岁末的一份惊喜，对于海尔意义非凡：来自电气与电子工程师学会（Institute of Electrical and Electronics Engineers，IEEE）新标准委员大会的消息，正式通过了一项由海尔主导的大量定制生产通用要求标准建议书。这是由我国企业牵头制定的国际标准。在过去，福特公司和丰田公司创造了工业时代的世界制造模式，影响至深。但是，随着与互联网的深度融合，制造业正在发生巨变：由企业主导的大规模制造逐渐向用户需求驱动下的大量定制生产转型。这是未来物联网时代，全球制造业的方向——智能制造。

然而，企业在转型升级中遇到了很大的难题：如何对用户个性化产品实现流水线大规模制造。

（1）互联工厂，因智能制造而生

作为较早探索智能制造的中国企业，海尔率先开启了转型道路——布局互联工厂。从2014年至今，海尔已经打造了8个互联工厂，覆盖家用空调、冰箱、洗衣机、热水器等多个家电品类。以海尔中央空调为例，海尔互联工厂通过首创的智能制造平台实现全程信息互联，从而达成大量定制生产。

外部用户需求信息将直接互联到内部生产线每个工位，员工根据用户需求进行产品生产过程的实时优化；同时，通过生产线的万余个传感器实现产品、设备、用户之间的相互对话与沟通。

据悉，海尔中央空调已经保持连续五年增幅行业第一，综合节能效果达到50%的磁悬浮中央空调更是占据国内市场81%的份额。

海尔中央空调互联工厂的建成让用户定制符合自己个性化需求的大件家电成为可能。这种模式除了能够及时响应用户的个性化诉求外，还能实现大规模生产，降低企业生产成本。

（2）COSMOPlat平台，加快产业升级

尽管互联工厂的出现已经能够实现用户的个性化定制需求，但是缺乏完整的用户数据库与可视化流程的支持，用户体验无法提升。在这样的背景下，海尔又推出了全球首个面向用户的大量定制生产COSMOPlat平台。该平台同时具有B2B（Business to Business，企业对企业）和B2C（Business to Customer，企业对用户）功能，能够最大限度让用户全流程地参与生产的全过程，通过持续与用户交互，将硬件体验变为场景体验，将用户由被动的购买者变为参与者、创造者，将企业由原来的以自我为中心变成以用户为中心，实现大规模和个性化定制的融合，实现从体验迭代到终身用户的升级。不仅如此，COSMOPlat更重要的一层意义还在于它的开放属性，能为其他企业提供"可复制"的行业转型模式。这对于我国工业发展参差不齐的现状来说至关重要，相当于为每一个工业制造企业装上了智能制造"适配器"，无论是技术先进的企业还是稍显落后的企业，都能借由其成熟运作模式，快速实现由大规模制造向大量定制生产的转型。

不仅是家电产品，消费电子类、家居类、服装类的企业和产品，都可以利用海尔COSMOPlat工业互联网平台，实现由大规模生产向大量定制生产的转型。如今，COSMOPlat的模式已经复制到家电外的多个行业、全球多个国家，实现了全球、全行业的推广复制。COSMOPlat平台运营总监汪洪涛打了个比方，COSMOPlat有点像淘宝，有很多商家在上面。淘宝是卖商家的产品，COSMOPlat平台是卖工业品，以及各种解决方案。

海尔，从2012年开始规划建设互联工厂，大踏步向智能制造探路，成功搭建了我国独创、引领全球的工业互联网平台COSMOPlat，并且已经开花结果——几年间，互联工厂借助前期交互平台，实现了与终端用户需求的无缝对接，并通过开放平台整合全球资源，迅速响应用户个性化需求，从而完成大量定制生产。海尔的目标是用搭建COSMOPlat的经验助力中国制造，并引领全球，开创继福特流水线、丰田精益生产后的第三种模式：物联网时代的商业模式。

本 章 小 结

本章首先介绍了制造模式的发展历程，包括手工作坊制造、大规模制造、精益制造、柔性制造、敏捷制造和智能制造；然后介绍了智能制造产生的背景、四次工业革命的由来以及德国、英国、日本等国和我国在发展智能制造方面的规划和目标，重点讲解了智能制造的概念、关键环节和特征，并介绍了智能制造的5种模式，即离散型智能制造、流程型智能制造、网络协同制造、大量定制生产和远程运维服务；最后介绍了我国智能制造面临的挑战和智能制造的发展趋势。

习 题

1. 名词解释

（1）制造模式　（2）大规模制造　　（3）精益制造　　　（4）柔性制造

（5）智能制造　（6）信息物理系统　（7）流程型智能制造　（8）大量定制生产

（9）增材制造技术

2. 填空题

（1）手工作坊式制造也叫_____生产，是人类经历的第一种制造模式，这种模式产生于_____世纪的欧洲。

（2）精益生产的目标是降低_____，提高生产过程的_____，杜绝企业中的一切_____现象。

（3）在第四次工业革命中崛起的国家有_____、_____和_____。

（4）我国通过"三步走"实现制造强国的战略目标：

第一步，到_____年迈入制造强国行列；

第二步，到_____年我国制造业整体达到世界制造强国阵营中等水平；

第三步，到_____时，制造大国地位更加巩固，综合实力进入世界制造强国前列。

（5）在智能制造"微笑曲线"中，前端是_____，中端是_____，后端是_____。

（6）智能制造的关键环节包括_____智能化、_____智能化、_____智能化、_____智能化和_____智能化。

（7）飞机、武器装备、船舶等的生产属于_____型智能制造；石油、化工、造纸、冶金等行业的生产属于_____型智能制造。

（8）网络协同制造打破了_____和_____的约束，大大提高了产品的设计水平，提高了供应链的_____和_____。

3．单项选择题

（1）大规模制造是（　　）公司最先提出并实施的。

    A．丰田　　　　　　B．福特　　　　　　C．海尔　　　　　　D．三一重工

（2）大规模制造的主要特征之一是（　　）。

    A．以满足客户的要求为目标

    B．横向一体化制度

    C．生产和管理标准化

    D．机器设备具有随产品变化而加工不同零件的特点

（3）精益制造起源于（　　）制造业。

    A．化工　　　　　　B．钢铁　　　　　　C．电脑　　　　　　D．汽车

（4）要提高企业对市场需求变化的快速反应能力，满足顾客的要求，应采取（　　）方式。

    A．敏捷制造　　　　B．柔性制造　　　　C．精益制造　　　　D．大规模制造

（5）电子计算机的出现和应用，是第（　　）次工业革命的标志。

    A．一　　　　　　　B．二　　　　　　　C．三　　　　　　　D．四

（6）以下（　　）不属于智能制造的特征。

    A．生产过程透明化　　　　　　　　　B．生产设计自动化

    C．生产现场无人化　　　　　　　　　D．生产数据可视化

4．简答题

（1）简述我国发展智能制造的指导思想。

（2）简述传统制造和智能制造在产品加工方面的不同。

（3）简述1～3点我国发展智能制造面临的挑战。

5．讨论题

（1）发展智能制造对我国制造业的重要意义有哪些？

（2）戴尔公司的大量定制生产有哪些优点和缺点？

（3）海尔公司在智能制造方面取得了哪些成就？未来应该如何发展？

第2章
智能制造系统

【本章教学要点】

知识要点	掌握程度	相关知识
系统的定义和分类	掌握	系统的定义，从 5 个角度对系统的分类
系统的特征和功能	熟悉	6 个特征，系统功能结构图
制造系统的定义和特征	掌握	制造系统的综合定义，5 个特征
制造系统的发展趋势	了解	全球化、敏捷化、柔性化等
智能制造系统的概念和特征	掌握	智能制造系统的定义、构成、6 个特征
智能制造系统的关键技术	熟悉	智能设计、智能机器人等 6 项关键技术
智能制造系统架构	了解	生命周期、系统层级和智能功能 3 个维度
我国智能制造系统发展现状	熟悉	智能制造系统供应链的各部分组成
智能制造系统的发展趋势	了解	协同制造、5G、大数据、区块链等应用

　　智能制造系统（Intelligent Manufacturing System，IMS）是由智能机器人和人类专家共同组成的一体化智能系统，在制造过程中能以一种高度柔性的方式，借助新一代信息技术和人工智能技术模拟人类专家的智能活动进行基于大数据的分析、推理、判断、构思和决策等，从而取代或者延伸制造环境中人的部分脑力劳动。本章首先介绍系统和制造系统，然后在此基础上介绍智能制造系统的概念、特征和关键技术，最后介绍智能系统架构，以及智能制造系统的发展现状和发展趋势。

2.1　系统

　　系统（System）是普遍存在的，从基本粒子到河外星系，从人类社会到人的思维，从无机界到有机界，从自然科学到社会科学，系统无所不在。本节介绍系统的定义和分类，系统的特征，系统的功能等，为读者后续学习智能制造系统打下基础。

2.1.1　系统的定义和分类

　　系统这个词，人们并不陌生，它广泛存在于社会生活的各个方面。比如，人体就是一个系统，它由神经、呼吸、消化、循环、运动、生殖等许多分系统组成；学校可以看作一个由教师、学生、管理人员、设施等部分组成的系统；多媒体教室也可以看成一个由电脑、投影器、音响设备、课桌椅、照明设备等组成的系统；宇宙则是由星系等许多系统组成的更大的系统。一台计算机、一个国家甚至整个社会都可以视为不同的系统。

英文单词system来源于古代希腊文，意为部分组成的整体。系统的定义应该包含一切系统所共有的特性。系统思想源远流长，但作为一门科学的系统论，人们公认是美籍奥地利理论生物学家、一般系统论创始人贝塔朗菲（L. Von. Bertalanffy）创立的。他给出的定义是："系统是相互联系相互作用的诸元素的综合体。"这个定义强调元素间的相互作用以及系统对元素的整合作用。

为了便于对系统进行研究，揭示不同系统之间的内在联系，人们对各种形态的系统进行了划分。常见的分类方法如下。

1. 根据构成要素属性划分

（1）自然系统。组成要素是自然物，同时也是在客观世界发展过程中自然形成的系统，比如天体系统、气象系统、生理系统、植物系统、原子结构系统等。

（2）人工系统。为满足人们的某种需要，通过人的劳动造成的各种要素构成的系统，一般有3种类型：一是人们加工自然物获得的人造物质系统，如机器设备、工程设施等；二是人们用一定的制度、程序、组织所组成的管理系统和社会系统，如各类管理系统、经济系统、教育系统等；三是人们根据对客观世界的认识建立起来的各种科学体系和技术体系。

（3）复合系统。由自然系统和人工系统相结合的系统，如农业系统、生态环境系统、无线电通信系统等。

2. 根据系统形态或存在形式划分

（1）实体系统。组成系统的要素是具有实体的物质，如机器系统、电力系统等。

（2）概念系统。由概念、原理、原则、制度、方法、程序等非物质实体组成的系统，如各种科学技术体系、法律、法规等。对一个有目的的系统而言，实体系统和概念系统是不可分割的，概念系统为实体系统提供指导和服务，实体系统是概念系统的服务对象，如机器系统是实体系统，而为机器系统提供指导和服务的各种设计方案、计划和程序，就是相应的概念系统。

3. 根据系统与环境的关系划分

（1）封闭系统。与外界环境无联系的系统，即系统与环境无物质、能量、信息的交换。

（2）开放系统。与外界环境发生联系，能进行物质、能量、信息交换的系统。现实中存在的系统都是开放系统，封闭系统只是相对的，当某些系统与环境联系很少时，在小范围或一个较短的时间内，其可被视为封闭系统。

4. 根据系统状态与时间关系划分

（1）静态系统。系统状态参数不随时间改变的系统。

（2）动态系统。系统状态参数随时间改变的系统。系统都是动态的，绝对的静态系统是不存在的，只是为了研究问题的方便，可在一定的范围和时间内，近似地将某些系统看成静态系统。

5. 根据系统构成要素的多少及相互关系复杂程度划分

（1）小系统。系统要素少，内部联系简单的系统，如一台机器、一个班组等。

（2）大系统。系统要素众多，内部联系相当复杂、集中控制困难的系统，一个大系统是由许多小系统组成的，如一个企业、一项大型工程、一个城市等。

2.1.2 系统的特征

一般来说，一个系统具有以下6个主要特征。

1. 整体性

系统的整体性表现为系统是由两个或两个以上相互区别的要素，按照一定的方式和目的，有秩序地排列而成的，系统内的各个部分是不可或缺的，系统的功效大于各要素的功效之和。系统的要素各自具有自身的特性和内在规律，但彼此之间是有机地结合在一起的，由此形成一个整体，对外体现综合性的整体功能。系统的各要素组成一个整体，如果系统的整体性受到破坏，将不再成为系统。

例如，一个企业的管理过程是由计划、组织、人员管理、指导和领导、控制这5项职能相互联系、相互作用构成的有机体，而不是这些职能的简单叠加。又如，医院作为一个整体系统，具有护理、医疗、后勤等组成部分，而医院系统的功效远不止是护理、医疗、后勤等子系统的功效之和。

2. 层次性

一个复杂的系统由许多子系统组成，子系统可能又分成许多子系统，而这个系统本身又是一个更大系统的组成部分，系统是有层次的。

例如，一个生命体有细胞、组织、器官、系统和生物体几个层次，企业有个人、班组、车间、厂部等几个层次。系统的结构、功能都是指相应层次上的结构与功能，而不能代表更高层次和更低层次上的结构与功能。一般来说，层次越多系统越复杂。

3. 相关性

系统的相关性是指系统不是一些杂乱无章的事物的总和，系统中的各要素都是相互联系、相互作用的。系统中任何一个要素发生变化，其他部分也会随之变化，以保持系统的整体最优化。因此，整体性确定了系统的组成要素，而相关性说明了这些要素之间的关系。

例如，机械加工系统就是通过机床、夹具、刀具、工件和操作人员按工艺规程的要求相互发生作用，才能实现零件的加工。又例如，医院作为一个系统，其护理子系统与医院的医疗、检验、后勤等其他的子系统之间有着密切的关系，存在着相互制约又相互依存的关系。

4. 动态性

首先，系统的活动是动态的，系统的一定功能和目的，是通过与环境进行物质、能量、信息的交流实现的。因此，物质、能量、信息的有组织运动，构成了系统活动动态循环。其次，系统的变化过程也是动态的，系统的生命周期所体现出的系统本身也处在孕育、产生、发展、衰退、消灭的变化过程中。

5. 目的性

系统活动最终趋向于有序和稳定，这是因为有序方向正是系统的目标。任何一个系统都有明确的总目标，子系统为完成大系统的总目标而协调工作。而系统还有自己的分目标。通常情况下，一个系统可能有多重目的性。

例如，一个工厂就是一个系统，它通过将生产要素（人、财、物、信息等）有效地转变成财富（产品），以达到使原材料增加价值而创造效益的目的。

6. 环境适应性

系统总是在一定的环境中存在和发展，系统具有随外部环境变化相应进行自我调节以适应新环境的能力。系统与环境要进行各种形式的交换，受到环境的制约与限制，环境的变化会直接影响系统的功能及目的，系统必须在环境变化时，对自身功能做出相应调整，不致影响系统目的的实现。没有环境适应性的系统是没有生命力的。

例如，航天飞行器是一个复杂的系统，它在储存、运输、发射升空等过程中，都会受到力、热、电磁、生物等环境的作用，即使到了太空，也会有热辐射、粒子辐射、空间碎片等的影响。环境适应性就是使航天飞行器在各种环境下都能保持稳定的性能，实现其预定的功能。

理解系统的以上特征，有助于把握系统定义的内涵，系统研究主要是为了处理各部分之间的相互关系。系统观念强调局部之间的联系与协调，使人们全面分析与综合各种事物。

【举例：信息系统、生命系统和自动化系统】

（1）信息系统

信息系统是由计算机硬件、网络和通信设备、计算机软件、信息资源、信息用户和规章制度组成的以处理信息流为目的的人机一体化系统。从信息系统的发展和系统特点来看，其可分为数据处理系统（Data Processing System，DPS）、管理信息系统（Management Information System，MIS）、决策支持系统（Decision Support System，DSS）、专家系统（Expert System，ES）和虚拟办公室（Virtual Office，VO）5种类型。

（2）生命系统

生命系统是自然系统的最高级形式，是指能独立与其所处的环境进行物质与能量交换，并在此基础上实现内部的有序性、发展与繁殖的系统，由大到小依次为生物圈、生态系统、群落、种群、个体、系统、器官、组织、细胞。但单细胞生物不具有系统、器官、组织层次，细胞即个体；植物是由根、茎、叶、花、果实和种子六大器官直接构成的，因此没有系统层次。

（3）自动化系统

自动化系统是指由人和自动化机械设备构成的，人只是管理者和监视者，机械运转不依赖于人的控制的人机系统。人机系统有简单和复杂之分。简单的人机系统如木工用锯锯木，复杂的如飞行员驾驶飞机。人机系统还可分成开环式人机系统与闭环式人机系统。闭环式人机系统中，人可以根据机器工作的反馈信息，进一步调节和控制机器的工作；开环式人机系统则不能。闭环式系统往往比开环式系统更有效。人机系统设计通常采用闭环式人机系统。

2.1.3 系统的功能

系统的功能是系统与环境在相互作用中所表现出的能力，即系统对外部表现出的作用、效用、效能或目的。它体现了一个系统与外部环境进行物质、能量、信息交换的能力，即从环境接收物质、能量、信息，经过系统转换，向环境输出新的物质、能量、信息的能力。不同的系统所拥有的功能是不一样的。然而从一般意义上分析，系统的功能可表示为图2.1所示的功能结构，即系统接收外界的输入，通过内部的处理和转换，向外界输出结果。所以，可以把系统理解为一种转换的机构，它将输入转换为人们所需要的输出。

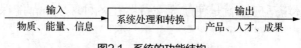

输入　物质、能量、信息 →　系统处理和转换 →　输出　产品、人才、成果

图2.1　系统的功能结构

一般情况下，一个系统的总功能可分解为若干分功能，各分功能又可进一步分解为若干二级分功能，如此继续，直至各分功能被分解为功能单元为止。这种由分功能或功能单元按照其逻辑关系连成的结构称为功能结构。

系统工程的宗旨是提高系统的功能，特别是提高系统处理和转换的效率，即在输入一定的条件下使得系统的输出尽可能地好、多、快，或者说，在一定的输出要求下使得输入尽可能少和省。系统功能的实现关键在于系统各要素之间的关系和系统的结构。建立起合理的系统结构，调整好各要素之间的关系，就能提高和增加系统的功能。

2.2 制造系统

制造系统是由制造过程、硬件、软件和人员组成的输入输出系统。早期的制造系统，如专用制造系统（专用机床、专用装配线等）、柔性制造系统等主要面向企业的制造过程。随着全球化竞争的加剧，制造系统朝着面向产品全生命周期和企业经营全过程的资源管理方向发展。制造系统经历了计算机集成制造系统和现代集成制造系统，发展到当前基于智能制造模式的智能制造系统。

2.2.1 制造系统的定义

关于制造系统的定义，至今还未统一，目前仍在发展和完善之中。现列举国际上比较权威的几个定义作为参考。

（1）国际生产工程科学院（The International Academy for Production Engineering，CIRP）于1960年公布的制造系统的定义是：制造系统是制造业中形成制造生产（简称生产）的有机整体。

（2）英国学者1989年给出的定义是：制造系统是工艺、机器系统、人、组织结构、信息流、控制系统和计算机的集成组合，其目的在于取得产品制造经济性和产品性能的国际竞争性。

（3）美国麻省理工学院教授于1992年给出的定义是：制造系统是人、机器和装备以及物料流和信息流的一个组合体。

（4）制造系统工程专家、日本京都大学教授于1994年指出：制造系统可以从3个方面来定义：

① 制造系统的结构方面，制造系统是一个包括人员、生产设施、物料加工设备和其他附属装置等各种硬件的统一整体；

② 制造系统的转变特性方面，制造系统可以定义为生产要素的转变过程，特别是将原材料以最大生产率转变成为产品；

③ 制造系统的过程方面，制造系统可定义为生产的运行过程，包括计划、实施和控制。

综合上述的几种定义，可将制造系统定义如下：制造系统是制造过程及其所涉及的硬件、软件和人员所组成的一个将制造资源转变为产品或半成品的输入输出系统，它涉及产品生命周期（包括市场分析、产品设计、工艺规划、加工过程、装配、运输、产品销售、售后服务及回收处理等）的全过程或部分环节。其中，硬件包括厂房、生产设备、工具、计算机及网络等；软件包括制造理论、制造技术（制造工艺和制造方法等）、管理方法、制造信息及有关的软件系统等；制造资源包括狭义制造资源和广义制造资源，狭义制造资源主要指物能资源，包括原材料、坯件、半成品、能源等，广义制造资源还包括硬件、软件、人员等。

2.2.2　制造系统的特征

制造系统除了具备一般系统的6个普遍特征以外，还具有以下5个显著特征。

（1）制造模式对制造系统具有指导作用。不同的制造模式会形成不同的制造系统。例如，单一产品大批量的制造模式形成了刚性制造系统，多品种小批量的制造模式则形成了柔性制造系统。

（2）制造系统是一个动态系统。制造系统的动态特性主要表现如下。

① 制造系统总是处于生产要素（原材料、能量、信息等）的不断输入和有形财富（即产品）的不断输出这样一个动态过程中。

② 制造系统内部的全部硬件和软件也处于不断的动态变化之中。

③ 制造系统为适应生存的环境，特别是在激烈的市场竞争中总是处于不断发展、不断更新、不断完善的运动中。

（3）制造系统在运行过程中无时无刻不伴随着物料流、信息流和能量流的运动。例如，在一个典型的机械制造系统中，其制造过程的基本活动包括加工与装配、物料搬运与存储、检验与测试、生产管理与控制等。其中，加工与装配改变工件的几何尺寸、外观和特性，增加产品的附加值；物料搬运实现物料在制造过程内的流动，包括装卸工件以及不同工作场地之间的工件运输，存储则将工件或产品存放在一定的空间内，以解决工序之间生产能力或者需要之间的平衡问题。

（4）制造系统几乎总是包括决策子系统。从制造系统管理的角度看，制造系统除包括物料流、能量流和信息流构成的物料子系统、能量子系统和信息子系统外，还包括若干决策点构成的制造系统运行管理决策子系统。因此，物料、能量、信息和决策点集合这4个要素的有机结合，才构成了一个完整的制造系统。

（5）制造系统具有反馈特性。制造系统在运行过程中，其输出状态如产品质量信息和制造资源利用状况信息总是不断地反馈回制造过程的各个环节中，从而实现制造过程的不断调节、改善和优化。

2.2.3　制造系统的发展趋势

经济全球化和信息技术的发展，大制造业的发展需要从系统集成的高度来优化制造系统，即从信息、控制与动力学系统的角度研究多目标的、复杂的、非线性的制造系统。毫无疑问，未来制造系统是一个多学科高技术密集型的大制造系统，并随着社会、经济、管理和技术等各方面的发展，呈现出以下一些特点。

（1）全球化

近年来，国际化经营不仅成为大公司取得成功的重要因素，而且已是中小规模企业取得成功的重要因素。一方面，国际和国内市场上的竞争越来越激烈，例如在机械制造业中，国内外已有不少企业，甚至是知名度很高的企业，在这种无情的竞争中纷纷落败，有的倒闭，有的被兼并。不少暂时还在国内市场上占有份额的企业，不得不扩展新的市场。另一方面，互联网技术的快速发展，提供了技术信息交流、产品开发和经营管理的国际化手段，推动了企业间向着既竞争又合作的方向发展。这种发展进一步激化了国际市场的竞争。这两个原因的互相作用，已成为制造企业向全球化发展的动力。

【阅读案例2-1：波音787飞机的全球化制造】

波音787飞机是波音公司的新一代宽体客机，用来取代波音767。其基本型号为8型，已经开始服务。这是一个全球化制造的飞机型号。单从飞机结构和发动机来说，共有9个国家的12个公司参与。

（1）前机身——Spirit公司，美国堪萨斯州威奇塔。

（2）中前机身——川崎重工，日本名古屋。

（3）中机身——阿莱尼亚宇航公司，意大利戈洛塔利。

（4）后机身前段——波音公司，美国南卡罗来纳州北查理斯顿。

（5）后机身后段——韩国宇航集团，韩国釜山。

（6）尾锥——波音公司，美国华盛顿州奥本。

（7）行李舱门——萨博公司（SAAB），瑞典林雪坪（Linkoping）。

（8）乘客门——拉加代尔集团（Lagardere Groupe），法国图卢兹。

（9）翼身连接整流罩和起落架门——波音公司，加拿大温尼伯。

（10）机翼——三菱重工，日本名古屋。

（11）中翼盒——富士公司，日本名古屋。

（12）主起落架舱——川崎重工，日本名古屋。

（13）机翼固定与活动前缘——Spirit公司，美国俄克拉荷马州图萨。

（14）机翼固定后缘——川崎重工，日本名古屋。

（15）机翼活动后缘——波音公司，澳大利亚墨尔本。

（16）翼梢小翼——韩国宇航集团，韩国釜山。

（17）襟翼支撑整流罩——韩国宇航集团，韩国釜山。

（18）起落架——梅西埃公司，英国格洛斯特。

（19）发动机短舱——古德里奇公司（Goodrich），美国加利福尼亚州丘拉维斯塔。

（20）发动机——通用电气，美国俄亥俄州伊文戴尔；罗尔斯罗伊斯，英国德比。

日本企业在波音787项目中起到了重要的作用，负责飞机35%的设计和生产，包括机翼。这是波音客机的生产中，首次有外部企业在机翼设计中扮演重要角色。波音将更多的装配任务交给这些全球供应商，供应商将组装好的局部装配件交付给波音进行最后总装，这样可以使得总装更加精益简单和减少库存。总装时间缩短了近四分之三。

（2）敏捷化

当今世界制造业市场的激烈竞争在很大程度上是以时间为核心的市场竞争，不是"大"吃"小"，而是"快"吃"慢"。制造业不仅要满足用户对产品多样化的需求，而且要及时满足用户对产品时效性的要求，制造系统的敏捷化已成为制造业的核心理念之一。敏捷制造是制造业的一种新战略和新模式，当前全球范围内对敏捷制造的研究非常活跃。敏捷制造是对全球级和企业级制造系统而言的。制造环境和制造过程的敏捷化是敏捷制造的主要组成部分，制造系统的敏捷化是制造环境和制造过程面向未来制造活动的必然趋势。

（3）柔性化

制造系统的柔性化是指制造企业对市场多样化的需求和外界环境变化的快速动态响应能力，即制造系统快速经济地生产出多样化新产品的能力。柔性制造系统是一种技术复杂、高度自动化的系统，它将微电子、计算机和系统工程等技术有机地结合起来，很好地解决了机械制造高自动化与高柔性化之间的矛盾，具有设备利用率高、生产能力相对稳定、产品质量高、生产应变能力强、经济效益显著等特点。制造系统的柔性化为大量定制生产模式（见第1.4节）提供了基础，使企业可以根据每个用户的特殊需求以大量生产方式提供定制产品。

（4）集成化

目前，先进制造系统向着集成化的深度和广度方向发展，已经从企业内部的信息集成和功能集成发展到实现产品全生命周期的过程集成，并正在步入动态的企业集成。未来的制造系统集成化程度更高，这种集成是"多集成"，即不仅包括信息、技术的集成，而且包括管理、人员和环境的集成。只有将人、信息、技术、管理和环境等真正集成起来，融合成一个统一的整体，才能最大限度地发挥制造系统的能力。

（5）智能化

制造系统的智能化是在柔性化和集成化基础上的延伸。近20年来，制造系统正在由原先的能量驱动型转变为信息驱动型，这就要求制造系统不但要具备柔性化和集成化特征，而且要表现出某种智能，以便应对大量的复杂信息、瞬息万变的市场需求和激烈竞争的复杂环境。因此，制造系统的智能化是必然的发展趋势，智能化将进一步提高制造系统的柔性化和自动化水平，使生产系统具有更完善的判断与适应能力。

（6）绿色化

制造系统的绿色化是人类社会可持续发展战略在制造业中的体现。大批量的生产模式是以消耗资源为代价的，而由此造成的资源枯竭和环境污染等问题已向人们敲响了警钟。采用绿色制造能最大限度地减少制造对环境的负面影响，同时使原材料和能源的利用效率达到更高。日趋严格的环境要求与资源的约束，使得制造系统的绿色化显得越来越重要，它将是21世纪制造业的重要特征，与此相对应，绿色制造技术也将获得快速的发展。

【阅读案例2-2：联想（北京）有限公司绿色供应链管理】

近年来，国际上众多制造业企业通过开展绿色供应链管理工作，获得了良好的经济和社会效益。联想特别关注供应链的可持续发展，以合规为基础、生态设计为支点、全生命周期管理为方法论，探索并试行"摇篮到摇篮"的实践，实现资源的可持续利用。

（1）绿色生产

除遵守《电子行业公民联盟行为准则》及所有适用规则外，联想也关注生产过程中的能源消耗问题，通过降低经营活动中的范围一、二的碳排放，提升再生能源使用量和加强绿色工艺的开发、推广使用来降低排放。

（2）供应商管理

联想采购部门拥有覆盖多个领域的标准化程序，制定了全面的供应商操守准则。联想关注供应商的环境表现，如有害物质的合规与减排、环保消费后再生材料使用、温室气体排放透明度及减排、避免使用冲突矿产等。

（3）绿色物流

联想物流部门致力使用更环保的运输方式，减少运输设备的温室气体排放，并聘请外部监管机构帮助落实改善措施。

（4）绿色回收

联想期望最大限度地控制产品生命周期的环境影响，加大可再利用产品、配件的回收，尽可能延长产品的使用寿命，同时对生命周期即将结束的产品提供完善周到的回收服务。

（5）绿色包装

联想一直致力于为产品提供绿色包装，通过增加包装中回收材料种类、可回收材料的比例，减少包装尺寸，推广工业（多合一）包装和可重复使用包装等多种举措来打造绿色包装。

（6）绿色信息披露平台

联想的环保方针、政策、措施和成果，如产品的环保特性、对供应商的环保要求、体系维护情况等信息均在该绿色平台上进行展示和发布。

联想按照企业的发展、行业特点和产品导向，将绿色供应链管理体系融入公司环境管理体系中，制定目标并按年度进行调整，用定性和定量两类指标体系来规划企业内部各项环境工作的具体内容，并将绿色供应链的各个要求渗入体系的各个环节中。

2.3　智能制造系统的概念、特征和关键技术

智能制造系统是适应传统制造领域以下几方面的情况需要而发展起来的：一是制造信息的爆炸性增长和处理信息工作量的猛增，这些要求制造系统表现出更强的智能；二是专业人才的缺乏和专门知识的短缺，严重制约了制造业的发展，在发展中国家是如此，而在发达国家，制造企业向"第三世界"转移，同样也造成本国技术力量的空虚；三是多变的、激烈的市场竞争要求制造企业在生产活动中表现出更高的敏捷化和智能化；四是CIMS、ERP、PDM等的实施和制造业的全球化发展，遇到的"自动化孤岛"的连接和全局优化问题，以及各国、各地区的标准、数据和人机接口的统一问题，这些问题的解决依赖于智能制造技术的发展。本节介绍智能制造系统的相关知识。

2.3.1　智能制造系统的概念

智能制造系统的定义如下：基于智能制造技术，综合运用人工智能技术、信息技术、自动化技术、制造技术、并行工程、生命科学、现代管理技术和系统工程理论方法，在国际标准化和互换性的基础上，使得制造系统中的经营决策、产品设计、生产规划、制造装配和质量保证等各个子系统分别实现智能化的网络集成的高度自动化制造系统。

智能制造系统的物理基础是智能机器，它包括具有各种程序的智能加工机床、工具和材料传送、准备装置，检测和实验装置，以及安装、装配装置等。智能制造系统的目的是通过设备柔性和计算机人工智能控制，自动地完成设计、加工、控制、管理过程，旨在保证适应高度变化环境的制造的有效性。

一般来说，一个完整的智能制造系统由智能制造技术、智能制造装备、智能制造软件、智能制造设计、智能制造服务、智能制造管理等组成，如图2.2所示。这些组成部分将在后面的章节陆续详细介绍。

总的来讲，智能制造系统是可持续发展的制造模式，它旨在利用计算机建模和仿真以及信息和通信技术的巨大潜力，优化产品的设计和制造过程，尽量减少材料和能源的消耗以及各种废物的产生。其目的是根据用户需求，利用信息与通信技术、人工智能技术实现生产资料的重新配置。典型的智能制造生态系统如图2.3所示。

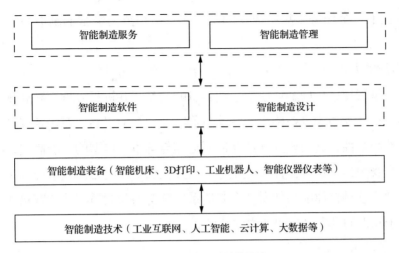

图2.2　智能制造系统的构成

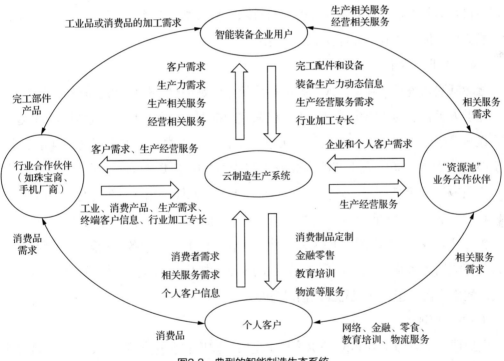

图2.3　典型的智能制造生态系统

2.3.2　智能制造系统的特征

智能制造系统与传统制造系统相比，具有以下几个特征。

（1）自组织能力

智能制造系统中的各组成单元能够依据工作任务的需要，自行组成一种最佳结构，其柔性不仅突出表现在运行方式上，而且突出表现在结构形式上，所以称这种柔性为超柔性，如同一群人类专家组成的群体，具有生物特征。完成任务后，该结构随即自行解散，以备在下一个任务中集结成新的结构。自组织能力是智能制造系统的一个重要标志。

（2）自律能力

自律能力是指搜集与理解环境信息和自身的信息，并进行分析判断和规划自身行为的能力。具有自律能力的设备称为"智能机器"，"智能机器"在一定程度上表现出独立性、自主性和个性，甚至相互间还能协调运作与竞争。典型的智能制造系统可以根据周围环境和自身的运行状况监控和处理信息，并根据处理的结果调整控制策略以采用更佳的运作计划，这种自律能力使得整个制造系统具有很强的适应性和容错性。强有力的知识库和基于知识的模型是自律能力的基础。

（3）自学习和自维护能力

智能制造系统能够在实践中不断地充实知识库，具有自学习能力；同时，能在运行过程中自行诊断故障，并具备对故障自行排除、自行维护的能力。这种特征使智能制造系统能够自我优化并适应各种复杂的环境。

（4）人机一体化

智能制造系统不单纯是"人工智能"系统，而是人机一体化智能系统，具有混合智能。基于人工智能的智能机器只能进行机械式的推理、预测、判断，它只能具有逻辑思维，最多做到形象思维，完全做不到灵感思维，只有人类专家才真正同时具备以上3种思维能力。因此，想以人工智能全面取代制造过程中人类专家的智能，独立承担起分析、判断、决策等任务是不现实的。人机一体化一方面突出人在制造系统中的核心地位，同时在智能机器的配合下，更好地发挥出人的潜能，使人机之间表现出一种平等共事、相互"理解"、相互协作的关系，使二者在不同的层次上各显其能，相辅相成。因此，在智能制造系统中，高素质、高智能的人将发挥更好的作用，机器智能和人的智能将真正地集成在一起，互相配合，相得益彰。

（5）虚拟现实

虚拟现实（Virtual Reality，VR）技术是实现虚拟制造的支持技术，也是实现高水平人机一体化的关键技术之一。虚拟现实技术是以计算机为基础，融合信号处理、动画、智能推理、预测、仿真和多媒体技术，借助各种音像和传感装置，虚拟展示现实生活中的各种过程、物件等。它能拟实制造过程和未来的产品，从感官上使人获得完全如同真实的感受，其特点是可以按照人们的意愿任意变化。这种人机结合的新一代智能技术，是智能制造的一个显著特征。

（6）网络集成

智能制造系统强调所有子系统的智能化，同时更加关注整个制造系统的网络集成，这是智能制造系统与传统"智能岛"在制造过程中的特定应用之间的根本区别。智能制造的特点之一是智能生产系统的纵向一体化和网络化，网络化生产利用CPS实现订单需求、库存水平变化和突发故障的快速响应。生产资源和产品通过网络连接，原材料和零部件可随时被送到需要它们的地方。生产过程的每个环节都会被记录下来，并且系统会自动记录每个错误。智能制造的另一特点是价值链的横向一体化。与生产系统网络类似，全球或本地价值链网络通过CPS连接，包括物流、仓储、生产、营销和销售，甚至下游的服务。任何产品的历史数据都有详细的记录，就好像该产品具有记忆功能一样。这就创建了透明的价值链——从采购到生产再到销售或者从供应商到制造商再到客户。

2.3.3　智能制造系统的关键技术

智能制造系统与人类的知识积累密切相关，这体现在以下3个方面。

（1）知识库的建立

人类的发展过程是知识发展和积累的过程，几千年的发展有很多经验和教训，将其整理归纳后可建立较完整的知识库，从而使人们在生产中少走许多弯路，使决策更加准确。

（2）代替人类工作的机器人

工业的发展过程是人类从繁重劳动中解脱出来的过程。许多环境恶劣的工作需要机器代替人类来完成。

（3）代替人类思考的智能系统

人类发展过程中，起先脑力劳动不为社会认可。计算机技术的发展，尤其是其强大的计算能力，完全可以代替人们进行分析、比较。

根据以上智能制造系统与人类知识积累和使用的相关性，智能制造系统的关键技术有以下6项。

（1）智能设计

工程设计中，概念设计和工艺设计是大量专家的创造性思维，需要分析、判断和决策。大量的经验总结、分析，如果靠人们手工来进行，需要很长的时间。把专家系统引入设计领域，可使人们从繁重的劳动中解脱出来。目前在计算机辅助设计（Computer Aided Design，CAD）、计算机辅助制造（Computer Aided Manufacturing，CAM）、计算机辅助工艺规划（Computer Aided Process Planning，CAPP）等领域中应用专家系统已取得了一定进展，但仍未发挥出其全部能力。

（2）智能机器人

机器人技术虽然已经经过许多年的发展，但仍然仅限应用于完成人类的部分的劳动。一种是固定式机器人，可用于焊接、装配、喷漆、上下料等，它其实就是一种"机械手"；另一种可以自由移动的机器人仍需人们的操作和控制。智能机器人应具备以下功能特性：视觉功能，机器人能借助其自身所带工业摄像机，像人眼一样能观察；听觉功能，机器人的听觉功能主要依赖话筒，能将人们发出的指令，变成计算机接受的电信号，从而控制机器人的动作；触觉功能，机器人带有各种传感器；语音功能，机器人可以和人们对话；分析判断功能（理解功能），机器人在接受指令后，可以通过对知识库中的资料进行分析、判断、推理，自动找出最佳的工作方案，做出正确的决策。

（3）智能诊断

除了计算机的自诊断功能（包括开机诊断和在线诊断）外，系统还可以进行故障分析、原因查找和故障的自动排除，保证系统在无人的状态下正常工作。

（4）自适应能力

影响制造系统工作的因素有很多，如材料的材质、加工余量的不均匀、环境的变化等，都会对加工带来影响。由于目前人们仍是依靠经验来控制系统的，因此加工时就不可能达到最佳状态，产品的质量就很难提高。要实现自适应功能，在线的自动检测和自动调整是关键技术。

（5）智能管理系统

加工过程仅是企业运行的一部分，产品的发展规划、市场调研分析、生产过程的平衡、材料的采购、产品的销售、售后服务，甚至整个产品的生命周期，都属于管理的范畴。需求趋向于个性化、多样化，市场小批量、多品种占主导地位，因此，智能管理系统应具备以下功能：对生产过程的自动调度，信息的收集、整理与反馈，以及形成企业的各种情况的资料库等。

（6）智能决策支持系统

决策就是在市场需求和有限资源中实施配置。智能决策支持系统是人工智能和决策支持系统相结合，使得决策支持系统能够更充分地应用人类的知识，如关于决策问题的描述性知识、决策过程中的过程性知识、求解问题的推理性知识等，通过逻辑推理来帮助解决复杂的决策问题的辅助决策系统。智能制造系统中的典型智能决策有：生产运行管理、协同工艺设计、先进计划调度、物流优化管理、质量精确控制等。

2.4　智能制造系统架构

根据《国家智能制造标准体系建设指南（2018年版）》，智能制造系统架构主要从生命周期、系统层级和智能功能3个维度进行构建。智能制造系统架构主要用于解决智能制造标准体系结构和框架的建模研究，如图2.4所示。

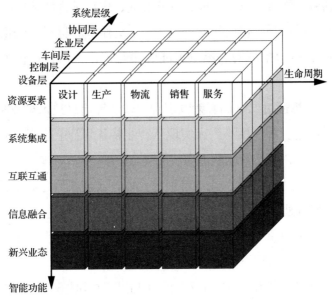

图2.4　智能制造系统架构

（1）生命周期

生命周期是由设计、生产、物流、销售、服务等一系列相互联系的价值创造活动组成的链式集合。生命周期中各项活动相互关联、相互影响。不同行业的生命周期构成不尽相同。当传统的产品变成智能产品以后，它不仅体现在消费者使用时的智能性上，也体现在生命周期中。例如，通过射频识别技术记录产品从设计到服务整个过程的信息，通过网络自动跟踪每一件货物的去向等。

（2）系统层级

系统层级自下而上共5层，分别为设备层、控制层、车间层、企业层和协同层。智能制造的系统层级体现了装备的智能化和互联网协议化，以及网络的扁平化趋势。

① 设备层，包括传感器、仪器仪表、条码、射频识别设备、机器、机械和装置等，是企业进行生产活动的物质基础。

② 控制层，包括可编程逻辑控制器、数据采集与监视控制系统、分布式控制系统和现场总线控制系统等。

③ 车间层，实现面向工厂/车间的生产管理，包括制造执行系统等。

④ 企业层，实现面向企业的经营管理，包括企业资源计划（ERP）、产品生命周期管理（PLM）、供应链管理（SCM）和客户关系管理（CRM）系统等。

⑤ 协同层，由产业链上不同企业通过互联网络共享信息实现协同研发、智能生产、

精准物流和智能服务等。

（3）智能功能

智能功能包括资源要素、系统集成、互联互通、信息融合和新兴业态5层。

① 资源要素，包括设计施工图纸、产品工艺文件、原材料、制造设备、生产车间和工厂等物理实体，也包括电力、燃气等能源。此外，人员也可视为资源的一个组成部分。

② 系统集成，是指通过二维码、射频识别、软件等信息技术集成原材料、零部件、能源、设备等各种制造资源。由小到大实现从智能装备到智能生产单元、智能生产线、数字化车间、智能工厂，乃至智能制造系统的集成。

③ 互联互通，是指通过有线、无线等通信技术，实现机器之间、机器与控制系统之间、企业之间的互联互通。

④ 信息融合，是指在系统集成和通信的基础上，利用云计算、大数据等新一代信息技术，在保障信息安全的前提下，实现信息协同共享。

⑤ 新兴业态，包括个性化定制、远程运维和工业云等服务型制造模式。

【阅读案例2-3：三一重工为数字化车间和智能工厂打造应用示范】

作为我国最大、全球第五的工程机械制造商，以"产业报国"为己任的三一重工，成立之初就担当起民族品牌崛起的历史使命。不仅以惊人的速度打破外资品牌在我国的垄断，改写了我国挖掘机的发展历程，更成为国内挖掘机占有率最高的挖掘机品牌。

2015年，三一重工开展数字化车间/智能工厂相关技术的应用示范。该项目通过全三维环境下的数字化工厂建模和工业设计软件以及产品全生命周期管理系统应用、多车间协同制造环境下的SanyMES，实现计划与执行一体化、物流配送敏捷化、质量管控协同化。企业资源计划系统实现了人、财、物、信息的集成一体化管理，基于物联网技术的多源异构数据采集和支持数字化车间全面集成的工业互联网络，驱动部门业务协同与各应用深度集成。自动化立库/AGV、自动上下料等智能装备的应用，以及设备的M2M智能化改造，初步实现了物与物、人与物之间的互联互通与信息握手。同时建立了面向服务型制造的智能服务云平台。以设备运维过程数据和生产过程数据为基础，形成大数据分析与决策平台，以"互联网+"为创新工具，形成了客户和产品的360度分析，通过CRM、互联网产品、ECC、客户互动中心、大数据分析平台，全面提升客户洞察、营销互动、配件服务、融资债权、调剂租赁等服务的管理水平。

为保障通信的安全性与再创新的可持续性，在三一重工面向工程机械装备全生命周期的数字化制造与智能服务平台中，装备自主与国产化率超过72%，产品自主与国产化率超过85%，软件自主与国产化率超过70%。该项目的主要特点是形成了智能化制造、装备智能化、智能服务的完整产业链模式下的集成示范应用。通过数字化制造技术制造工程机械装备，装备智能化支撑智能化服务，智能化服务反过来促进智能化制造技术的发展。集合领域优势智力资源，共同打造智能工厂。项目在数字化车间、智能装备及智能服务3个方面的总体规划、技术架构、业务模式、集成模型等方面进行有益的探索和应用示范，为工程机械行业智能制造的开展提供了一个良好的示范作用，促进了工程机械行业内开展数字化车间、智能工厂的应用实践，完成了企业创新发展。

2.5　智能制造系统的发展现状和趋势

2.5.1　智能制造系统的发展现状

当前全球各国都将制造业放到非常重要的战略位置，智能制造已成为高端制造业竞争的主战场。我国高度重视智能制造发展，随着制造业智能化的升级改造，智能制造产业呈现较快的增长，智能制造系统集成市场受益于国家大力推动智能制造和工业互联网发展、智能制造系统解决方案供应商联盟加速细分行业渗透、制造业核心工艺技术加速突破等利好，2014—2015年中国智能制造行业新成立企业数量骤增，处于上升风口时期，工业、互联网科技等领域企业拓展业务范围，积极转型，进军智能制造行业。2014—2020年我国智能制造市场规模如图2.5所示。

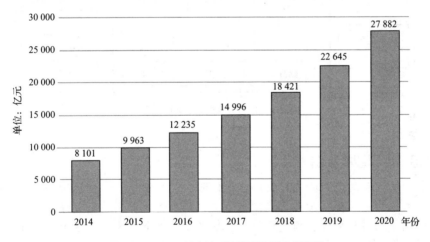

图2.5　2014—2020年我国智能制造市场规模

目前，我国智能制造形成了4个聚集区，分别是环渤海地区、"长三角"地区、"珠三角"地区和中西部地区，这4个智能制造聚集区各具特色。

（1）环渤海地区：依托地区资源与人力资源优势，形成"核心区域"与"两翼"错位发展的产业格局。其中，北京在工业互联网及智能制造服务等软件领域优势突出。

（2）"长三角"地区：培育一批优势突出、特色鲜明的智能制造装备产业集群，智能制造发展水平相对平衡。

（3）"珠三角"地区：加快机器换人，逐步发展成为"中国制造"主阵地。其中，广州围绕机器人及智能装备产业核心区建设，深圳重点打造机器人、可穿戴设备产业制造基地、国际合作基地及创新服务基地。

（4）中西部地区：落后于东部地区，尚处于自动化阶段，依托高校及科研院所优势，以先进激光产业为智能制造发展的"新亮点"，发展出了技术领先、特色突出的先进激光产业。

在智能制造环境下，现代供应链的智能化已经成为供应链发展的一个重要方向。采用智能决策方法，提高现代供应链系统的智能化和自动化，最终实现快速响应、准时配送的优质服务，带动现代供应链配送行业经济效益的提高，是智能制造行业发展的宗旨。智能制造系统行业的供应链如图2.6所示。

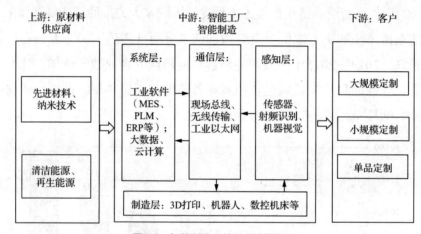

图2.6　智能制造系统行业的供应链

【会议介绍：世界智能制造大会】

第一届世界智能制造大会由工业和信息化部、江苏省人民政府于2016年12月在南京国际博览中心共同主办。现在世界智能制造大会已经成为智能制造行业每年的盛大节日，全球智能制造领域的最新成果、领先技术和高端产品等都会在此集中亮相。到2020年末为止大会已成功举办了5届，设有智领全球高峰会、智领全球博览会、智领全球嘉年华和智领全球发布会等品牌矩阵。前4届共有20多个国家近千名嘉宾出席大会并发表演讲，总体论坛观众近4万人次，专业观展观众超40万人。历届大会整合优质展会资源，通过3D虚拟全景化展台、案例图文视频等形式全面展示智能制造领域企业、产品、人才、资本、技术成果、应用场景等生态体系，真实再现线下展会，让企业和观众足不出户也能布展逛展，引领展会举办新潮流。

2020年世界智能制造大会由江苏省人民政府、工业和信息化部、中国工程院、中国科学技术协会共同主办。大会以"智能制造引领高质量发展"为主题，汇聚世界智能制造领先企业、权威机构、卓越领袖与前沿专家，共同关注和探讨智能制造发展趋势和热点话题，云上展示全球智能制造领域较具代表性企业的技术、产品和解决方案，权威发布国内外智能制造示范企业的最新发展成果，发掘全球智能制造领域各重要机构和企业的合作机遇。

2.5.2 智能制造系统的发展趋势

智能制造系统是制造技术和信息技术的结合，涉及众多行业产业，制造企业聚焦智能制造，有助于准确把握企业未来发展机会。智能制造系统的发展趋势有以下几个特点。

（1）流程领域有望率先实现智能化

智能制造系统是一个覆盖设计、物流、仓储、生产、检测等生产全过程的极其复杂的系统，企业要搭建一个完整的智能制造系统，最困难也是最核心的部分就是生产过程数字化。尤其是对于生产工艺复杂、原材料及元器件种类繁多的离散型制造领域，产品往往由多个零部件经过一系列不连续的工序装配而成，其过程包含很多变化和不确定因素，在一定程度上增加了离散型制造生产组织的难度和配套复杂性，要做到生产全程数字化、可视化、透明化殊为不易。

与离散型制造领域显著不同的是，流程型制造领域的生产流程本质上是连续的，被加工处理的工件不论是产生物理变化还是化学变化，其过程不会中断，而且往往处于密闭的管道或容器中，生产工艺相对简单，生产流程清晰连贯，生产全过程数字化难度相对较小。典型的流程型制造领域有纺织、食品、化工等行业，相应企业可以在全面贯通整合各阶段数据的基础上，运用人工智能的深度学习、强化学习（主要是动态规划方法）进行实时数据分析和实时决策，并进一步将智能系统延伸至供应链、生产后服务等各个环节，最终实现全面智能化。

（2）供应链协同倒逼产业链上游智能制造

制造业企业智能化的动力本源是响应市场需求，这点在消费品制造领域尤为明显，乘用车、家电、3C、服装、医药、食品等直接面向消费者的制造业企业搭建智能制造系统的主要目的是实现高度柔性生产，快速、准确地实现消费者对产品的个性化、定制化需求。如果把视角向上推，对于原材料工业和装备工业的企业而言，智能化浪潮前沿的消费品制造厂商即其市场所在，要跟上客户多品种、小批量的生产节奏，就必然要大幅提升自身的产品创新能力、快速交货能力以及连续补货能力。

快速变化的市场需求从消费端沿着产业链不断向上传导，下游企业生产方式的颠覆与创新迫使上游供应商融入智能化浪潮，智能制造倒逼机制就此形成。在这种倒逼机制的作用下，产业链上游企业要主动适应变化，实现柔性生产，基于供应商先期介入思维，通过网络协同制造确立竞争优势，否则将面临被市场淘汰的风险。

【阅读案例2-4：供应链协同案例，宝钢集团EVI体系】

EVI（Early Vender Involvement），意为供应商的先期介入。宝钢汽车板EVI，是宝钢为汽车厂提供从设计到量产全过程的技术支持。在推进EVI过程中形成了独特的宝钢汽车板EVI文化，就是用户思维（源于用户、服务用户、成就用户）、协同思维（同一目标、网式工作、众口同声）以及进取思维（精于专业、成于奉献、超越期待），只有文化才是不可复制的核心竞争力。宝钢以EVI为核心，构建了面向汽车行业战略用户的全程供应链协同管理解决方案，从战略用户的车型计划导入开始，按照用户需求发货，通过零部件常规拉动式订货需求计算及地区公司和总部营销部门的需求确认后，下发对应的制造单元进行生产，准发后由总部物流部门安排出厂发运及在途跟踪，实现智能补货，科学排产，精准配送。

（1）EVI是什么

从商业逻辑上看，EVI是一种用户需求传导机制，它把用户需求即时、前瞻性地传导到企业内部，促使企业不断提升能力。随着与用户需求结合得越来越早，越来越深入，企业能够创造价值的空间也就越来越大，宝钢可以跨出钢材交易的边界，为客户创造出更多价值，当然也能分享更多价值。EVI把企业创造价值的空间打开了。

从战略逻辑上看，EVI是战略转型的抓手，宝钢的经营模式要从内部导向转型为外部导向，体系、理念、组织结构的转型，都需要有一个抓手来推动。EVI就是一个很好的抓手，随着它不断地成熟，它又进化成一个很好的平台。通过这个平台，企业会加快战略转型的速度和质量。企业做战略转型，怎么来实施？怎么来检验？转了没有？转得好不好？在EVI平台上，这些问题都随时可见、可反馈、可检验且可改进，所以，它是一个可以操作的转型平台。

（2）宝钢的差异化战略

EVI又是高层次的差异化战略。很多钢铁企业都在追赶宝钢，硬件差距在缩小，服务、供应链管理、现场管理和质量管理等软件也会趋于同质化，所以宝钢的核心竞争力一定是由文化支撑的，文化是最难复制的。在产品同质化竞争日益激烈的今天，宝钢通过EVI工作，充分体现公司技术优势和服务能力的价值，避免陷入单纯而又低级的价格竞争，从而保持公司产品的市场份额和较高的溢价能力，开创一条差异化的竞争之路。

（3）"三个就是"确立了用户导向

"三个就是"是指：用户的标准就是宝钢的标准、用户的计划就是宝钢的计划和用户的利益就是宝钢的利益。从宝钢汽车板来看，"三个就是"确立了用户导向，是EVI的理论基础，但真正做起来是很难的，用户导向不但是一个反复与用户沟通的过程，而且是一个与用户反反复复共同协作、共同实践的过程。"三个就是"的提出为用户导向的经营模式确立了清晰的标准，推动了观念变革，为宝钢EVI铺就了轨道。

钢铁工业是我国经济发展的重要基础产业，是国之基石，当前，钢铁工业正处在调整升级的关键时期，既要着力抓好去产能，又要大力发展智能制造，深入推进钢铁工业供给侧结构性改革。通过钢铁企业的创新尝试和模式探索，能够勾画出一幅钢铁工业智能制造的路线图，促进钢铁行业智能工厂的建设。

（3）5G的应用将开启智能制造新时代

工业通信网络是智能制造系统中重要的基础设施，无线通信网络作为其重要组成部分，正逐步向工业数据采集领域渗透，但目前使用的**Wi-Fi**等无线通信网络尚无法满足智能制造对于数据采集的灵活、可移动、低时延和高可靠性等通信要求，仅能充当有线网络的补充角色。

5G一旦实现工业领域应用，将成为支撑智能制造转型的关键技术，5G将分布广泛、零散的人、机器和设备全部连接起来，构建统一的互联网络，帮助制造企业摆脱以往无线网络技术较为混乱的应用状态，推动制造企业迈向"万物互联、万物可控"的智能制造成熟阶段。

（4）标准体系完善将助推智能制造系统的发展

智能制造系统集成涉及生产全生命周期各个环节的硬件、软件及相关系统，协同难度大、复杂程度高，尤其是软硬件之间的连接，涉及不同品牌的产品差异以及不同端口的各类协议，亟须在国家、行业层面推出标准化体系。

为加快推进智能制造综合标准化工作，加强顶层设计，构建智能制造综合标准体系，发挥智能制造标准的规范和引领作用，工业和信息化部、国家标准化管理委员会组织开展了智能制造综合标准化体系建设研究工作，并印发了《国家智能制造标准体系建设指南（2018年版）》。该指南的颁布将持续支撑我国智能制造的良性发展，并推进我国智能制造标准与国际标准互认，助力我国成为智能制造国家和我国行业标准上升为国际标准。

（5）大数据和区块链等技术将得到广泛应用

一方面，如正在快速形成的基于工业数据的故障诊断及预测性维护就是典型的服务型应用场景。这种服务通过对生产线的监测和对历史数据进行处理并存储，进行基于人工智能的预测性分析，对企业给出维护建议并对生产进行实时预警。另一方面，工业区块链技术可以为工厂提供不同安全等级的区块链加密服务，对工厂的重要数据进行无中介传递，保障各重要生产数据的安全。

随着工业大数据和工业区块链技术的应用，将形成分布式智能制造网络，以终端客户需求为主导，促进工业的服务化转型。通过集成化与智能化生产，提高企业效率。通过标准化与网络化生产，降低企业生产成本。

应用案例：用友工业互联网平台——智能制造整体解决方案

云计算正逐步从互联网行业向制造、金融、交通、医疗健康、广电等传统行业渗透和融合，促进传统行业的转型升级。在"2017中国企业互联网大会"上，用友公司发布了精智——用友工业互联网平台。

精智定位为面向工业企业的社会化云平台，是工业视角的用友云。精智集新兴技术为一体，依托稳健平台、强调软件能力、强化工业连接、突出工业应用需求，同时联合众多合作伙伴，成立中国智能制造创新实践联盟，打造软硬一体的智能制造产业生态，赋能云时代工业企业。用友作为亚太地区较大的企业服务提供商，其发展工业互联网的方式全面而独特。精智的问世吸引了业界的大量眼球，同时它也不负众望地领跑了整个工业互联网领域。

（1）聚势而谋远

对用友来说，工业互联网就是平台，就是生态，就是应用场景。从顶层设计到技术平台，再到应用场景，一气呵成。所以，用"厚积而薄发，聚势而谋远"这句话形容用友在工业互联网的建设最恰当不过了。

所谓厚积，指的是精智依托用友在ERP领域积累的众多经验和大量制造业客户，这是其他企业无法匹敌的优势。而薄发在于用友将平台的能力因需释放，针对不同细分行业提供不同的方案，引导工业企业依据行业特性进行数字化转型。

聚势在于用友不仅支持工业企业发展，更能支撑和孵化众多产业伙伴共同服务这些企业，支撑制造资源和各类相关社会资源泛在连接、弹性供给。谋远自不用说，工业互联网是大势所趋，这个市场选择用友，而用友也义不容辞地为之而努力，从产品、技术、应用、生态、标准等各个维度全面发力。这不仅是他们的机遇，也是时代的选择。

（2）顶层设计，战略先行

工业互联网可以分为5个层级：设备层、网络层、平台层、软件层和应用层，每个层级都有相应的解决方案。这使得工业互联网平台的表述看上去充满了各种"歧义"。但是这并不妨碍企业雄心勃勃的尝试，因为工业互联网平台是一个巨大的企业级市场，大大小小的企业聚集在此，共同打造新赛道。

那么，用友的优势是什么呢？用一句话高度概括就是，在公司持续推进用友3.0战略的背景下，基于用友云构建体系化的PaaS平台，凭借多年来服务百万家工业企业的实践和积累，通过丰富的企业应用服务以及强大的应用软件开发能力，打造能够连接海量设备，承载大数据，搭载海量工业App，并提供安全与接入规范的互联网平台。

可用4个词来形容精智的核心价值：提升效率、降低成本、提高效益、降低风险。我国企业的制造水平参差不齐，在通往智能化的道路上没有哪一个平台型产品和服务模式能够全部覆盖。基于这4点核心价值，用友会根据工业企业不同的发展阶段、诉求与认知提供相应的解决方案，而这些都会通过精智得以实现。

（3）取其"精"华

对于工业互联网来说，平台体系是核心。它就像服务器的操作系统，可实现海量数据的汇聚与建模分析，并以此为基础，利用已有的知识与经验针对掌握的全要素进行最优资源配置，以达到提供软件化和模块化服务的目的。可以说其连接的人、机、物的数量将远远大于各种单个操作系统连接的综合，带来的价值也将远远超过这些操作系统。

如此复杂的"大脑"，精智是如何构建的呢？用友打造工业互联网的手段又是什么呢？他们给出了一个公式：

$$设备层+IaaS+PaaS+SaaS/BaaS/DaaS=精智$$

IaaS作为云基础设施层，虽不是用友的业务，但与阿里云、华为云等强强合作，也算是优势互补了。精智的PaaS由基础技术支撑平台、容器云平台、工业物联网平台、应用开发平台、移动平台、云集成平台等组成。它具有广泛的开放性，在基础设施、数据库、中间件、服务框架、协议等方面支持开放协议与行业标准，不但可以适配不同IaaS平台，还可以构建丰富的业务功能组件，包括通用类业务功能组件、工具类业务功能组件、面向工业场景类业务功能组件等。在SaaS层面，精智能提供丰富的组件，这对于用友来说是看家本领。基于4级数据模型建模，保证社会级、产业链级、企业级和组织级的统一，提供大量SaaS/BaaS/DaaS应用服务，覆盖交易、物流、金融、采购、营销、财务、设备、设计、加工、制造、数据分析、决策支撑等，为工业互联网落地的"最后一公里"提供各种可能的场景。

（4）iUAP，为工业互联网而生

技术的发展无论在哪个时代都一直在影响和改变着商业，精智也不例外。用友在工业互联网平台融合了大数据、云计算、移动互联网、物联网、人工智能、机器学习、视觉分析等现代信息技术，帮助制造企业实现从生产的现场管理到工业互联，从智能工厂到产业互联，甚至于智能决策的全方位的服务，可以说这是一个由技术打造的完整闭环。

iUAP是用友公司结合云计算、移动、大数据、社交等技术研制的完全基于互联网架构的企业互联网开发平台。具体来说，iUAP采用分布式架构，是完全互联网架构的企业开放平台，针对企业在工业互联网和智能制造方面遇到的技术问题，提供从开发、测试到部署、运维、集成等全流程服务。它可以支撑企业构架高并发、高性能、高可用、安全等的企业互联网应用或服务，同时也灵活支持客户平台自运营、联合运营、外包运营等模式，充分满足企业对工业互联网领域新业态、新模式的创新需求。

用友基于服务制造企业多年的行业积淀，提出了5层架构的全局化智能制造解决方案：在基础平台iUAP上，构建智能互联的智能工厂，同时向上接通企业智慧管理体系，与产业链上下游互联，最终企业所有数据汇聚云端实现智能分析与决策。

本 章 小 结

本章首先介绍了系统的概念和分类，特别介绍了一般系统论的创始人贝塔朗菲，讲述了系统的6个特征，即整体性、层次性、相关性、动态性、目的性和环境适应性；然后介绍了制造系统的定义、特征和发展趋势；在此基础上重点介绍了智能制造系统的概念和特征，讲述了其关键技术，包括智能设计、智能机器人、智能诊断、自适应能力、智能管理系统和智能决策支持系统，并给出了智能制造系统架构；最后介绍了我国智能制造系统的发展现状和发展趋势。

习 题

1. **名词解释**

（1）系统　　　（2）信息系统　　　（3）自动化系统　　　（4）制造系统

（5）柔性制造　（6）智能制造系统　　（7）虚拟现实　　　（8）全生命周期

2. **填空题**

（1）从构成要素属性划分，可以将系统分为_____、_____和_____3类。

（2）制造系统的柔性化是指制造企业对_____和_____的快速动态响应能力。

（3）智能制造系统架构主要从_____、_____和_____3个维度进行构建。

3. 单项选择题

（1）以下（　　）不是系统的特征。

  A. 整体性   B. 一致性   C. 相关性   D. 目的性

（2）以下（　　）属于系统的输出功能。

  A. 物质   B. 柔性制造 C. 能量   D. 信息

（3）制造系统的特征之一是（　　）。

  A. 反馈性   B. 静态性   C. 自组织性 D. 关联性

（4）除了具备一般系统的6个普遍特征以外，制造系统还具有（　　）个显著特征。

  A. 3.   B. 4.   C. 5.   D. 6

（5）智能制造系统的物理基础是（　　）。

  A. 互联网   B. 5G技术

  C. 高性能计算机   D. 智能机器

（6）在智能制造系统行业的供应链中，属于中游的是（　　）。

  A. 工业软件 B. 清洁能源 C. 大量定制生产 D. 先进材料

4. 简答题

（1）举例说明系统的1～3个特征。

（2）智能制造系统与人类的知识积累密切相关体现在哪些方面？

（3）简述1～3点智能制造系统的发展趋势。

5. 讨论题

（1）波音公司制造的全球化给人们带来哪些启发？

（2）如何理解宝钢集团EVI体系是一种用户需求传导机制？

（3）用友工业互联网平台具有哪些理念和特点？

第3章
智能制造支撑技术

【本章教学要点】

知识要点	掌握程度	相关知识
人工智能概念的出现	了解	图灵、麦卡锡等著名学者的思想和理论
人工智能的概念	掌握	人工智能的基本思想和基本内容
人工智能的主要研究内容	了解	知识表示、自动推理、机器学习等
人工智能技术的应用	熟悉	在智能制造领域中的 5 个方面的应用
大数据概述	掌握	大数据的定义和它的"5V"特征
大数据的核心技术	了解	采集、预处理、存储与管理与分析与挖掘、可视化、安全保障技术
大数据技术的应用	熟悉	工业大数据的概念及其特征
云计算的概念和特点	掌握	云计算定义、3 种服务类型和 10 个特点
云计算的关键技术	了解	编程模型、分布式技术、虚拟化技术和云平台技术
智能制造云平台的概念和组成	熟悉	智能制造云平台在全生命周期中提供的各种服务
第五代移动通信技术的概念	掌握	5G 技术的概念、优势以及特点
5G 技术的应用	了解	一般应用场景和 5 个智能制造中的应用
物联网技术的概念和特点	掌握	物联网技术的特点和 5 个特征
物联网的架构	熟悉	3 个层次：感知层、网络层和应用层
物联网技术的应用	熟悉	在智能制造中的 5 个应用方向

　　智能制造作为一个现代制造系统，是多个系统的组合，大致可以分为智能设计、智能生产、智能管理、智能制造服务等，与之紧密相关的是新一代信息技术。新一代信息技术不仅是智能制造业竞争力的核心要素，也是拉动智能制造业价值链重塑发展的主要基础。本章主要介绍与智能制造相关的新一代技术，如人工智能技术、大数据技术、云计算技术、第五代移动通信技术、物联网技术等。

3.1 人工智能技术

人工智能（Artificial Intelligence，AI）技术自20世纪50年代被提出以来，人类一直致力于让计算机技术朝着越来越智能的方向发展。这是一门涉及计算机科学、控制论、语言学、神经学、心理学及哲学等的综合性交叉学科。同时，人工智能也是一门有强大生命力的学科，它试图改变人类的思维和生活习惯，延伸和解放人类智能，也必将带领人类走向科技发展的新纪元。

3.1.1 人工智能概述

（1）人工智能概念的出现

自人类诞生以来，就力求根据当时的认识水平和技术条件，企图用机器来代替人的部分脑力劳动，以提高人类智能的能力。经过科技漫长的发展，一直到进入20世纪以后，人工智能才相继地出现了一些开创性的工作。1936年，年仅24岁的英国数学家图灵（A. M. Turing）在他的一篇题为《理想计算机》的论文中提出了著名的图灵机模型，1950年他又在《计算机能思维吗？》一文中提出了机器能够思维的论述，可以说正是他的大胆设想和研究为人工智能技术的发展方向和模式奠定了深厚的思想基础。

1956年在美国达特茅斯学院的一次历史性的聚会被认为是人工智能科学正式诞生的标志，此后在美国成立了以人工智能为研究目标的几个研究组。这其中最著名的当属被称为"人工智能之父"的约翰·麦卡锡（John McCarthy），人工智能的概念正是由他和几位来自不同学科的专家提出来的，这门技术当时涉及数学、计算机科学、神经生理学、心理学等多门学科。至此，人工智能开始作为一门成型的新兴学科茁壮地成长。

作为现在前沿的交叉学科，人们对于人工智能的定义有着不同的理解。例如，美国斯坦福研究所人工智能中心主任尼尔逊（N. J. Nilsson）对人工智能下了这样一个定义："人工智能是关于知识的学科——怎样表示知识以及怎样获得知识并使用知识的科学。"而美国麻省理工学院的帕特里克·温斯顿（Patrick Winston）教授认为："人工智能就是研究如何使计算机去做过去只有人才能做的智能工作。"

我国《人工智能标准化白皮书（2018版）》中也给出了人工智能的定义："人工智能是利用数字计算机或者由数字计算机控制的机器，模拟、延伸和扩展人类的智能，感知环境、获取知识并使用知识获得最佳结果的理论、方法、技术和应用系统。"

以上定义都反映了人工智能学科的基本思想和基本内容，即人工智能是研究人类智能活动的规律，构造具有一定智能的人工系统，研究如何让计算机去完成以往需要人的智力才能胜任的工作，也就是研究如何应用计算机的软硬件来模拟人类某些智能行为的基本理论、方法和技术。

（2）人工智能的主要研究内容

人工智能研究的主要内容包括：知识表示、自动推理和搜索方法、机器学习、知识获取、知识处理系统、自然语言处理、计算机视觉、智能机器人、自动程序设计等。

① 知识表示是人工智能的基本问题之一，推理和搜索都与表示方法密切相关。常用的知识表示方法有：逻辑表示法、产生式表示法、语义网络表示法和框架表示法等。理所当然地，常识为人们所关注。有关常识的表达和处理人们已提出多种方法，如非单调推理、定性推理就是从不同角度来表达常识和处理常识的。

② 问题求解中的自动推理是知识的使用过程，由于有多种知识表示方法，相应地有多种推理方法。推理过程一般可分为演绎推理和非演绎推理。谓词逻辑是演绎推理的基础。结构化表示下的继承性能推理是非演绎性的。由于知识处理的需要，近几年来提出了多种非演绎的推理方法，如连接机制推理、类比推理、基于示例的推理、反绎推理和受限推理等。

搜索是人工智能的一种问题求解方法，搜索策略决定着问题求解的一个推理步骤中知识被使用的优先关系。搜索可分为无信息导引的盲目搜索和利用经验知识导引的启发式搜索。启发式知识常由启发式函数来表示，启发式知识利用得越充分，求解问题的搜索空间就越小。典型的启发式搜索方法有A*、AO*算法等。近几年搜索方法研究开始注意那些具有百万节点的超大规模的搜索问题。

③ 机器学习是人工智能的一个重要课题。机器学习是指在一定的知识表示意义下获取新知识的过程，按照学习机制的不同，主要有归纳学习、分析学习、连接机制学习和遗传学习等。机器学习是一门多领域交叉学科，涉及概率论、统计学、逼近论、凸分析、算法复杂度理论等多门学科。它专门研究计算机怎样模拟或实现人类的学习行为，以获取新的知识或技能，重新组织已有的知识结构使之不断改善自身的性能。

④ 知识获取是指在人工智能和知识工程系统中，机器（计算机或智能机）如何获取知识的问题。

狭义的知识获取是指人们通过系统设计、程序编制和人机交互，使机器获取知识。例如，知识工程师利用知识表示技术，建立知识库，使专家系统获取知识。也就是通过人工移植的方法，将人们的知识存储到机器中去。

广义的知识获取是指除了人工知识获取之外，机器还可以自动或半自动地获取知识。例如，在系统调试和运行过程中，通过机器学习进行知识积累，或者通过机器感知直接从外部环境获取知识，对知识库进行增删、修改和更新。

⑤ 知识处理系统主要由知识库和推理机组成。知识库存储系统所需要的知识，当知识量较大而又有多种表示方法时，知识的合理组织与管理是很重要的。推理机在问题求解时，规定使用知识的基本方法和策略，推理过程中为记录结果或通信需设数据库或采用黑板机制。如果在知识库中存储的是某一领域（如医疗诊断）的专家知识，则这样的知识系统称为专家系统。为满足复杂问题的求解需要，单一的专家系统向多主体的分布式人工智能系统发展，这时知识共享、主体间的协作、矛盾的出现和处理将是研究的关键问题。

⑥ 自然语言处理是使用自然语言同计算机进行通信的技术，因为处理自然语言的关键是让计算机"理解"自然语言，所以自然语言处理又叫作自然语言理解，也称为计算语言学。一方面它是语言信息处理的一个分支，另一方面它是人工智能的核心课题之一。

⑦ 计算机视觉是一门研究如何使机器"看"的科学，更进一步地说，就是指用摄影机和计算机代替人眼和大脑对目标进行识别、跟踪和测量等，并进一步做图形处理，使用计算机处理目标使之成为更适合人眼观察或传送给仪器检测的图像。作为一个科学学科，计算机视觉研究相关的理论和技术，试图建立能够从图像或者多维数据中获取"信息"的人工智能系统。这里所指的信息，是香农（Shannon）定义的，可以用来帮助做一个"决定"的信息。因为感知可以看作从感官信号中提取信息，所以计算机视觉也可以看作研究如何使人工系统从图像或多维数据中"感知"的科学。

⑧ 智能机器人之所以叫智能机器人，是因为它有相当发达的"大脑"，在其中起作用的是中央处理器（Central Processing Unit，CPU），这种计算机跟操作它的人有直接的联系。最主要的是，这样的计算机可以进行按目的安排的动作。正因为这样，我们才说这种机器人才是真正的机器人，尽管它们的外表可能有所不同。

⑨ 自动程序设计是采用自动化手段进行程序设计的技术和过程，后引申为采用自动化手段进行软件开发的技术和过程，也称为软件自动化。其目的是提高软件生产率和软件产品质量。按广义的理解，自动程序设计是尽可能借助计算机系统（特别是自动程序设计系统）进行软件开发的过程；按狭义的理解，自动程序设计是从形式的软件功能规格说明到可执行的程序代码这一过程的自动化。自动程序设计在软件工程、流水线控制等领域均有广泛应用。

3.1.2　人工智能的发展历程

人工智能的发展主要经历了以下5个阶段。

（1）20世纪50年代，人工智能的兴起和冷落。人工智能在1956年首次被提出后，相继出现了一批显著的成果，如机器定理证明、跳棋程序、通用问题求解程序、LISP语言等。但是由于消解法推理能力有限以及机器翻译等的失败，人工智能走入了低谷。这一阶段的特点是重视问题求解的方法，而忽视了知识的重要性。

（2）20世纪60年代末到70年代，专家系统出现，使人工智能研究出现新高潮。DENDRAL化学质谱分析系统、MYCIN疾病诊断和治疗系统、PROSPECTIOR探矿系统、Hearsay-Ⅱ语音理解系统等专家系统的研究和开发，将人工智能引向了实用化。并且，1969年成立了国际人工智能联合会议（International Joint Conferences on Artificial Intelligence，IJCAI）。

（3）20世纪80年代，随着第五代计算机的研制，人工智能得到了飞速的发展。日本在1982年开始了"第五代计算机研制计划"，即"知识信息处理计算机系统（KIPS）"，其目的是使逻辑推理达到数值运算那么快。虽然此计划最终失败，但它的开展形成了一股研究人工智能的热潮。

（4）20世纪80年代末，人工神经网络技术飞速发展。1987年，在美国召开了第一次神经网络国际会议，宣告了这一新学科的诞生。此后，各国在神经网络方面的投资逐渐增加，神经网络迅速发展起来。

（5）20世纪90年代，人工智能出现新的研究高潮。由于网络技术特别是国际互联网技术的发展，人工智能开始由单个智能主体研究转向基于网络环境下的分布式人工智能研究。不仅研究基于同一目标的分布式问题求解，而且研究多个智能主体的多目标问题求解，使人工智能更面向实用。另外，由于Hopfield多层神经网络模型的提出，人工神经网络研究与应用出现了欣欣向荣的景象。

进入21世纪，人工智能这个话题变得越来越热门，尤其是2016年3月，阿尔法围棋（AlphaGo）与当时围棋世界冠军、职业九段选手李世石进行人机大战，并以4∶1的总比分获胜，人工智能这个话题在人们之间也是越来越普遍地被谈论。

【阅读案例3-1：人工智能发展史上的8个历史性事件】

在人工智能的发展历程中，经历了以下8个历史性事件。

（1）1943年，约翰·麦卡洛克（Warren McCulloch）和沃尔特·皮茨（Walter Pitts）两位科学家提出了"神经网络"的概念，正式开启了AI的大门。虽然在当时仅是一个数学理论，但是这个理论让人们了解到计算机可以如人类大脑一样进行"深度学习"，描述了如何让人造神经网络实现逻辑功能。

（2）1955年8月31日，约翰·麦卡锡、马尔温·明斯基（Marvin Minsky）、纳塔涅尔·罗切斯特（Nathaniel Rochester）和克劳德·香农（Claude Shannon）4位科学家联名提交了一份提案《人工智能研究》，首次提出了人工智能的概念，其中的约翰·麦卡锡被后人尊称为"人工智能之父"。

（3）1969年人类首次提出了反向传播（Backpropagation）算法，这是20世纪80年代的主流算法，同时也是机器学习历史上最重要的算法之一，奠定了人工智能的基础。这种算法的独特之处在于映射、非线性化，具有很强的函数复现能力，可以更好地训练人工智能的学习能力。

（4）20世纪60年代，麻省理工学院的研究人员发明了一个名为ELIZA的计算机心理治疗师，可以帮助用户和机器对话，缓解压力和抑郁，这是语音助手的雏形。语音助手可以识别用户的语言，并进行简单的系统操作，比如苹果的Siri。语音助手赋予了人工智能"说话"和"交流"的能力。

（5）1993年，作家兼计算机科学家弗诺·文奇（Vernor Steffen Vinge）发表了一篇文章，首次提到了人工智能的"奇点理论"。他认为未来某一天人工智能会超越人类，并且终结人类社会，主宰人类世界，被其称为"即将到来的技术奇点"。弗诺·文奇是人工智能威胁论的提出者，后来者还有霍金和特斯拉的CEO马斯克等。

（6）1997年，IBM的超级计算机"深蓝"战胜了当时的国际象棋冠军加里·卡斯帕罗夫（Garry Kasparov），引起了世界的轰动。虽然它还不能证明人工智能可以像人一样思考，但它证明了人工智能在推算及信息处理速度上要比人类更快。这是AI发展史上，人工智能首次战胜人类。

（7）2012年6月，某公司研究人员杰夫·迪安（Jeff Dean）和吴恩达从某视频中提取了约1 000万个未标记的图像，训练一个由约16 000个处理器组成的庞大神经网络。在没有给出任何识别信息的情况下，人工智能通过深度学习算法准确地从中识别出了猫科动物的照片。这是人工智能深度学习的首次案例，它意味着人工智能开始有了一定程度的"思考"能力。

（8）2016年阿尔法围棋（AlphaGo）与当时围棋世界冠军李世石进行人机大战，并以4∶1的总比分获胜。不少职业围棋棋手认为，AlphaGo的棋力已经达到甚至超过围棋职业九段水平。AlphaGo是一款围棋人工智能程序，由谷歌公司旗下DeepMind研究团队开发，其主要工作原理是"深度学习"，开启了人工智能的新纪元。

3.1.3 人工智能的分类

围绕人工智能的各种定义可知，人工智能的核心思想在于构造智能的人工系统。人工智能是一项知识工程，利用机器模仿人类完成一系列的动作。根据是否能够实现理解、思考、推理、解决问题等高级行为，人工智能又可分为弱人工智能和强人工智能。

（1）弱人工智能

弱人工智能是指不能像人类一样进行推理思考并解决问题的智能机器。至今为止，人工智能系统都是实现特定功能的系统，而不是像人类一样，能够不断地学习新知识，适应新环境。现阶段，理论研究的主流力量仍然集中于弱人工智能方面，并取得了一定的成绩，对于某些特定领域，如机器翻译、图片识别等，专用系统的水平已接近于人类的水平。

（2）强人工智能

强人工智能是指机器能像人类一样思考，有感知和自我意识，能够自发学习知识。机器的思考又可分为类人和非类人两大类：类人表示机器思考与人类思考类似，而非类人则是指机器拥有与人类完全不同的思考和推理方式。强人工智能在哲学上存在着巨大的争论，不仅如此，在技术研究层面也面临着巨大的挑战。目前，强人工智能的发展有限，并且可能在未来几十年内都难以实现。

强人工智能的类型又分为两种：一种是类人的人工智能，机器完全模仿人的思维方式和行为习惯；另一种是非类人的人工智能，机器有自我的推理方式，不按照人类的思维行动模式生产生活。强人工智能具有很强的自主意识，它们既可以按照人预先设定的指令具体去做什么，也可以根据具体环境需求自身决定做什么、怎么做，它们具有主动处理事务的能力，也就是说可以不根据人类事先做好的设定而机械地行动。就当下的技术手段和程序语言设计发展阶段而言，虽然离实现强人工智能还具有不小的距离，但是不排除在编程技术实现智能化后，会带来人工智能天翻地覆的变化，到那个时候它们所带来的伦理问题会是困扰我们的难题。

目前人工智能还处于弱人工智能阶段，之所以称之为"弱"，是因为这样的人工智能不具备自我思考、自我推理和解决问题的能力，笼统地讲就是没有自主意识，所以并不能称之为真正意义上的智能。而强人工智能则恰好相反，若能配合合适的程序设计语言，理论上它们便可以有自主感知能力、自主思维能力和自主行动能力等。

3.1.4　人工智能技术应用的领域

人工智能技术是在计算机科学、控制论、信息论、心理学、语言学和哲学在内的多种学科相互渗透的基础上发展起来的一门前沿学科，主要研究用机器（主要是计算机）来模仿和实现人类的智能行为，经过几十年的发展，人工智能在智能制造领域也得到广泛和深入的应用。

（1）智能感知

智能感知包括模式识别和自然言语理解。人工智能所研究的模式识别是指用计算机代替人类或帮助人类感知的模式，是对人类感知外界功能的模拟，研究的是计算机模式识别系统，也就是使计算机系统具有模拟人类通过感官接受外界信息、识别和理解周围环境的感知能力。而自然言语理解，就是让计算机通过阅读文本资料建立内部数据库，可以将句子从一种语言转换为另一种语言，实现对给定的指令获取知识等。此类系统的目的就是建立一个可以生成和理解语言的软件环境。

（2）智能推理

智能推理包括问题求解、逻辑推理与定理证明、专家系统、自动程序设计等。人工智能的第一个主要成果是一个可以解决问题的国际象棋程序。在国际象棋程序中应用的某些技术，如果再往前看几步，可以将很难的问题分为一些比较容易的问题，开发问题搜索和问题还原等人工智能技术。而基于此的逻辑推理也是人工智能研究中最持久的子领域之一。这就需要人工智能不仅要有解决问题的能力，更要有一些假设推理和直觉技巧。在此两者的基础上出现的专家系统就是一个相对完整的智能计算机程序系统，应用大量的专家知识，解决相关领域的难题，经常要在不完全、不精确或不确定的信息基础上做出结论。而所有这些功能的实现都是最终实现自动程序的基础，让计算机"学会"人类的编程理论并自行进行程序设计，而这一功能目前最大的贡献之一就是作为问题求解策略的调整概念。

（3）智能学习

学习能力无疑是人工智能研究中最突出和最重要的方面之一。学习更是人类智力的主要标志，是获取知识的基本手段。近年来，人工智能技术在这方面的研究取得了一定的进展，包括机器学习、神经网络、计算智能和进化计算等。而智能学习正是计算机获得智能的根本途径。此外，机器学习将有助于发现人类学习的机制，揭示人类大脑皮层的奥秘。所以这是一个一直受到关注的理论领域，该领域的思维和行动是创新的，方法也是近乎完美的，但目前的水平距理想状态还一定的差距。

（4）智能行动

智能行动是人工智能应用最广泛的领域之一，也是最贴近生活的领域之一，包括机器人学、智能控制、智能检索、智能调度与指挥、分布式人工智能与 Agent、数据挖掘与知识发现、人工生命、机器视觉等。智能行动就是对机器人操作程序的研究。

（5）智能制造

正如本书第1章所述，智能制造是将物联网、大数据、云计算、人工智能等新一代信息技术与先进自动化技术、传感技术、控制技术、数字制造技术相结合，实现工厂和企业内部、企业之间和产品生命周期的实时管理和优化，具有信息深度自感知、智能优化自决策、精准控制自执行等功能的先进制造过程、系统与模式的总称。可以看出，人工智能是智能制造的重要基础，智能制造是人工智能同机械设备结合的产物。相对于其他已经广泛应用人工智能技术的领域，智能制造行业还有很长的路要走，主要因素就是智能制造技术难度更大，而且涉及的领域比较复杂，它并不仅仅是人工智能和机械设备的简单结合，其中还涉及机器人等先进技术。

当前制造业的转型可以看作自动化升级和信息技术的融合提升，这并不是机器简单地替换工人，工厂还要能实现自主化决策，灵活生产出多样化的产品，并能快速应对更多的市场变化。人工智能和制造系统的结合将是必然的，利用机器学习、模式识别、认知分析等算法模型，可以提升工厂质量控制与生产管理能力，通过不同领域技术相互融合，才能使企业适应激烈的竞争，倒逼产业升级。

3.2　大数据技术

最早提出"大数据"时代到来的麦肯锡公司指出："数据，已经渗透到当今每一个行业和业务职能领域，成为重要的生产因素。人们对于海量数据的挖掘和运用，预示着新一波生产率增长和消费者盈余浪潮的到来。"大数据在物理学、生物学、环境生态学等领域以及军事、金融、通信等行业存在已有时日，却因为近年来互联网和信息行业的发展而引起人们关注。本节介绍大数据产生的背景和发展历程、大数据的概念和特征、大数据的核心技术、工业大数据等内容。

3.2.1　大数据概述

（1）大数据产生的背景

信息化的浪潮是不断更迭的，根据IBM前CEO郭士纳（Louis V. Gerstner）的观点，IT领域每隔若干年就会迎来一次重大变革，每一次的信息化浪潮都推动了信息技术的向前发展。目前，在IT领域相继掀起了3次信息化浪潮，如表3.1所示。

表 3.1　信息化的 3 次浪潮

信息化浪潮	发生时间	标志	解决问题	代表企业
第一次浪潮	1980 年前后	个人计算机	信息处理	IBM、联想、苹果、戴尔、惠普等
第二次浪潮	1995 年前后	互联网	信息传输	雅虎、谷歌、百度、腾讯、中国移动等
第三次浪潮	2010 年前后	物联网、云计算、大数据	信息爆炸	华为、金蝶、阿里巴巴等

信息化的第一次浪潮发生在20世纪80年代前后，个人计算机的普及，极大地解决了信息处理的问题，也极大地促进了信息化在各行业的发展。当时的主导企业有IBM、联想、苹果、戴尔、惠普等，它们制造的硬件和软件在信息处理方面向人们提供了巨大的帮助。

随着互联网的普及，第二次信息化浪潮开始了。20世纪90年代互联网的出现，使得人与人之间的交流有了新的渠道，雅虎等公司推出的电子邮箱使人们的商务沟通变得更加有效率；腾讯等公司推出的社交软件也让社交变得更加容易，无论人们在天南还是海北，只要有网络，就可以相互表达情感，碰撞观点。同时人们获取信息的途径也有所改变，以百度、谷歌为代表的搜索引擎让人们可以畅游在知识的海洋之中。

在互联网逐渐走向成熟的同时，第三次信息化浪潮随之而来。在2010年前后，信息量呈现爆发式的增长，随之而来的就是云计算、大数据、物联网等技术的出现，一大批公司，比如华为、阿里巴巴等都在为解决信息爆炸的问题不断努力。

大数据是在信息化技术的不断发展下产生的，IT技术的不断更新为大数据的出现提供了可能性。与此同时云计算技术的成熟又为大数据的存储和处理奠定了技术的基础。云计算在处理数据时运用分布式处理、并行处理和网格计算等技术，使庞大的数据量可以在短时间内被处理完成，之前利用传统数据处理技术需要数小时甚至数天进行处理的数据量，运用云计算技术在数分钟甚至几十秒内就可以处理完成，极大地提高了数据处理的效率；在数据存储中，云计算通过集群应用、网格技术、分布式文件系统等使大数据可以被存储在云端，方便人们存取，为大数据的研究和利用提供了强大的技术支持。

【人物介绍：电子商务巨子——郭士纳】

郭士纳从小生长在美国纽约长岛的一个贫穷家庭里，1965年毕业于哈佛大学商业学院，随即加入麦肯锡公司。凭借他的聪明才智，郭士纳在麦肯锡创造了奇迹，28岁成为麦肯锡最年轻的合伙人，33岁成为麦肯锡最年轻的总监，这些经历使他成为一名光芒夺目的商界奇才。郭士纳具有罕见的管理与经营才干，是电子商务时代的先锋和佼佼者。1993年，郭士纳成为IBM公司董事长兼CEO，受命于危难以弥补其前任给IBM留下的空前的亏损。郭士纳以务实的态度，半年内果断裁人4.5万，彻底摧毁旧有生产模式，开始削减成本，调整结构，重振大型机业务，拓展服务业范围，并带领IBM重新向PC市场发动攻击，取得了令世人瞩目的成就。美国《时代》周刊这样评价郭士纳——"IBM公司董事长兼CEO，被称为电子商务巨子"。

（2）大数据的发展历程

大数据起源于20世纪90年代。继个人计算机普及之后互联网出现，数据量呈现爆炸式的增长，大数据因此而诞生，开始被学者们所研究。直至今日，大数据仍然处于蓬勃发展的阶段，还有一些问题亟待研究者们去解决。从整个大数据发展历程来看，其可分为以下4个阶段，如图3.1所示。

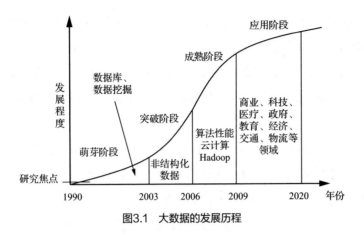

图3.1　大数据的发展历程

① 萌芽阶段（20世纪90年代—21世纪初）。

萌芽阶段也被称为数据挖掘阶段。那时的数据库技术和数据挖掘的理论已经成熟，数据多为结构化数据，人们把数据存储在数据仓库和数据库里，在需要操作时大多采用离线处理方式，对生成的数据需要集中分析处理。存储数据通常使用物理工具，例如纸张、胶卷、光盘（CD与DVD）和磁盘等。

② 突破阶段（2003—2006年）。

突破阶段也称非结构化数据阶段，该阶段非结构化的数据大量出现，使得传统的数据库处理系统难以应对如此庞大的数据量。学者们开始针对大数据的计算处理技术以及不同结构类型数据的存储工具进行研究，以加快大数据的处理速度，增加大数据的存储空间和提高存储工具的适用性。

③ 成熟阶段（2007—2009年）。

在大数据的成熟阶段，谷歌公司公开发表的两篇论文《谷歌文件系统》和《基于集群的简单数据处理：MapReduce》，其核心的技术包括分布式文件系统（Distributed File System，DFS）、分布式计算系统框架MapReduce等引发了研究者的关注。在此期间，大数据研究的焦点主要是算法的性能、云计算、大规模的数据集并行运算算法，以及开源分布式架构Hadoop等。数据的存储方式也由以物理存储方式占主导地位变为由数字化存储方式占主导地位。

④ 应用阶段（2009年以后）。

2009年以后，大数据基础技术逐渐成熟，学术界及企业界纷纷开始从对大数据技术的研究转向对应用的研究。自2013年开始，大数据技术开始向商业、科技、医疗、政府、教育、交通、物流及社会的各个领域渗透，为各个领域的发展提供了技术上的支持。

（3）大数据的概念和特征

关于大数据的概念，目前没有统一的定义。维克托·迈尔-舍恩伯格及肯尼斯·库克耶编写的《大数据时代》中给出的大数据定义为：不用随机分析法（抽样调查）这样的捷径，而是采用对所有数据进行分析处理的方法。

美国国家科学基金委员会将大数据定义为：由科学仪器、传感器、网上交易、电子邮件、视频、点击流和/或所有其他可用的数字源产生的大规模、多样的、复杂的、纵向的和/或分布式的数据集。

麦肯锡全球研究所对大数据的定义为：一种规模大到在获取、存储、管理、分析方面大大超出了传统数据库软件工具能力范围的数据集合，具有海量的数据规模、快速的数据流转、多样的数据类型和价值密度低4大特征。

综合多个定义，可以把大数据的概念理解为：无法在一定时间范围内用常规软件工具进行捕捉、管理和处理的数据集合，是需要新处理模式才能具有更强的决策力、洞察发现力和流程优化能力的海量、高增长率和多样化的信息资产。

大数据的特征通常被概括为5个"V"，即数据量大（Volume）、数据类型繁多（Variety）、处理速度快（Velocity）、价值密度低（Value）和真实性强（Veracity）。

① 数据量大。

数据量大是大数据的首要特征，通过表3.2中数据存储单位及换算关系可更形象地表现出大数据的庞大的数据量。通常认为，处于吉字节（GB）级别的数据为超大规模数据，太字节（TB）级别的数据为海量级数据，而大数据的数据量通常在拍字节（PB）级及以上，可想而知大数据的体量是非常庞大的。用一个更形象的例子来展现大数据的数据量：2012年IDC和EMC联合发布的《数据宇宙》报告显示，2011年全球数据总量已经达到约1.87 ZB。而且这样的数据量并不是缓慢增长的，据报道，从1986年到2010年20多年的时间中，全球的数据量已增长了约100倍，而且数据增长的速度会随着时间的推移越来越快。呈爆发式增长的大数据，更需要进行认真的管理以及研究。

表 3.2　数据存储单位及换算关系

单位	换算关系
B（Byte，字节）	1B=8bit
KB（Kilobyte，千字节）	1KB=1 024B
MB（Megabyte，兆字节）	1MB=1 024KB
GB（Gigabyte，吉字节）	1GB=1 024MB
TB（Terabyte，太字节）	1TB=1 024GB
PB（Petabyte，拍字节）	1PB=1 024TB
EB（Exabyte，艾字节）	1EB=1 024PB
ZB（Zettabyte，泽字节）	1ZB=1 024EB

② 数据类型繁多。

在进入大数据时代之后，数据类型也变得多样化了。数据的结构类型从传统单一的结构化数据，变成了以非结构化数据、准结构化数据和半结构化数据为主的结构类型，比如网络日志、图片、社交网络信息和地理位置信息等，这些不同的结构类型使大数据的存储和处理变得更具挑战性。除了数据结构类型丰富，数据所在的领域也变得更加丰富，很多传统的领域由于互联网技术的发展，数据量也明显增加，像物流、医疗、电信、金融行业等的数据都呈现出"爆炸式"的增长。这样的大数据量和结构类型的多样化，也为数据库和数据仓库以及相关的数据处理技术的革新创造了动力。

③ 处理速度快。

大数据的产生速度很快，变化的速度也很快。在高速的数据量产生的同时，由于大数据的技术逐渐成熟，数据处理的速度也很快，各种数据在线上可以被实时地处理、传输和存储，以便全面地反映当下的情况，并从中获取有价值的信息。

④ 价值密度低。

大数据虽然在数量上十分庞大，但其实有价值的数据相对比较少。在通过对数据的获取、存储、抽取、清洗、集成、挖掘等一系列操作之后，能保留下来的有效数据甚至不足数据总量的20%，真可谓是"沙里淘金"。以监控摄像拍摄下来的视频为例，一天的视频记录中有价值的记录可能只有短暂的几秒或是几分钟，但为了安全保障工作的顺利开展，需要投入大量的资金购买设备，消耗电能和存储空间以保证相关的区域24h都在监控的状态下。因此对很多行业来说，如何能够在低价值密度的大数据中更快、更节省成本地提取到有价值的数据是其所关注的焦点之一。

⑤ 真实性强。

大数据中的内容是与真实世界中发生的事件息息相关的，反映了很多真实的、客观的信息，因此大数据拥有真实性强的特征。但大数据中也存在着一定数据的偏差和错误，要保证在数据的采集和清洗中留下来的数据是准确和可信赖的，才能在大数据的研究中从庞大的网络数据中提取出能够解释和预测现实的事件，分析出其中蕴含的规律，预测未来的发展动向。

3.2.2 大数据的核心技术

大数据的核心技术一般包括大数据采集技术、大数据预处理技术、大数据存储与管理技术、大数据分析与挖掘技术、大数据可视化技术与大数据安全保障技术等。

（1）大数据采集技术

大数据采集技术是指通过射频识别技术、传感器、社交网络交互及移动互联网等方式获得结构化、半结构化、准结构化和非结构化的海量数据，是大数据知识服务模型的根本。大数据采集架构一般分为智能感知层和基础支撑层，其中，智能感知层主要包括数据传感体系、网络通信体系、传感适配体系、智能识别体系及软硬件资源接入系统等，以实现对海量数据的智能化识别、定位、跟踪、接入、传输、信号转换、监控、初步处理和管理等；而基础支撑层提供大数据服务平台所需的虚拟服务器、数据库及物联网资源等基础性的支撑环境。

（2）大数据预处理技术

大数据预处理技术主要用于完成对已获得数据的抽取、清洗等步骤。对数据进行抽取操作是由于获取的数据可能具有多种结构和类型，需要将这些复杂的数据转化为单一的或者便于处理的结构和类型，以达到快速分析、处理的目的。进行清洗操作主要是由于在海量数据中，数据并不全是有价值的，比如有些数据与所需内容无关或是错误的数据等，对这类数据就需要进行"去噪"处理，从而提取出有效数据。

（3）大数据存储与管理技术

大数据存储与管理就是利用存储器把采集到的数据存储起来，并建立相应的数据库来进行管理和调用。大数据存储与管理的技术重点是解决复杂结构化数据的管理与处理，主要解决大数据的存储、表示、处理、可靠性和有效传输等关键问题。

通过开发可靠的分布式文件系统、优化存储、计算融入存储，发掘高效低成本的大数据存储技术，突破分布式非关系型大数据管理与处理技术、异构数据的数据融合技术和数据组织技术，研究大数据建模技术，大数据索引技术和大数据移动、备份、复制等技术，开发大数据可视化技术和新型数据库技术等方式，可解决这些问题。

目前的新型数据库技术将数据库分为关系数据库和非关系数据库，已经基本解决了大数据存储与管理的问题。其中，关系数据库包含传统关系数据库及NewSQL数据库等；非关系数据库主要指NoSQL，其中包括键值数据库、列存数据库、图存数据库及文档数据库等。

（4）大数据分析与挖掘技术

大数据分析与挖掘技术包括改进已有的数据挖掘、机器学习、开发数据网络挖掘、特异群组挖掘和图挖掘等新型数据挖掘技术，其中重点研究的是基于对象的数据连接、相似性连接等的大数据融合技术和用户兴趣分析、网络行为分析、情感语义分析等领域的大数据挖掘技术。

数据挖掘是从大量的、不完全的、有噪声的、模糊的和随机的实际数据中提取出隐含在其中的，人们事先不知道但又有可能有用的信息和知识的过程。数据挖掘涉及的技术有很多，可以从很多角度对其进行分类。

① 根据挖掘任务，数据挖掘技术可分为分类或预测模型发现，数据总结、聚类、关

联规则发现，序列模式发现，依赖关系或依赖模型发现，异常和趋势发现等技术。

② 根据挖掘对象，数据挖掘技术可分为针对关系数据库、面向对象数据库、空间数据库、时态数据库、文本数据库、多媒体数据库、异质数据库、遗产数据库等的技术。

③ 根据挖掘方法，数据挖掘技术可分为机器学习方法、统计方法、神经网络方法和数据库方法等。

从挖掘任务和挖掘方法的角度，数据挖掘着重研究以下几个方面。

① 数据挖掘算法。图像化是将机器语言翻译成人类交流的语言，而数据挖掘算法用的是机器语言，通过分割、集群、孤立点分析等，精炼数据、挖掘价值，要求数据挖掘算法能在处理大量数据的同时具有很高的处理速度。

② 语义引擎。语义引擎需要设计足够的智能以从数据中主动地提取信息。语义处理技术包括机器翻译、情感分析、舆情分析、智能输入和问答系统等技术。

③ 数据质量与管理。数据质量与管理是管理成果的最佳检验，通过标准化流程和机器对数据进行处理，可以确保获得达到预设质量目标的分析结果。

④ 可视化分析。无论是对普通用户还是对数据分析专家，数据可视化都是最基本的功能之一。数据图像化可以让数据"说话"，让用户直观地看到结果。

（5）大数据可视化技术

大数据可视化技术能够将隐藏于海量数据中的信息和知识挖掘出来，为人类的社会经济活动等提供依据，从而提高各个领域的运行效率，提升整个社会经济等的集约化程度。数据可视化的技术可分为基于文本的可视化技术和基于图形的可视化技术。其中，基于文本的可视化技术又包括基于云标签的文本可视化、基于关联的文本可视化等；基于图形的可视化技术包括桑基图、饼图、折线图等图形展现形式。

（6）大数据安全保障技术

从企业和政府层面，大数据安全保障技术主要用于应对黑客的网络攻击以及防止数据泄露的问题发生；从个人层面，大数据安全保障技术主要用于保护个人的隐私安全问题。安全保障技术具体包括改进数据销毁、透明加解密、分布式访问控制和数据审计等技术，对隐私保护和推理控制、数据真伪识别和取证、数据持有完整性验证等技术进行突破。

3.2.3 工业大数据

工业大数据是在工业领域中，围绕典型智能制造模式，从客户需求到订单、计划、研发、设计、工艺、制造、采购、供应、库存、发货和交付、售后服务、运维、报废或回收再制造等整个产品全生命周期各个环节所产生的各类数据及相关技术和应用的总称。其以产品数据为核心，极大延展了传统工业数据范围，同时还包括工业大数据相关技术和应用。工业大数据是工业互联网的核心，是实现智能制造、个性化定制、网络化协同、服务化延伸等智慧化应用的基础和关键。工业大数据是我国制造业转型升级的重要战略资源。

（1）工业大数据的特征

工业大数据除具有一般大数据的特征外，还具有时序性、强关联性、准确性、闭环性等特征。

① 时序性（Sequence）：工业大数据具有较强的时序性，如订单、设备状态数据等。

② 强关联性（Strong-Relevance）：一方面，产品生命周期同一阶段的数据具有强关联性，如产品零部件组成、工况、设备状态、维修情况、零部件补充采购等；另一方面，产品生命周期的研发设计、生产、服务等不同环节的数据之间需要进行关联。

③ 准确性（Accuracy）：主要指数据的真实性、完整性和可靠性，更加关注数据质量，以及处理、分析技术和方法的可靠性。对数据分析的置信度要求较高，仅依靠统计相关性分析不足以支撑故障诊断、预测预警等工业应用，需要将物理模型与数据模型结合，挖掘因果关系。

④ 闭环性（Closed-loop）：包括产品全生命周期横向过程中数据链条的封闭和关联，以及智能制造纵向数据采集和处理过程中，需要支撑状态感知、分析、反馈、控制等闭环场景下的动态持续调整和优化。

由于以上特征，工业大数据作为大数据的一种应用，在具有广阔应用前景的同时，对于传统的数据管理技术与数据分析技术也提出了很大的挑战。

（2）工业大数据的来源

企业内部信息系统、设备物联网和企业的外部互联网是工业大数据的主要来源。

① 企业内部信息系统数据。

企业内部信息系统保存了大量的高价值核心业务数据。自20世纪60年代以来，信息技术在工业领域发展非常迅猛，形成产品生命周期管理（PLM）、企业资源计划（ERP）、供应链管理（SCM）以及客户关系管理（CRM）等一系列的优秀企业信息管理系统。这些系统中所存储的产品研发数据、生产数据、出货数据、物流数据以及客服数据等，存在于企业的内部或整个产业链的内部，这些数据是工业领域的无形资产。

② 设备物联网数据。

近年来全球物联网技术的高速发展，使设备物联网已经成了工业大数据新的、增长较快的来源,通过将设备联网,可以实时自动采集生产设备与交付产品的状态及工况数据。一方面,机床等生产设备联网数据能为智能工厂生产调度、质量控制和绩效管理提供数据依据;另一方面,2012年美国通用电气公司提出的工业大数据,专指装备的使用过程中通过传感器采集的规模化时间序列数据,包括设备的状态参数、工况负载与作业环境等数据,这些数据不仅可以帮企业提高设备的运行效率,还可以拓展新的制造服务。

③ 外部互联网数据。

由于互联网与工业的深度融合,企业外部互联网已成了工业大数据不容忽视的重要数据来源。21世纪初,部分日企已经开始利用互联网数据分析和获取用户的产品评价;随着互联网与工业的融合与发展,小米等企业利用社交媒体数据实现产品的创新研发。此外,外部互联网还存有海量的跨行业数据,如影响设备作业的气象数据、影响产品市场预测的宏观经济数据,以及影响企业生产成本的环境法规数据等。

(3)工业大数据的战略作用

工业大数据是制造业提高核心能力、整合产业链和实现从要素驱动向创新驱动转型的有力手段。对制造型企业来说,工业大数据不仅可以用来提升企业的运行效率,更重要的是如何通过大数据等新一代信息技术所提供的能力来改变商业流程及商业模式。工业大数据的战略作用如图3.2所示,从中可看出工业大数据及相关技术与企业战略之间的3种主要关系如下。

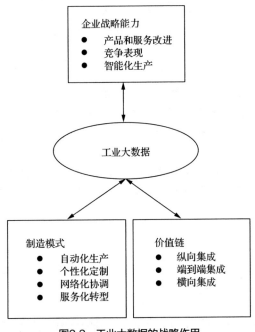

图3.2 工业大数据的战略作用

　　① 工业大数据与企业战略能力：工业大数据可以用于提升企业的运行效率。

　　② 工业大数据与制造模式：工业大数据可用于帮助制造模式的改变，形成新的商业模式。其中比较典型的智能制造模式有自动化生产、个性化定制、网络化协调及服务化转型等。

　　③ 工业大数据与价值链：工业大数据及相关技术可以帮助企业扁平化运行、加快信息在产品生产制造过程中的流动。

【阅读案例3-2：工业大数据助力实现生产设备的故障诊断和预测】

　　国内不少制造业都有产品返厂返工率高的现象。为了减少产品生产过程中的误差，一些企业甚至不惜花重金引进国外先进的生产设备。在生产逐渐智能化的过程中，生产设备的故障诊断和故障预测也要引起高度重视。

　　某世界500强的生活消费公司每年在纸尿裤市场占据超过100亿美元的市场份额，在纸尿裤的生产过程中曾经遇到过令人十分头痛的问题：在完成纸尿裤生产线从原材料到成品的全自动一体化升级后，生产线的生产速度得到了大幅提升，每秒能够生产近百米的纸尿裤成品。

　　然而，新的生产线建成后一直没有办法发挥最大的产能，因为在高速生产过程中某一个工序一旦出现错误，生产线会进行报警并造成整条生产线的停机，随后由现场的工人将生产错误的部分切除后重新让生产线运转。这样做的原因是一旦某一片纸尿裤的生产发生问题会使随后的所有产品都受到影响，因此不得不将残次部分剔除后重新开机。

　　为了提升生产线的生产效率，这家公司对纸尿裤生产线的监控和控制系统进行了升级。他们首先从控制器中采集了每一个工序的控制信号和状态监控参数，从这些信号中寻找出现生产偏差时的数据特征，并利用数据挖掘的分析方法找到正常生产状态和偏差生产状态下的序列特征，随后用机器学习的方法记录下这些特征，建立判断生产状态正常和异常的健康评估模型。

　　在利用历史数据进行模型评价的过程中，该健康模型能够识别出所有生产异常的样本并用0～1范围内的数字作为当前状态即时动态监控指标。于是在生产过程中的每一个纸尿裤都会被赋予一个0～1的健康值，当系统识别出某一个纸尿裤的生产出现异常时，生产系统将在维持原有生产速度的状态下自动将这一产品从生产线上分离出来，且不会影响其他产品的生产和整条生产线的运转。

　　这项技术后来被纸尿裤生产公司集成到控制器当中，升级后的生产线实现了近乎零的停机时间，也使生产线实现了无人化操作，每年由于生产效率提升所带来的直接经济价值就高达约4.5亿美元。

3.3　云计算技术

　　云计算（Cloud Computing）的概念是由谷歌公司提出的，它是一种全新的信息技术，具有超级计算和海量存储能力。推动云计算兴起的动力是高速互联网和虚拟化技术的发展。云计算可以更有效地为各行各业提供有效的计算与分析。本节主要介绍云计算的概念和特点、云计算的关键技术以及智能制造云平台等内容。

3.3.1　云计算的概念和特点

（1）云计算的概念与发展历程

云计算是一种能够通过网络以便利的、按需付费的方式获取计算资源（包括网络、服务器、存储、应用和服务等）并提高其可用性的模式。这些资源来自共享的、可配置的资源池，并能够以最省力和无人干预的方式获取和释放。

云计算概念是经历了20多年的发展历程而形成的。1983年，Sun Microsystems公司提出了"网络是计算机"的概念；2006年3月，Amazon公司推出了弹性计算云（Elastic Compute Cloud，EC2）服务；2006年8月，谷歌公司首席执行官在搜索引擎大会上首次提出了"云计算"的概念，该概念源于谷歌工程师所做的"Google 101"项目中的"云端计算"。2008年年初，Cloud Computing正式被翻译为"云计算"。

云计算是继20世纪80年代大型计算机到客户-服务器的转变之后的又一次巨变。它是分布式计算、并行计算、效用计算、网络存储、虚拟化、负载均衡、热备份冗余等传统计算机和网络技术发展融合的产物。

（2）云计算的服务类型

通常，云计算的服务类型分为3类，即基础设施即服务（Infrastructure as a Service，IaaS）、平台即服务（Platform as a Service，PaaS）和软件即服务（Software as a Service，SaaS）。

① 基础设施即服务。

基础设施即服务向云计算提供商的个人或组织用户提供虚拟化计算资源，如虚拟机、存储、网络和操作系统。

② 平台即服务。

平台即服务为开发人员提供通过全球互联网构建应用程序和服务的平台。平台即服务为开发、测试和管理应用程序提供按需的开发环境。

③ 软件即服务。

软件即服务通过互联网提供按需付费应用程序、云计算提供商托管和管理应用程序，并允许其用户连接到应用程序并通过全球互联网访问应用程序。

（3）云计算的特点

云计算作为信息行业的一项变革，为企业和个人提供了便捷、高效的服务，具有重要的实际价值和意义，它的特点体现在10个方面。

① 超大规模。云计算中心的规模一般都很大，例如，谷歌公司的云计算中心在全世界各地拥有一百多万台服务器，IBM、Amazon、微软等企业的云计算中心拥有几十万台服务器，企业私有云也都拥有着成百上千台服务器，这些服务器可提供庞大的存储空间和较强的计算能力来满足全世界范围用户的不同需求。

② 虚拟化。用户可在任意位置使用终端以通过互联网获取相应的服务，用户所请求的资源和对数据资源的运算都来自"云"，而不是固定的有形实体。用户不需要担心也无须了解这些服务器所处的位置，只需给"云"发送请求，便能接收到返回的数据和计算结果。

③ 高可靠性。云计算中心在软硬件层采取了许多措施来保障服务的高可靠性，例如，采取了数据多副本容错、计算节点同构可互换等技术，还在设施层面上进行了冗余设计进一步保证服务的可靠性，减小错误率，相对来说使用云计算比使用本地计算机更加可靠。

④ 通用性。云计算并不只是为特定的应用提供服务，它可以为大多数的应用提供服务，服务类型多样，面对的对象也是多样的，例如企业、专业人士、个人用户等。而且同一个"云"可同时支持用户的多种需求，例如存储、计算等需求，这些需求的服务质量也有所保障。

⑤ 高可扩展性。云计算中心可根据用户需求的不同，合理地安排资源。云计算的规模可以进行动态伸缩调整，通过动态调整和调用整合资源，高效响应用户请求的同时，可以满足用户大规模增长的需要，尤其是应对突发、热点事件时平稳负载，具有较高的可扩展性。

⑥ 按需服务。像使用自来水、电、天然气一样，云计算按需服务并根据用户的使用量进行收费，用户无须进行前期软硬件设备的投入，即可满足使用计算机资源的需求。云计算是一种新型的商业模式，强调了服务化，将服务作为一种公共设施提供给用户，方便用户使用计算机资源。

⑦ 低成本。云计算的成本开销很低，可为服务提供商和用户节省大量的资金。对于服务提供商来说，建设云计算平台的成本与提供服务所获得的利润相比较低，保证了服务提供商的盈利。对于用户来说，云计算节约了软硬件的建设和维护、管理的成本，可使用户更加注重于自身业务。

⑧ 自动化管理。云计算平台的管理主要通过自动化的方式进行，例如软硬件的管理、资源服务的部署等，降低了云计算中心的管理成本。此外，镜像部署更使得以往较难处理的、异构程序的操作简单化，更加容易处理。特殊的容错机制一定程度上也加强

了云平台的自动化管理。

⑨ 资源利用率高。云计算将许多分散在低效率服务器上的工作整合到云中，利用高效率和高计算能力的计算机进行计算处理，而且提供弹性的服务，根据需求的不同动态分配和调整资源，高效响应，提高了资源的利用率，减少了资源的冗余和浪费。

⑩ 运维机制完善。在云计算的服务器端有较为完善的运维机制，有专业的团队帮助用户管理信息，有强大的数据中心帮用户存储数据，有较强能力的计算机能快速高效地进行计算和数据的处理，同时响应多用户的不同请求，还有严格的权限管理条例保证数据的安全和用户的隐私。

3.3.2　云计算的关键技术

云计算技术是由计算机技术和网络通信技术发展而来的，其关键技术主要包括编程模型、分布式技术、虚拟化技术和云平台技术等。

（1）编程模型

云计算以互联网服务和应用为中心，其背后是大规模集群和大数据，需要编程模型来对数据进行快速的分析和处理。目前较为通用的编程模型是MapReduce。MapReduce是一种简化的分布式编程模型，由谷歌开发且成了谷歌核心的计算模型，支持Python、Java、C++等编程语言，能实现高效的任务调度，可用于规模较大的数据集（大于1TB）的并行运算。MapReduce的思想是将要解决的问题分解成Map（映射）和Reduce（化简）的方式，先通过Map程序将输入的数据集切分成许多独立不相关的数据块，分配调度给大量的计算机进行并行运算、处理，再由Reduce程序汇总输出结果。

MapReduce模型的工作流程如图3.3所示。实际上，MapReduce是分治算法的一种，分治算法即分而治之，将大的问题不断分解成与原问题相同的子问题，直到不能再分，对最小的子问题进行求解，然后不断向上合并，最终得到大问题的解。MapReduce在面对大数据集时，会先利用Map函数将大数据集分解成成百上千甚至更多相互独立的小数据集，每个小数据集分别由集群中的一个节点，通常指一台普通的计算机进行计算处理，生成中间结果。这些中间结果又由大量的节点利用Reduce函数进行汇总合并，形成最终结果并输出。

（2）分布式技术

随着网络基础设施与服务器的性能不断提升，分布式技术的优势逐渐突显，越来越受到人们的关注和重视，成了云计算系统的核心技术之一。分布式技术包括分布式计算、分布式存储等。

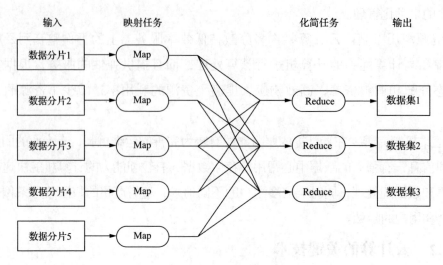

图3.3　MapReduce模型的工作流程

① 分布式计算。

分布式计算是指将分布在不同地理位置的计算资源，通过互联网组成共享资源的集群，能够提供高效快速计算、管理等服务，使稀有资源可以共享，各计算机的计算负载能力得到平衡。分布式计算的思想是把大的任务分割成若干较小的任务单元，通过互联网分配给不同的计算机进行计算处理，并将计算结果返回，最终汇总整合计算结果。

与传统的计算模式相比，分布式计算具有强容错能力、高灵活性、高性能、高性价比等优势。当某个节点的计算机出现故障时，可通过冗余或重构的方式保证计算的正常进行，而不会影响其他的计算机，因此具有很好的容错能力。由于分布式计算是模块化结构，因此扩充较为容易，维护方便，灵活性强。分布式计算采用了分布式控制，能够及时响应和处理用户的需求，性能较高。分布式计算只需较少的投资即可实现昂贵处理机所能完成的任务，性能甚至还更优，维护难度相对较小，具有较高的性价比。

② 分布式存储。

分布式存储的体系架构有两种：中心化体系架构和去中心化体系架构。中心化体系架构是以系统中的一个节点作为中心节点，其余节点直接与中心节点相连接所构成的网络。所有的分布式请求以及处理结果的返回都要经过中心节点，因此中心节点的负载较重，一般都会设置副中心节点，当中心节点出现故障无法正常工作时，副中心节点将会接替中心节点的工作。去中心化体系架构不存在中心节点，每个节点的功能作用几乎都是相同的，相较于中心化体系架构均衡了负载。通常来说，系统中的一个节点一般只与自己的邻居相交互，而不可能知道系统中的所有节点信息，需要思考的是如何将这些节点组织到一个网络中，以提高各节点的信息处理能力。

分布式存储的体系架构的两种形式各有各的特点。中心化体系架构管理方便，可对节点直接进行查询，但对中心节点的频繁访问加重了中心节点的负担，且中心节点的故障可能会影响整个系统；去中心化体系架构均衡了每个节点的负载，但管理存在一定的难度，不能对节点进行直接查询，系统高度依赖节点之间的通信，通信设备发生故障会对系统有一定的影响。

（3）虚拟化技术

虚拟化技术是云计算中的关键技术之一，它是指将真实环境中的计算机系统运行在虚拟的环境中。计算机系统的层次包括硬件、接口、应用软件，虚拟化技术可应用在不同的层次，实现了物理资源的抽象表示，用户可在虚拟的环境中实现在真实环境中的部分或全部功能。且虚拟化后的逻辑资源对用户隐藏了不必要的细节，提高了资源的利用率。

虚拟化技术的优势表现在许多方面，它可以提供高效的应用执行环境，简化计算机资源的复杂程度，降低资源的使用者与具体实现的耦合程度。高效的执行环境表现之一是在当底层资源实现方式发生改变或系统管理员对计算机资源进行维护时，不会影响用户对资源的使用。同时，虚拟化技术还能根据用户不同的需求实现对CPU、存储、网络等资源的动态分配，减少对资源的浪费。

（4）云平台技术

云计算系统的服务器数量众多而且分布在不同的地点，根据用户的各种需求，服务器同时提供着大量的服务，因此服务器整体的规模非常大。云平台为存在于互联网中，能够扩展，向其他用户提供基础服务、数据、中间件、数据服务、软件等的提供商。云平台的架构以及如何有效地进行管理成了云平台技术的重点。合理的架构能够使云计算更加高效，提升计算的速度和准确性，一定程度上能节约计算机以及网络资源。而对云平台进行有效的管理有利于快速发现和恢复系统故障，更好地进行云服务。不同的公司有着不同的云平台技术和云服务。

【阅读案例3-3：Amazon云平台简介】

Amazon公司凭借多年的积累，已经有了完善的基础设施、先进的分布式计算技术和庞大的用户群体，在云计算技术方面一直处于领先地位。Amazon公司的云计算服务平台称为Amazon Web Services，简称AWS，它为用户提供计算、存储、数据库、应用程序等服务，具体来说，AWS包括弹性计算云服务（Elastic Compute Cloud，EC2）、简单存储服务（Simple

Storage Services，S3）、简单数据库服务（Simple Data Base，SDB）、弹性MapReduce服务等，用户可根据需求选择不同的服务或服务的组合。

AWS的整体架构采用去中心化的分布式架构，存储采用了Dynamo，Dynamo是一种去中心化的分布式架构，以键值对的方式、位（bit）的形式存储数据，不对数据的具体内容进行解析，不支持复杂的查询。对于Amazon公司来说，购物车、推荐列表等服务数据的存储需求只是简单的存取和写入，键值对形式的存储正好满足其存储需求，用传统的关系数据库存储反而降低了存储的效率。Dynamo也不识别任何的数据结构，这使得它可以处理所有的数据结构，提高了存储效率。目前Dynamo不直接向公众、个人开放服务。

3.3.3 智能制造云平台

智能制造云平台是基于云计算技术，通过整合云计算、物联网、移动互联网以及创新设计与协同制造等技术，专门向工业企业尤其是中小制造业企业和个人用户提供产品创新的服务平台。在此平台上，基于制造业本身的产品进行拓展延伸，包括产品生产精细化、产品性能追踪、产品附加服务增值等，以信息化和物联技术的手段将传统制造业进行转型升级，真正实现制造业的生产设备网络化、生产数据可视化、生产过程透明化、生产现场无人化，做到纵向、横向和端到端的集成。

智能制造云平台除了需要云计算的IaaS、PaaS和SaaS，更加重视和强调制造全生命周期中所需的其他服务，如论证即服务（Argumentation as a Service，AaaS）、设计即服务（Design as a Service，DaaS）、生产加工即服务（Fabrication as a Service，FaaS）、验证即服务（Experiment as a Service，EaaS）、仿真即服务（Simulation as a Service，SimaaS）、经营管理即服务（Management as a Service，MaaS）、集成即服务（Integration as a Service，InaaS）等，如图3.4所示。

（1）论证即服务

对于产品规划、营销战略等企业论证业务，可以利用智能制造服务中用于辅助决策分析的模型库、知识库、数据库等作为支持，并将决策分析软件等软件制造资源封装为云服务，对各种规划方案的可行性与预期效果进行论证分析。

（2）设计即服务

对于产品的设计过程，当用户需要计算机辅助设计工具时，智能制造云平台可将各种CAD软件功能封装为云服务提供给用户。同时，智能制造云平台可提供产品设计所需的多学科、跨领域知识，并在产品设计的各个环节提供智能化的帮助。产品设计中诸如三维可视化、复杂分析设计等任务往往需要高性能计算能力的支持，智能制造云平台可以动态组建高性能计算设备和软件平台，并作为虚拟机服务辅助计算。

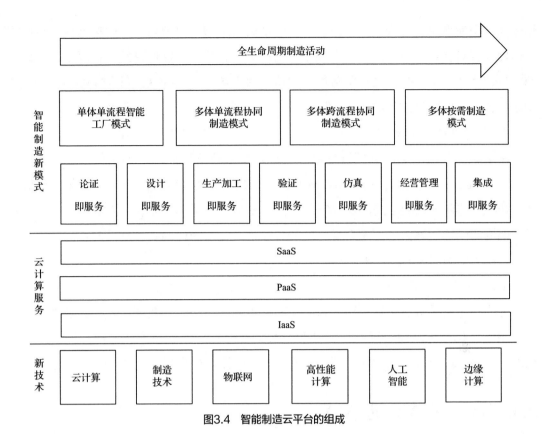

图3.4　智能制造云平台的组成

（3）生产加工即服务

产品的生产加工过程需要各种硬制造资源和软制造资源的配合，智能制造云平台能够根据生产加工任务需求快速构建一个虚拟生产单元，其中既包括所需的物料以及机床、加工中心等硬制造资源，也包括制造执行系统软件（第4章将介绍）、知识库和过程数据库等软制造资源。智能制造云平台可以提供诸如生产物流跟踪、任务作业调度、设备状态采集和控制等云服务，辅助用户对生产加工过程的监控和管理。

（4）验证即服务

对于产品的试制和实验过程，智能制造云平台能够根据实验所需的软硬资源建立一个虚拟实验室，其中既封装了各种用于实验分析的软件功能作为云服务，同时也提供了对各种试制设备、检测设备、实验平台等硬制造资源的状态采集服务，能够动态感知实验中的各项参数变化，并结合实验分析软件的云服务对产品实验情况进行评估。

（5）仿真即服务

产品的仿真环节需要大量软硬仿真资源的支持，智能制造云平台根据仿真任务的需求，能够动态构建虚拟化的协同仿真环境，将所需的各种专业仿真软件、仿真模型、数据库和知识库等封装为云仿真服务，并自动部署到虚拟计算节点中。虚拟计算节点则根据仿真计算对计算资源的需求，定制相应的运算器、存储、操作系统、计算平台等硬资源并封装为虚拟机，为云仿真服务提供支持。对于仿真专用的硬设备，能够通过智能感知服务、状态采集服务等对其进行监控。

（6）经营管理即服务

在企业的制造全生命周期过程中，对于各项经营管理活动，如销售管理、客户关系管理（CRM）、供应链管理（SCM）、产品数据管理（PDM）、生产计划管理等业务，智能制造云平台能够提供云端CRM、云端SCM、云端PDM、云端ERP等服务，用户可以根据不同的管理需求定制个性化的业务流程，业务流程的各个环节与流程控制都可以通过在线租用所需的服务来实现。

（7）集成即服务

智能制造云平台能够针对异构系统之间、平台与系统之间数据、功能、过程的集成形成服务，例如可以通过采用接口适配、数据转换、总线等技术，实现异构系统（如ERP、PDM、SCM等）以"即插即用"的方式智能接入智能制造云平台中。

3.4 第五代移动通信技术

第五代移动通信技术即5G技术。5G是英文"5th-Generation"的缩写，专指"第五代移动通信系统"。与前几代移动通信技术相比，5G技术的业务能力变得更加丰富，并且由于场景多样化的需求，它不再像以往一样单纯地强调某种单一技术基础，而是综合考虑多个技术指标，如峰值速率、用户体验速率、频谱效率、移动性、时延、连接数密度、网络能量效率、流量密度等。高性能的5G网络可承载对网络有特殊需求的行业应用场景，是企业数字化转型的基础，可有效推动智能制造、智能家居、智能车联、智慧医疗、智慧城市、安全运营等行业的发展。

3.4.1 5G的概念和特点

5G的提出和研发是为了满足2020年及其以后的全球移动通信的强烈需求。2015年6月24日，国际电信联盟（ITU）公布，5G技术的正式名称为"IMT-2020"，并公布相关标准在2020年制定完成。"IMT-2020"是第五代移动电话行动通信标准，5G网络传输速度是4G网络的约100倍，而且具有低时延等特性。

5G网络与早期的2G、3G和4G网络一样，都是数字蜂窝网络，在这种网络中，供应商覆盖的服务区域被划分为许多被称为蜂窝的小地理区域。表示声音和图像的模拟信号在手机中被数字化，由模数转换器转换并作为比特流传输。蜂窝中的所有5G无线设备通过无线电波与蜂窝中的本地天线阵和低功率自动收发器（发射机和接收机）进行通信。收发器从公共频率池分配频道，这些频道在地理上分离的蜂窝中可以重复使用。本地天线通过高带宽光纤或无线回程连接与电话网络和互联网连接。与现有的手机一样，当用户从一个蜂窝穿越到另一个蜂窝时，他们的移动设备将自动"切换"到新蜂窝中的天线。

5G网络的主要优势在于，数据传输速率远远高于以前的蜂窝网络，最高可达约10Gbit/s，比当前的有线互联网要快，比先前的4G LTE蜂窝网络快约100倍。另一个优点是较低的网络延迟（更快的响应时间），低于1ms，而4G网络为30～70ms。由于数据传输更快，5G网络将不仅为手机提供服务，而且为一般性的家庭和办公网络提供服务，与有线网络竞争。以前的蜂窝网络提供了适用于手机的低数据率互联网接入，但是手机发射塔不能经济地提供足够的带宽供家庭和办公网络使用。

如果说4G技术的主要优势在于数据传输速度快，那么5G技术的价值不仅在于快，更在于每平方千米能连接100万个以上的物体、通信传输的错误率为千万分之一、时延可达到毫秒量级。举例来说，一个1GB的文件可在8s之内下载完成。随着5G技术的诞生，用智能终端分享3D电影、游戏以及超高清（UHD）节目的时代正在来临。5G网络的传输速率可达10Gbit/s，这意味着手机用户在不到1s时间内即可完成一部高清电影的下载。

5G技术具有如下几个特点。

（1）峰值速率需要达到Gbit/s级，以满足高清视频、虚拟现实等大数据量传输。

（2）空中接口时延水平需要在1ms左右，以满足自动驾驶、远程医疗等实时应用。

（3）超大网络容量，提供千亿设备的连接能力，满足物联网通信。

（4）频谱效率要比LTE提升10倍以上。

（5）连续广域覆盖和高移动性下，用户体验速率达到100Mbit/s。

（6）流量密度和连接数密度大幅度提高。

（7）系统协同化、智能化水平提升，表现为多用户、多点、多天线、多摄取的协同组网，以及网络间灵活地自动调整。

以上是5G技术区别于前几代移动通信技术的关键，是移动通信从以技术为中心逐步向以用户为中心转变的结果。

3.4.2　5G技术的应用场景

5G技术与传统制造企业的应用需求相结合，可以产生数据串联、自动化控制、端到端集成、工业AR、云机器人、远程医疗等应用场景。

（1）数据串联

随着数字化转型的逐渐推进，物联网作为连接人、机、料、法、环、测等多业务的元素，通过5G技术数据传输快、传输量大等特点满足串联制造过程中各个环节的需求，用于智能工厂当中数据串联与正反向追溯。5G技术、大数据和人工智能的关系如图3.5所示。

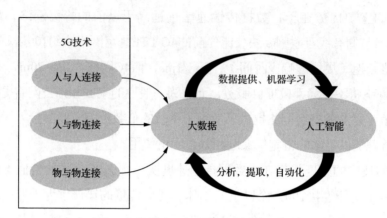

图3.5　5G技术、大数据和人工智能的关系

（2）自动化控制

5G技术之前的工业自动化控制都通过工厂自动化总线来控制，但是这种应用模式传输距离有限，无法满足远距离操作控制需求。5G技术可提供极低时延、高可靠等技术，使无人工程机械操作成为可能。

（3）端到端集成

由于数字化转型盛行，部分企业将业务范畴由制造端拓展到服务端，需要端到端整合，跨越产品的整个生命周期；要连接分布广泛的已售出的商品，需要低功耗、低成本和广覆盖的网络；企业内部各个部门与企业之间（上下游企业）的横向集成，也需要网络传输数据。5G技术的特点刚好满足这些需求。

（4）工业AR

在流程式生产企业中，需要人到现场巡检、监控等。由于部分设备所处环境恶劣，比如核电厂设备，但为了保障设备的正常运转、监控工艺的贯彻执行（温度、压力等），需要人频繁涉险。这种情形下AR将发挥很关键作用，提供远程专家业务支撑，例如远程维护。在这些应用中，辅助AR设施需要最大限度具备灵活性和轻便性，以便维护工作高效开展。

（5）云机器人

在智能制造生产场景中，需要机器人有自组织和协同的能力来支持柔性生产，这就带来了对机器人云化的需求。5G网络是云化机器人理想的通信网络，是机器人能云化的关键。

（6）远程医疗

5G技术应用于医疗，能有效解决医疗区域限制，提高诊断与医疗水平、降低医疗开支、减少看病花费的时间，平衡医疗资源分配不均的问题。在5G技术的支持下，医生可以更快调取图像信息、开展远程会诊及远程手术，有助于打破我国医疗水平分布不均衡，尤其是偏远地区的医疗资源匮乏的局面。相信在未来，远程医疗也会是5G技术的一个主要应用场景。

【阅读案例3-4：我国完成全球首例5G远程手术】

2019年1月19日，北京301医院肝胆胰肿瘤外科主任刘荣主刀，在福州长乐区的中国联通东南研究院里，利用5G网络远程操控机械臂，为远在50km以外的、位于福建医科大学的孟超肝胆医院中的一只小猪进行了切除肝小叶手术。手术持续了将近一个小时，并取得了成功。此次手术，是全球第一例5G远程手术。5G网络的提速以及其稳定性，很大程度地降低了手术的风险。

在进行手术时，由于时延只有0.1s，外科医生通过5G网络切除了一只实验动物的肝小叶。这例手术由于5G网络极低的延时而得以实现。当数据通过网络传输到设备或机器时，就会出现延时。延时越久，发送数据所需时间越长。5G网络把延时降至接近即时，为增强现实和虚拟现实等现有技术开辟了新的可能性。

5G技术直接的应用很可能是改善视频通话和游戏体验，但机器人手术很有可能给专业外科医生为世界各地有需要的人实施手术带来很大希望。5G技术将开辟许多新的应用领域，以前的移动数据传输标准对这些领域来说还不够快。5G网络的速度和较低的延时可满足远程呈现，甚至远程手术的要求。

3.4.3　5G技术在智能制造中的应用

（1）远程设备运维

大型企业的生产场景中，经常涉及跨工厂、跨地域设备维护，远程问题定位等场景。5G技术在这些方面的应用，可以提升运行、维护效率，降低成本。5G技术带来的不仅是万物互联，还有万物信息交互，使得智能工厂的维护工作可突破工厂边界。工厂维护工作按照复杂程度，可根据实际情况由工业机器人或者人与工业机器人协作完成。

在未来，工厂中每个物体都是一个有唯一IP地址的终端，使生产环节的原材料都具有"信息"属性。原材料会根据"信息"自动生产和维护。工业机器人在管理工厂的同时，人在千里之外也可以第一时间接收到实时信息跟进，并进行交互操作。

（2）设备联网

提到工厂内的应用，最容易想到的还是控制。工业控制大致分为设备级、产线级和车间级。设备级和产线级对可靠性和时延要求很高，又很少移动，因此在超可靠低时延通信（Ultra-Reliable and Low-Latency Communication，URLLC）出现前，还需要通过现场总线等有线方式实现。车间级网络的布置和控制倒是有 5G 应用的空间。

随着工业互联网的发展，越来越多的车间设备，如机床、机器人、AGV等开始接入工厂内网，尤其是AGV等移动设备的通信，有线网络难以满足，对工厂内网的灵活性和带宽要求越来越高。传统工厂有线网络可靠性带宽高，但是灵活性较差；传统无线网络灵活性较高，但是可靠性、覆盖范围、接入数量等都存在不足。兼具灵活性、高带宽和多终端接入特点的5G，成为承载工厂内设备接入和通信的新选择。

（3）质量控制

现阶段工业品的质量检测基于传统人工检测手段，稍微先进一点的检测方法是将待检测产品与预定缺陷类型库进行比较，上述方法的检测精度和检测效率均无法满足现阶段高质量生产的要求，缺乏一定的学习能力和检测弹性，导致检测精度和效率较低。而且由于计算能力较弱，4G的时延过高、带宽较低，数据无法系统联动，处理都在线下进行，会耗费极大的人力成本。

基于5G的大带宽低时延，通过"5G+AI+机器视觉"能够观测微米级的目标，获得的信息量是全面且可追溯的，相关信息可以方便地集成和留存，从而可改变整个质量检测的流程。

区别于传统的人工观察，视觉检测能够清晰地观测物料表面的缺陷，包含更大的数据量、需要更快的传输速度。而5G能够完全解决视觉检测的传输问题。

（4）可视化工厂

在智能工厂生产的环节中涉及物流、上料、仓储等方案判断和决策，生产数据的采集和车间工况、环境的监测愈发重要，能为生产的决策、调度、运维提供可靠的依据。传统的4G通信条件下，工业数据采集在传输速率、覆盖范围、延迟、可靠性和安全性等方面均存在局限性，无法形成较为完备的数据库。

5G 技术能够为智能工厂提供全云化网络平台。精密传感技术作用于不计其数的传感器，在极短时间内进行信息状态上报，大量工业级数据通过 5G 网络收集，庞大的数据库开始形成，工业机器人结合云计算的超级计算能力进行自主学习和精确判断，可给出最佳解决方案，真正实现可视化的全透明工厂。

（5）物流管理

在 RFID、EDI 等技术的应用下，智能物流供应的发展几乎解决了传统物流仓储的种种难题。但现阶段 AGV 调度往往采用Wi-Fi通信方式，存在着易干扰、切换和覆盖能力不足等问题。4G网络已经难以支撑智慧物流信息化建设，如何高效、快速地利用数据去协调物流供应链的各个环节，从而让整个物流供应链体系低成本且高效地运作，是制造业面临的难题。

5G具有大带宽特点，有利于参数估计，可以为高精度测距提供支持，实现精准定位。5G网络时延低的特点，可以使得物流各个环节都能够更加快速、直观、准确地获取相关的数据，物流运输、商品装检等数据能更为迅捷地到达用户端、管理端以及作业端。5G高并发特性还可以支持同一工段、同一时间点更多的 AGV 协同作业。

【阅读案例3-5：以喷气式发动机部件为例，5G如何助力工业生产？】

整体叶盘的轮盘和叶片专用于压缩喷气式发动机内部的空气，需要单独生产。它们由坚固的金属片磨铣而成，对精密度及表面完整性都有极高的要求。叶盘在生产过程中一直处于旋转的状态，无法用有线传感器采集震动、温度等数据，而4G技术又难以满足时延的要求。在5G技术使用之前，整体叶盘在生产过程中需要中途暂停，取出半成品，检查各个叶片的强度数据是否一致，一个磨铣过程大约需要15～20小时，加上涂层及质检环节，整个生产周期长达3～4月。

而引入高带宽、低时延的5G技术之后，只需将传感器直接镶嵌在整体叶盘当中，便可实时采集数据，省去了中途暂停的环节。5G试验系统与生产机械内镶嵌在整体叶盘上的加速传感器相连，通过5G将振动频谱实时传输至评估系统。超低时延可以帮助运维人员通过振动及时定位生产机械中的相应部件，从而迅速调整生产工艺。这一案例由爱立信和德国Fraunhofer IPT生产技术研究所共同完成，2018年在德国汉诺威工博会上展示。

该案例告诉我们，5G只是提供了一种新的传输或数据采集方式，真正要做的是选好场景、找准商业模式。从5G、大数据、人工智能到工业互联网，这些概念不是割裂的，而是环环相扣的，构成了数据采集、传输、计算、存储、分析、应用的数据闭环，工业互联网平台建设的关键是要实现这些技术的协同性创新。

3.5　物联网技术

物联网（Internet of Things，IoT）技术是21世纪最重要的技术之一，因为它几乎可应用于所有行业，并帮助各方面做出改进。物联网技术有着巨大的应用前景，被认为是将对21世纪产生巨大影响的技术之一。物联网从最初的军事侦察等无线传感器网络，逐渐发展到环境监测、医疗卫生、智能交通、智能电网、建筑物监测等应用领域。随着传感器技术、无线通信技术、计算技术的不断发展和完善，各种物联网将遍布我们的生活中。

3.5.1　物联网技术的概念和特征

顾名思义，物联网就是物物相连的互联网。这说明物联网的核心和基础是互联网，物联网是互联网的延伸和扩展。其延伸和扩展到了几乎任何人与人、人与物、物与物之间进行的信息交换和通信。可以将物联网定义为：通过各种信息传感设备及系统（传感网、射频识别系统、红外感应器、激光扫描器等）、条码与二维码、全球定位系统等，按约定的通信协议，将物与物、人与物、人与人连接起来，通过各种接入网、互联网进行信息交换，以实现智能化识别、定位、跟踪、监控和管理的一种信息网络。这个定义的核心是，物联网的主要特征是每一个物件都可以寻址，每一个物件都可以控制，每一个物件都可以通信。

由上述定义可知，物联网融合了各种信息技术，突破了互联网的限制，把物体接入信息网络，实现了"物—物相连的物联网"，将物理世界、数字世界和虚拟世界有机地融合为一体，如图3.6所示。物联网支撑信息网络向全面感知和智能应用两个方向扩展、延伸和突破，从而影响国民经济和社会生活的方方面面。

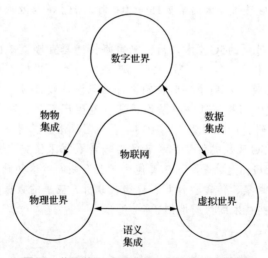

图3.6　物理世界、数字世界、虚拟世界有机融合

从网络的角度来观察，物联网在网络终端层面呈现出联网终端规模化和感知识别普适化的特点。在通信层面，物联网呈现出异构设备互联化的特点。而在数据层面和应用层面，物联网分别呈现出管理处理智能化和应用服务链条化的特点。

（1）联网终端规模化。物联网时代的一个重要特征是"物品触网"，每一件物品均具有通信功能，成为网络终端。据预测，未来5～10年内，联网终端的规模有望突破百亿元大关。

（2）感知识别普适化。作为物联网的末梢，自动识别和传感网技术近些年来发展迅猛，应用广泛。当今社会，人们的衣食住行都能折射出感知识别技术的发展。无处不在的感知与识别将物理世界信息化，将传统上分离的物理世界和信息世界高度融合。

（3）异构设备互联化。尽管硬件和软件平台千差万别，各种异构设备（不同型号与类别的RFID标签、传感器、手机、笔记本电脑等）利用无线通信模块和标准通信协议，构建成自组织网络。在此基础上，运行不同协议的异构网络通过"网关"互联互通，实现网际信息共享及融合。

（4）管理处理智能化。物联网将大规模数据高效、可靠地组织起来，为上层行业应用提供智能的支撑平台。数据存储、组织以及检索成为行业应用的重要基础设施。与此同时，各种决策手段包括运筹学理论、机器学习、数据挖掘、专家系统等广泛应用于各行各业。

（5）应用服务链条化。链条化是物联网应用的重要特点。以工业生产为例，物联网技术覆盖从原材料引进、生产调度、节能减排、仓储物流，到产品销售、售后服务等各个环节，成为提高企业整体信息化程度的有效技术。更进一步，物联网技术在一个行业的应用也将带动相关上下游产业，最终服务于整个产业链。

【阅读案例3-6：汽车车身检测系统】

英国ROVER汽车公司800系列汽车车身轮廓尺寸精度的100%在线检测，是机器视觉系统用于工业检测中的一个较为典型的例子。该系统由62个测量单元组成，每个测量单元包括一台激光器和一个CCD摄像机，用以检测车身外壳上288个测量点。汽车车身置于测量框架下，通过软件校准车身的精确位置。

测量单元的校准将会影响检测精度，因而受到特别重视。每个激光器-摄像机单元均在离线状态下经过校准。同时还有一个在离线状态下用三坐标测量机校准过的校准装置，可对摄像机进行在线校准。

检测系统以每40s检测一个车身的速度，检测3种类型的车身。系统将检测结果与从CAD模型中提取出来的合格尺寸相比较，测量精度为±0.1mm。ROVER的质量检测人员用该系统来判别关键部分的尺寸一致性，如车身整体外形、门、玻璃窗口等。实践证明，该系统是成功的，并将用于ROVER公司其他系列汽车的车身检测。

3.5.2 物联网的架构

物联网的技术复杂、形式多样，通过对物联网多种应用需求进行分析，目前比较认可的是把物联网分为3个层次：感知层、网络层和应用层，如图3.7所示。

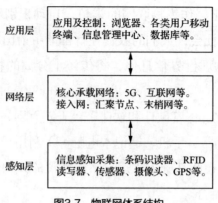

图3.7 物联网体系结构

（1）感知层

感知层相当于整个物联网体系的感觉器官，如同人体的五官等。感知层主要负责两项任务，分别是识别物体、采集信息。识别物体，是通过物品编码来确定物品是什么；采集信息，是利用传感器来感知物品怎么样。其中物联网中的物，指的是现实世界中的客观事物，诸如电气设备、基础设施、家用电器、计算机、建筑物等。所采集的物品信息，指的是物品能够被感知的因素，诸如温度、湿度、压力等。

感知层在实现其感知功能时所用到的主要技术有RFID、传感器技术、摄像头技术、GPS等。RFID主要用于对物品的识别，通过识别装置靠近物品上的编码，读取物品的信息，从而确定物品是什么。传感器技术主要利用各式各样的传感器来感知物品的温度、湿度、压力等可被感知的因素。摄像头技术可以实时地采集到物品在空间中的动态影像信息。利用GPS定位卫星等，可以在全球范围内实时地进行定位、导航。

感知层的主要目标就是实现对客观世界的全面感知，其核心是解决智能化、小型化、低功耗、低成本的问题。

（2）网络层

网络层由各种私有网络、互联网、有线和无线通信网、网络管理系统和云计算平台等组成，相当于人的神经中枢和大脑，负责传递和处理感知层获取的信息。物联网的网络层包括接入网与互联网的融合网络、网络管理中心和信息处理中心等。接入网包括移动通信网、有线电话网，通过接入网能将信息传入互联网。网络管理中心和信息处理中心是实现以数据为中心的物联网中枢，用于存储、查询、分析和处理感知层获取的信息。

网络层主要技术有光纤接入技术、电力网接入技术和无线接入技术等。其中，光纤接入技术是指光纤到楼、光纤到路边、以太网到用户的接入技术；电力网接入技术是利用电力线路为物理介质，将家中电器连为一体，实现家庭物联网；无线接入技术有4G、

5G、Wi-Fi、蓝牙等。当前以5G技术为代表的新一代通信技术发展日新月异，物联网也将迎来新的发展。移动通信网络从2G到4G都是面向人的连接，而5G扩充到了人与物和物与物的连接。5G定义了增强型移动宽带（eMBB）、超可靠低时延通信（URLLC）、海量机器类通信（mMTC）这3种业务场景。5G网络的设计更符合物联网所需要的基本特性，不仅体现在高带宽、低时延的"增项能力"，更具有低能耗、大连接、深度覆盖的低成本优势。5G的通信速度比以往的移动通信网络高出约10～100倍，可传送高清视频等大规模数据，即使同时连接多台设备，速度也不会下降。全球各大电信运营商均积极跟进5G技术发展，在日本，NTT DoCoMo、KDDI、软银这三大移动通信运营商正致力于5G的商业化运营；在我国，电信、移动和联通三大运营商更是积极部署5G，力求取得先发优势。

（3）应用层

应用层由各种应用服务器组成（包括数据库服务器），其主要功能包括对采集数据的汇聚、转换、分析，以及用户层呈现的适配和事件触发等。这些应用服务器根据用户的呈现设备完成信息呈现的适配，并根据用户的设置触发相关的通告信息。同时，当需要完成对末梢节点的控制时，应用层还能完成指令生成控制和指令下发控制。应用层要为用户提供物联网应用UI接口，包括用户设备（如PC、手机）、客户端浏览器等。除此之外，应用层还包括物联网管理中心、信息中心等利用下一代互联网的能力对海量数据进行智能处理的云计算功能。

3.5.3　物联网技术在智能制造中的应用

物联网技术在智能制造中有5个主要的应用方向，分别为供应链管理、生产过程工艺优化、生产设备监控管理、环保监测及能源管理和安全生产管理。

（1）供应链管理

企业利用物联网技术，能及时掌握原材料采购、库存、销售等信息，通过大数据分析还能预测原材料的价格趋向、供求关系等，有助于完善和优化供应链管理体系，提高供应链效率，降低成本。空中客车公司通过在供应链体系中应用传感网络技术，构建了全球制造业中规模极大、效率极高的供应链体系。

（2）生产过程工艺优化

工业物联网的泛在感知特性提高了生产线过程检测、实时参数采集、材料消耗监测的能力和水平，通过对数据的分析处理可以实现智能监控、智能控制、智能诊断、智能决策、智能维护，提高生产力，降低能源消耗。例如，钢铁企业应用各种传感器和通信网络，在生产过程中实现了对加工产品的宽度、厚度、温度实时监控，提高了产品质量，优化了生产流程。

（3）生产设备监控管理

利用传感技术对生产设备进行健康监控，可以及时跟踪生产过程中各个工业机器设备的使用情况，通过网络把数据汇聚到设备生产商的数据分析中心进行处理，能有效地进行机器故障诊断、预测、快速、精确地定位故障，提高维护效率，降低维护成本。例如，**GE Oil&Gas**集团在全球建立了13个面向不同产品的**i-Center**（综合服务中心），可通过传感器和网络对设备进行在线监测和实时监控，并提供设备维护和故障诊断的解决方案。

（4）环保监测及能源管理

工业物联网与环保设备的融合可以实现对工业生产过程中产生的各种污染源及污染治理环节关键指标的实时监控。在化工、轻工、火电厂等企业部署传感器网络，不仅可以实时监测企业排污数据，而且可以通过智能化的数据报警及时发现排污异常并停止相应的生产过程，防止突发性环境污染事故发生。电信运营商已开始推广基于物联网的污染治理实时监测解决方案。

（5）安全生产管理

安全生产是现代化工业中的重中之重。工业物联网技术通过把传感器安装到矿山设备、油气管道、矿工设备等危险作业设备上和环境中，可以实时监测作业人员、设备机器以及周边环境等方面的安全状态信息，全方位获取生产环境中的安全要素，将现有的网络监管平台提升为系统、开放、多元的综合网络监管平台，有效保障了工业生产安全。

制造企业普遍认同工业物联网的重要性，但尚未形成清晰的物联网战略。德勤会计师事务所2016年的调查显示，89%的受访企业认同在未来5年内工业物联网对企业的成功至关重要，72%的企业已经在一定程度上开始工业物联网应用，但仅有46%的企业制定了比较清晰的工业物联网战略和规划。

与物联网在消费领域近乎从零开始的情况不同，传感器、PLC等物联网技术已经在工业领域存在了几十年。这也是为什么多数受访企业认为自己已经在一定程度上开始工业物联网应用的原因。但目前制造企业物联网应用主要集中于感知，即通过硬件、软件和设备的部署收集并传输数据，这只是物联网应用的开始。更深层次的工业物联网应用需要企业改变利用数据的方法——从"后知后觉"到"先见之明"。企业除了需要思考利用从各种传感器采集到的数据解释历史业绩的规律和根本原因，还要思考如何利用数据驱动后台、中间和前台业务流程改善，未来什么样的产品和服务可能带来新的收入，什么样的物联网应用可能开拓新的市场。

应用案例：阿里云工业互联网平台

阿里云工业互联网平台将互联网技术、云技术进行重新封装，降低用户在生成工业物联网应用时的学习成本，提高开发效率，使工业用户可以快速地在平台上完成包括设备资产管理、远程运维、生产管理等一系列工业互联网应用的开发，并一键发布应用到互联网环境中，实现一站式的应用开发与发布。在阿里云工业互联网平台中，用户可以从定义一个产品的物模型开始，实现对设备的数字化抽象，将机器设备、工业现场各种管理系统抽象为由属性、事件和服务3个要素组成的数字化描述，并在设备管理平台中将描述实例化为具体的设备或系统，并管理来自这些设备/系统的数据。在成功完成现场设备/系统的接入后，用户可以继续利用平台所提供的组态编辑功能，将收集的数据进行可视化展示，深入计算，同时利用平台提供的规则引擎和脚本编写能力，设计出符合现场控制、管理需求的工业互联网应用。

2019年8月27日，在广州举办的2019中国工业互联网大会上，阿里云宣布将通过旗下飞龙工业互联网平台（以下简称飞龙平台），对广州注塑产业进行深度赋能。从原料供应商、注塑加工、精益制造、仓储管理、人员培训技术咨询到金融服务，阿里云旨在打造整个产业集群的一站式解决方案。

阿里巴巴集团副总裁、阿里云智能IoT事业部总裁库伟在大会上表示，阿里云通过工业互联网平台联合工业领域各优秀服务商、打通信息孤岛、实现集成。从线上订单交易、制造过程管理、制造供应链协同、人与工艺的提升全链路打通，为企业提供一站式解决方案。库伟表示，玩具产业90%以上都属于注塑行业，在汕头玩具产业，阿里云飞龙平台协同优秀服务商，让汕头玩具集群的诸多企业收获了明显的效果，通过飞龙平台，企业的生产效率、库存量、直通率、制造成本都有显著的改善。

据介绍，阿里云飞龙平台融合了阿里巴巴集团领先的技术能力，集合阿里巴巴的淘宝天天特卖、天猫精灵、钉钉等生态能力，通过云计算、智联网、人工智能等前沿技术构建工业企业的数字化基础平台，帮助工业企业在云端构建自身的供、研、产、销全链路的工业数据服务平台，优化企业制造流程，帮助企业实现数字化转型。

阿里云飞龙平台是基于开源环境的工业操作系统，平台定位服务开发者和工业企业，通过飞龙平台，开发者可实现工业App与工业SaaS的快速开发、集成、托管、分发、交易和运营全生命周期运维，为工业企业和行业/区域运营商提供工业互联网解决数字化解决方案。目前阿里云飞龙平台已入驻600家工业领域服务商，沉淀120多款工业SaaS和App，接入300家以上工厂。

本 章 小 结

本章介绍了智能制造中的5种主要支撑技术，包括人工智能技术、大数据技术、云计算技术、第五代移动通信技术和物联网技术，这些技术不仅是智能制造的重要支撑，它们之间也是相互关联、相互促进的关系。本章在讲解每种技术的概念、发展历程、核心技术的同时，分别介绍了这些技术在智能制造领域的应用，特别是智能制造、工业大数据、智能制造云平台、远程设备运维、供应链管理等。合理搭配这些支撑技术，可以助力制造企业快速融入智能制造，最终实现产业升级。

习 题

1. 名词解释

（1）人工智能 （2）机器学习 （3）大数据 （4）工业大数据
（5）云计算 （6）分布式计算 （7）数据串联 （8）物联网

2. 填空题

（1）根据是否能够实现理解、思考、推理、解决问题等高级行为，人工智能又可分为_____和_____两类。

（2）大数据的发展历程，分别经历了_____阶段、_____阶段、_____阶段和_____阶段。

（3）云计算的服务类型通常分为3类，分别是_____、_____和_____。

（4）5G网络的主要优势在于数据传输速率最高可达_____和网络延迟低于_____。

（5）通过对物联网应用需求的分析，可以把它分为3个层次，分别是_____、_____和_____。

3. 单项选择题

（1）被誉为"人工智能之父"的是（   ）。

  A. 图灵   B. 纽厄尔   C. 麦卡锡   D. 埃里克

（2）大数据产生于第（   ）次信息化浪潮。

  A. 1   B. 2   C. 3   D. 4

（3）工业大数据的特征之一是（   ）。

  A. 动态性   B. 强关联性   C. 开放性   D. 共通性

（4）用户可在任意位置使用终端通过互联网获取相应的服务，这个说的是云计算的（   ）特点。

  A. 通用性   B. 虚拟化   C. 自组织性   D. 高可靠性

（5）本章给出的阅读案例中，主要介绍了5G技术在（   ）中的应用。

  A. 远程医疗   B. 智能制造   C. 在线教育   D. 物流系统

（6）物联网的核心和基础是（   ）。

  A. 人工智能   B. 5G技术   C. 大数据   D. 互联网

4．简答题

（1）举例说明人工智能技术在智能制造中的1～3个应用。

（2）简述工业大数据的来源。

（3）简述虚拟化技术的概念和作用。

5．讨论题

（1）谈谈人工智能发展史上你印象最深的历史性事件。

（2）5G技术将会怎样影响人类的生活？

（3）总结一下阿里云工业互联网平台的特点。

第4章
智能制造软件

【本章教学要点】

知识要点	掌握程度	相关知识
ERP 的概念及其核心思想	掌握	ERP 的概念，不仅仅是一个软件，更是一种管理思想，6 个核心思想
ERP 的发展历程	了解	5 个阶段，在 MRP Ⅱ 的基础上发展而来
ERP 的功能	熟悉	制造系统的综合定义，5 个功能
MES 的概念	掌握	由于 ERP 存在的不足，MES 应运而生
MES 的发展历程和趋势	了解	两个发展阶段，5 个发展趋势
MES 的功能	熟悉	根据 MES 的定义，MES 具有 11 个功能
PLM 的概念	掌握	PLM 涵盖制造企业产品全生命周期，与 PDM 既有联系，也有区别
PLM 的体系结构	了解	逻辑上的 4 层结构：系统服务层、应用服务层、应用功能层、用户应用层
PLM 的功能	熟悉	客户需求管理、产品结构与配置管理、编码管理等 8 个功能
CPS 的概念和特征	掌握	本质是"人 - 机 - 物"融合系统，10 个特征
CPS 的技术体系	熟悉	5 个层次的构建模式，即 5C 架构
CPS 技术的应用	了解	CPS 是智能制造的核心，应用领域很多

本章讲述的智能制造软件，也称为工业软件（Industrial Software），是指在工业领域里应用的软件，包括系统、应用、中间件、嵌入式系统等。一般来讲，工业软件被划分为编程语言、系统软件、应用软件和介于系统软件与应用软件之间的中间件。其中系统软件为计算机使用提供基本的功能，但是并不针对某一特定应用领域。而应用软件则恰好相反，不同的应用软件根据用户和所服务的领域提供不同的功能。智能制造软件是推动制造业由大变强的关键，是智能制造的驱动决定因素所在。本章介绍企业资源计划（Enterprise Resource Planning，ERP）、制造执行系统（Manufacturing Execution System，MES）、产品生命周期管理（Product Lifecycle Management，PLM）和信息物理系统（Cyber-Physical System，CPS）。

4.1　企业资源计划

企业资源计划（ERP）在制造资源计划（Manufacturing Resource Planning，MRPⅡ）已有的生产资源计划、制造、财务、销售、采购等功能基础上，增加了质量管理，实验室管理，业务流程管理，产品数据管理，存货、分销与运输管理，人力资源管理和定期报告系统等功能。ERP是一种主要面向制造行业进行物质资源、资金资源和信息资源集成一体化管理的企业信息管理系统，也是一个以管理会计为核心的，可以提供跨地区、跨部门甚至跨公司整合实时信息的企业管理软件。ERP是将物资资源管理（物流）、人力资源管理（人流）、财务资源管理（财流）、信息资源管理（信息流）等集成一体化的企业管理软件。

4.1.1　ERP的概念

ERP是由美国的计算机技术咨询和评估集团 Gartner Group公司于1990年提出的一种供应链的管理思想，是在MRPⅡ的基础上发展而成的。具体来说，ERP是指建立在信息技术基础上，以系统化的管理思想，为企业决策层及员工提供决策运行手段的管理平台。ERP支持离散型、流程型等混合制造环境，应用范围从制造业扩散到了零售业、服务业、银行业、电信业、政府机关和学校等事业部门，通过融合数据库技术、图形用户界面、第四代查询语言、客户服务器结构、计算机辅助开发工具、可移植的开放系统等对企业资源进行有效的集成。

【阅读案例4-1：Gartner Group公司简介】

Gartner Group公司成立于1979年，是全球比较权威的IT研究与顾问咨询公司，专注研究IT在企业管理中的应用，为有需要的技术用户提供专门的服务。公司研究范围覆盖全部IT产业，就IT的研究、发展、评估、应用、市场等领域，为客户提供客观、公正的论证报告及市场调研报告，协助客户进行市场分析、技术选择、项目论证、投资决策，为决策者在投资风险和管理、营销策略、发展方向等重大问题上提供重要咨询建议，帮助决策者做出正确的抉择。

ERP是一种可以跨地区、跨部门甚至跨公司整合实时信息的企业管理软件，它实现了企业内部资源和企业相关的外部资源的整合，通过软件把企业的人、财、物、产、供、销及相应的物流、信息流、资金流、管理流、增值流等紧密地集成起来实现资源优化和共享。同时，ERP不仅是一个软件，更是一种管理思想，其先进的管理思想具体体现在以下6个方面。

（1）以供应链管理为核心

ERP基于MRPⅡ，又超越了MRPⅡ。ERP在MRPⅡ的基础上扩展了管理范围，它把客户需求和企业内部的制造活动以及供应商的制造资源整合在一起，形成一个完整的供应链，并对供应链上的所有环节进行有效管理，这样就形成了以供应链为核心的管理系统。供应链跨越了部门与企业，形成了以产品或服务为核心的业务流程。以制造业为例，供应链上的主要活动者包括原材料供应商、产品制造商、分销商与零售商和最终用户。

（2）以客户关系管理为前台的重要支撑

在以客户为中心的市场经济时代，企业关注的焦点已由过去产品转移到客户上来。ERP在以供应链为核心的管理基础上，增加了客户关系管理后，着重解决企业业务活动的自动化和流程改进，尤其是在销售、市场营销、客户服务和支持等与客户直接打交道的前台领域。客户关系管理能帮助企业最大限度地利用以客户为中心的资源（包括人力资源、有形和无形资产），并将这些资源集中应用于现有客户和潜在客户身上。其目标是通过缩短销售周期和降低销售成本，通过寻求扩展业务所需的新市场和新渠道，并通过改进客户价值、客户满意度、盈利能力以及客户的忠诚度等方面来改善企业的管理。

（3）把组织看作一个社会系统

ERP吸收了现代管理理论中的社会系统管理思想，把组织看作一个社会系统。在这一管理思想中，组织是一个协作的系统，要求人们之间的合作，借助通信技术和网络技术，在组织内部建立起上情下达、下情上达的有效信息交流沟通通道，保证上级及时掌握情况，获得作为决策基础的准确信息，又能保证指令的顺利下达和执行。

（4）帮助企业实现管理创新

ERP作为一种先进的管理思想和手段，它所改变的不仅是某个人的个人行为或表层上的一个组织动作，而是从思想上去剔除管理者的旧观念，注入新观念。新的管理机制必须能迅速提高工作效率，节约劳动成本。ERP帮助企业实现管理创新的意义在于，它能够为企业建立一种新的管理体制，实现企业内部的相互监督和相互促进，并保证每个员工都自觉发挥最大的潜能去工作。

（5）以人为本的竞争机制

ERP的管理思想认为，以人为本的前提是，仅靠员工的自觉性和职业道德是不够的，必须在企业内部建立一种竞争机制。因此，应首先在企业内部建立一种竞争机制，在此基础上，给每一个员工制定一个工作评价标准，并以此作为对员工的奖励标准，调动每个员工的积极性，发挥每个员工的最大潜能。

（6）基于Internet/Intranet的管理方式

ERP的管理手段基于互联网，互联网把地球变成真正意义上的"地球村"。全球范围内的商务活动都通过Internet/Intranet整合在一个共同的虚拟市场，由此使得商务信息发布与获得的速度、企业与客户联系的速度、商业交易的速度、产品研发的速度、售后服务的速度等都有了巨大的提升。ERP还充分利用Internet/Intranet技术，将供应链管理、客户关系管理、企业办公自动化等功能全面集成优化，以支持产品协同商务等企业经营管理模式。

4.1.2 ERP的发展历程

从开始提出订货点方法（Order Point Method）到现在，ERP理论的形成与发展经历了5个阶段。

（1）20世纪60年代以前的订货点系统

订货点系统（Order Point System，OPS）是较早的库存管理方式，它是以统计方式来控制库存，即当实际库存降低到顶点或不低于安全库存时，按规定的订货数量提出订货的一种库存控制方法，其缺陷是没有按照物料真正需求的时间来确定订货日期。

（2）20世纪60年代的物料需求计划

物料需求计划（Material Requirement Planning，MRP）是20世纪60年代出现的一种管理技术与方法，它是一个生产计划与库存管理系统，在需要的时间里得到恰好需要的物料数量。由于工业所需的产品是非常繁杂的，因此从计划制订的角度而言，计算量大，工作任务烦琐困难。为此，1965年IBM公司基于独立需求和非独立需求等理念，并顺应计算机技术开始在企业生产和管理中应用这一趋势，开发了在计算机系统上可对装配产品进行生产过程控制的MRP。MRP的缺陷是只局限于物料的管理，还达不到企业生产管理要求。

（3）20世纪70年代的闭环MRP

将MRP与能力需求计划相结合，可以形成闭环反馈计划管理控制系统，简称为闭环MRP。相应地，此前的MRP称为开环MRP。闭环MRP是在开环MRP的基础上，增加了对投入与产出的控制，也就是对企业的能力进行的校检、执行和控制。闭环MRP理论认为，只有考虑能力的约束，或者对能力提出需求计划，在满足能力需求的前提下，MRP才能保证物料需求的执行和实现。在这种思想要求下，企业必须对投入与产出进行控制，也就是对企业的能力进行校检、执行和控制。在物料需求计划执行之前，要由能力需求计划核算企业的工作中心的生产能力和需求负荷之间的平衡情况。闭环MRP的不足之处是没有考虑资金等约束因素。

（4）20世纪80年代的制造资源计划（MRPⅡ）

MRPⅡ以闭环MRP为核心，将MRP的信息共享程度扩大，使生产、销售、财务、采购、工程紧密结合在一起，共享了物流、资金流等有关数据，组成了一个全面生产管理的集成优化模式，是对一个企业的所有资源编制计划并进行监控与管理的一种科学方法。MRPⅡ还增加了模拟功能，可对计划结果进行模拟和评估。MRPⅡ的缺点是管理的重点在企业内部，没有考虑供应链成员之间的合作。

（5）20世纪90年代的企业资源计划（ERP）

20世纪90年代起，市场竞争进一步加剧，以计算机为核心的企业管理系统更为成熟。如上所述MRPⅡ的重点是如何在企业内部进行制造资源的集中优化管理，而激烈的市场竞争要求MRPⅡ将重点放在企业整体资源的管理和优化上，这就促使了ERP的产生。

ERP发展的5个阶段如表4.1所示。目前，ERP已经成为企业进行生产管理及决策的主要平台工具。互联网技术的成熟为企业信息管理系统增加与客户或供应商实现信息共享和直接数据交换的能力，从而强化了企业间的联系，形成共同发展的生存链，体现企业为达到生存竞争的供应链管理思想。ERP相应实现这方面的功能，使决策者及业务部门实现跨企业的联合作战，在激烈的市场竞争中取得竞争优势。

表4.1　企业资源计划（ERP）的发展历程

时期	系统名称	解决的问题	存在的缺陷
20世纪60年代以前	订货点系统（OPS）	基于规定订货量的库存控制	没有按需求订货
20世纪60年代	物料需求计划（MRP）	基于生产计划的库存控制	没有考虑生产能力和物料的约束
20世纪70年代	闭环MRP	基于能力约束的MRP	没有考虑资金等约束因素
20世纪80年代	制造资源计划（MRPⅡ）	物料信息与财务信息集成，全面管理优化	只可管理企业内部，没有考虑供应链成员的合作
20世纪90年代	企业资源计划（ERP）	全球化的经济环境下，整合企业所有资源，实施供应链管理，提高企业竞争力	没有考虑价值链等管理思想，一些先进的信息技术有待进一步融合

纵观ERP的发展过程，可以看到ERP一直处于不断演进之中。ERP发端于MRP，最初是为生产制造行业的物料管理而设计的，ERP在MRP的基础上进行了扩充，引入供应链管理的概念，力求在供应链范围内来优化企业的资源。经过多年的发展，ERP领域的一个重要变化就是，ERP已经覆盖企业的方方面面，可以提供对等企业经营过程中的业务运营，对公司治理进行全面的管理。ERP的关注重点也从内控转变为外控，以及对企业经营的全面掌控，同时，越来越多的企业开始从最初的希望用ERP省钱转变为希望通过ERP赚钱。ERP之所以发生了这些变化，主要是源于用户的需求。在市场竞争压力之下的企业不再满足于借助ERP对企业中的流程进行管控，而是希望借助ERP改善经营、提升自身的竞争力。

未来，电子商务、移动商务、人工智能、物联网、云计算、大数据等一系列先进的信息技术将在ERP中得到大力推广，这些技术的应用必然对ERP的进一步发展和应用产生重要的影响。ERP与以上信息技术充分融合后，将逐步建立起现代经营管理体系，推进企业智能制造和经营活动中各环节的信息化，加强系统整合和业务协同，促进信息化与工业化深度融合，实现信息化建设到信息化价值的转变，并促进生产和经营方式的转变。

4.1.3　ERP的功能

ERP是用于企业生产和管理的有效的工具。它的主要功能模块包括供应链管理、精益生产管理、财务管理、客户关系管理、人力资源管理、信息资源管理等。

（1）供应链管理

ERP基于MRP Ⅱ，又超越了MRP Ⅱ。ERP在MRP Ⅱ的基础上扩展了管理的范围，把客户需求和企业内部的制造活动以及供应商的制造资源整合在一起，形成一个完整的供应链，并对供应链上的所有环节进行有效的管理，包括采购管理、库存管理、物流管理等。以供应链为核心的ERP，可满足企业在互联网时代激烈市场竞争环境中生存与发展的需要，可以为企业实施供应链管理提供保障，给企业带来显著的经济效益。

（2）精益生产管理

ERP管理思想适用于对混合生产制造方法的管控，其管控观念之一是精益生产管理。精益生产强调现场执行，它采用价值流分析、准时化、零库存、单元生产、快速换模及自动化等先进的生产管理手段，通过持续改善来提高企业的生产管理水平。当企业实施精益生产或敏捷制造时，ERP将客户、销售代理、经销商和合作单位等并入生产系统中，通过对整个供应链的有效管理，把经营过程中的供应商、制造企业、客户等各方纳入一个紧密的供应链中，有效安排产、供、销活动来提高效率和在市场上获得竞争优势，可以在较短的时间内将新产品投入市场，而且始终保持高品质和多样性的产品。

（3）财务管理

ERP中的财务管理系统主要是完成会计功能，从而完成财务数据的分析、预测、管控和操控。ERP的选择取决于财务管理系统的需要，重点是财务规划中购买、销售和库存的操控、分析和预测。ERP开发的财务管理系统功能模块包括财务规划、财务报表分析和财务管理决策等。

（4）客户关系管理

客户关系管理是指企业为提高核心竞争力，利用相应的信息技术以及互联网技术协调企业与顾客间在销售、营销和服务上的交互，从而优化其管理方式，向客户提供创新式的个性化的客户交互和服务的过程。ERP在以供应链管理为核心的基础上，增加了客户关系管理功能，因此客户关系管理是ERP的延伸。加入客户关系管理功能后，ERP实现了企业内外部资源的无缝链接，符合企业供应链管理和供应链竞争的发展趋势。

（5）人力资源管理

以往的ERP基本是以生产制造及销售过程为中心的。随着企业人力资源的发展，人力资源管理成为独立的模块，被加入ERP中，和财务、生产系统组成了高效、高度集成的企业资源系统。ERP人力资源管理模块包含人力资源规划的辅助决策体系、招聘管理、工资核算、工时管理、差旅核算等，能够帮助企业有效发掘人才、选拔人才、管理人才、降低成本，并提升企业的核心竞争力。

（6）信息资源管理

作为当今国际上一种非常先进的企业管理模式，ERP在体现当今世界先进的企业管理理论的同时，也提供企业信息化集成的最佳解决方案。它把企业的物流、资金流、信息流统一起来进行管理，以求最大限度地利用企业现有资源，实现企业经济效益的最大化。

【阅读案例4-2：SAP——全球ERP软件的领导厂商】

SAP SE（Systems, Applications & Products in Data Processing）是德国的一家软件公司（简称SAP），创立于1972年，是全球商业软件市场的领导厂商，也是ERP产品的第一大厂商。SAP既是公司名称，又是其产品——企业管理解决方案的软件名称，SAP是目前全世界排名第一的ERP软件，不仅为上万家我国企业提供专业服务，更覆盖全球超过42.5万个企业客户。SAP在我国、美国、法国、日本、印度、以色列等国家设立了全球研发中心，每年投入巨资进行产品研发。

1995年，SAP中国公司在北京正式成立，并陆续建立了上海、广州、大连分公司。作为我国ERP市场的绝对领导者，SAP的市场份额和年度业绩近年来高速增长。SAP在我国拥有IBM、埃森哲、凯捷、惠普、毕博、德勤、石化盈科、中电普华、东软、神州数码等多家合作伙伴。SAP在众多的项目中与这些合作伙伴密切合作，将先进的管理理念和方法转变为切实助力我国企业"蕴韬略，更卓越"的现实。

SAP有面向不同规模企业的ERP产品，比如适合中小企业的SAP Business ByDesign、SAP Business One，适合大中型企业的SAP S/4HANA、SAP S/4HANA Cloud版本。SAP S/4HANA是一款基于内存计算技术平台SAP HANA构建的智能 ERP 套件，让企业在面对海量数据的时候，可以轻松自如地分析数据，做出正确的销售、生产、采购、库存策略。它具有以下几个特点。

（1）即时，该套件能为业务用户提供来自各个运营部门的实时信息，提高业务用户的自主力，从而支持用户即时行动、快速响应外界变化。

（2）智能，用户可以超越自动化功能，获得基于角色的情境式建议和自主权，从而提高工作效率，并制定明智的决策。

（3）集成，用户可以连接企业各个部门和整个价值链中的工作流，由此提高工作效率，加强协作，并推动创新。

4.2　制造执行系统

尽管MRPⅡ/ERP等系统在企业制造和经营过程中取得了一些成效，为企业带来了经济效益，但是它们暴露了一系列新的问题。例如，MRPⅡ/ERP等系统无法获取精确的生产数据，这些系统将企业生产管理与企业制造单元的控制软件进行分离，造成了上层的MRPⅡ/ERP无法获取精确的生产数据，同时制造单元往往不能及时取得指令来调整工作状态，致使企业的生产和信息化过程受到了严重的影响。为了解决这一问题，企业管理者开发了制造执行系统（MES）。MES能够有效将计划与制造过程结合，收集企业各方面信息，并时刻更新企业信息管理系统，进而从整体上改善企业的管理效率和管理水平。本节介绍MES的概念、MES的发展历程和趋势、MES功能。

4.2.1　MES的概念

（1）ERP存在的问题

为使计划与生产有机高效地结合，以面对不断变化的市场环境，保证企业的稳健运行，企业相关人员必须熟悉生产现场的关键变化信息，并依据经验做出准确的判断和快速的应对，以保证生产计划的快速和准确执行。仅仅依靠ERP，这个工作是很难完成的，因为ERP提供的信息主要服务于企业的计划管理层，无法针对车间具体管理流程提供翔实的数据和流程优化建议。虽然自动化生产设备、自动化监测设备、自动化物流设备等可直接实时反馈生产现场的关键数据信息，但是由于没有管理系统对信息进行分类和加工处理，因此ERP还不能保证精准的车间层管理得以实施，这就导致在ERP和生产控制层之间的信息交融优化配置环节中出现了鸿沟——管理信息流的断层，如图4.1所示。

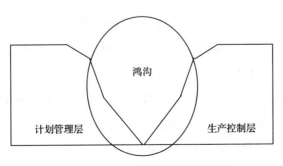

图4.1　传统企业管理与控制之间的鸿沟

此外，在早期ERP的应用中，它还存在以下问题。

① 不能针对用户对产品的投诉，溯源产品生产的信息，如原料供应商、操作机器台、操作人员、生产日期、工艺参数等。

② 生产线进行产品混合组装时，不能自动防止部件装配错误、产品生产流程错误、产品混装错误、货品交接错误等。

③ 不能记录在过去一定的时间内，生产线上出现较多的产品缺陷和次品的数量，也不能自动统计产品合格率、缺陷代码等。

④ 不能反映产品库存量、前中后各道工序生产线上各种产品的数量、何时可以交货等信息。

⑤ 不能反映生产线和加工设备有多少时间在生产、多少时间在闲置。

⑥ 不能说明影响设备生产潜能的主要原因是设备故障、调度失误、材料供应不及时、工人熟练程度不足或是工艺指标不合理等其他因素。

为了解决以上这些问题，MES应运而生。

（2）MES的概念

美国先进制造研究机构（Advanced Manufacturing Research，AMR）于1990年将MES定义为"位于上层计划管理系统与底层工业控制之间的、面向车间层的管理信息系统"，MES为操作人员、管理人员提供计划的执行、跟踪以及所有资源（人、设备、物料、客户需求等方面）的当前状态信息。AMR继1990年提出MES概念后，1992年又提出了MES的三层模型，如图4.2所示。

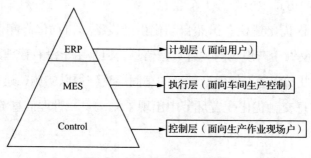

图4.2　AMR的MES三层模型

从这个模型中可以看出，MES在计划层与控制层之间，填补了两者之间的空隙。一方面，MES可以对来自MRPⅡ、ERP的生产管理信息进行细化、分解，将来自计划层的操作指令传递给控制层；另一方面，MES可以采集设备、仪表的状态数据，以实时监控底层设备的运行状态，再经过分析、计算与处理，从而方便、可靠地将控制系统与信息系统整合在一起，并将生产状况及时反馈给计划层。

① 计划层（ERP）。

计划层强调企业的计划性，它以客户订单和市场需求为计划源头，充分利用企业内的各种资源，降低库存、提高企业效益。从生产管理的角度来看，ERP属于企业的计划层。

② 执行层（MES）。

执行层强调计划的执行和控制，通过MES把ERP与企业的生产现场控制有机地集成起来。MES根据已定义的产品实现细节形成生产指令，为控制层提供"如何做"的指示，同时将生产过程的结果信息反馈给ERP。

③ 控制层（Control）。

控制层强调设备的控制，它对生产工艺进行实时的控制和调整，来实现物料、设备、人员和信息的"协同"，进而获得理想的产量和质量。

制造执行系统协会（Manufacturing Execution System Association，MESA）在1997年将MES定义为："MES能通过信息传递，对从订单下达到产品完成的整个生产过程进行优化管理。当工厂里有实时事件发生时，MES能对此及时做出反应、报告，并利用当前的准确数据对其进行指导和处理。这种对状态变化的迅速响应使得MES能够减少内部没有附加值的活动，有效地指导工厂的生产运作过程，从而使其既能提高工厂及时交货能力、改善物料的流通性能，又能提高生产回报率。MES还通过双向的直接通信在企业内部和整个产品供应链中提供有关产品行为的关键任务信息。"

MESA对MES的定义强调了以下3点。

① MES是对整个车间制造过程的优化，而不是单一解决某个生产瓶颈。

② MES必须提供实时收集生产过程数据的功能，并做出相应的分析和处理。

③ MES需要与计划层和控制层进行信息交互，通过企业的连续信息流来实现企业信息集成。

2006 年，我国发布了中国电子行业MES规范，规范中对MES的定义是："MES能通过信息传递对从订单下达到产品完成的整个生产过程进行优化管理。当工厂发生实时事件时，MES能够及时做出反应、报告，并根据当前的准确数据进行指导和处理。通过双向的直接通信在企业内部和整个产品供应链中提供有关产品行为的关键任务信息。"

总之，MES填补了图4.1中的计划管理层和生产控制层之间的"鸿沟"，将制造企业的信息系统和控制紧密地联系在一起了。

4.2.2　MES的发展历程和趋势

MES的发展大概可以分为两个时期。

（1）20世纪70年代末—20世纪90年代末

该时期的MES被称为传统的MES（Traditional MES，T-MES）。传统的MES大体上可以分为两大类：专用的MES（Point MES）和集成的MES（Integrated MES）。专用的MES是为了解决某个特定领域的问题而设计和开发的自成一体的系统，例如某个企业的车间维护、生产调度、生产监控等；而集成的MES起初是针对一个特定的、规范化的环境而设计的，目前已拓展到许多领域，如航空、装配、半导体、食品和卫生等行业，在功能上它已实现了与上层事务处理和下层实时控制系统的集成。专用的MES能够为某一特定环境提供较好的性能，却常常难以与其他应用系统集成。集成的MES较专用的MES迈进了一大步，具有很多优点，如单一的逻辑数据库、系统内部具有良好的集成性、统一的数据模型等。

T-MES存在一些不足，如通用性差、可集成性弱、缺乏互操作性、重构能力差、敏捷性差等，因此，经过若干年的发展，MES进入了第二个发展时期。

（2）21世纪初至今

针对T-MES的不足，AMR在分析信息技术发展和MES应用前景的基础上，提出了面向敏捷制造的可集成的MES（Integratable MES，I-MES）。该时期的MES能将模块化组件技术应用到MES的系统开发中，是两类T-MES的结合。从表现形式上看，其具有专用的MES的特点，即I-MES中的部分功能可作为可重用组件单独销售；同时，其又具有集成的MES的特点，即能实现上下两层之间的集成。此外，I-MES还能实现客户化、可重构、可扩展和互操作等特性，能方便地实现不同厂商之间的集成和遗产系统的保护，以及即插即用等功能。

MES正朝着下一代MES（Next-Generation MES）的方向发展。下一代MES的主要特点是建立在ISA-95标准上、易于配置、易于变更、易于使用、无客户化代码、良好的可集成性以及提供门户（Portal）功能等，其主要目标是以MES为引擎实现全球范围内的生产协同。目前，国际上MES技术的主要发展趋势体现在以下几个方面。

（1）新型的体系结构。一方面，基于新型体系结构的MES具有开放式、客户化、可配置、可伸缩等特性，可针对企业业务流程的变更或重组进行系统重构和快速配置；另一方面，随着网络技术的发展及其对制造业的重大影响，当前MES正在和网络技术相结合，MES的新型体系结构大多基于Web技术、支持网络化功能。

（2）更强的集成化功能。新型MES的集成范围更为广泛，不仅包括制造车间本身，而且覆盖企业整个业务流程。在集成方式上更为快捷、方便和易于实现，通过制定MES设计、开发的技术标准，使不同软件供应商的MES构件和其他异构的信息化构件可以实现标准化互连、互操作以及即插即用等功能。

（3）更强的实时性和智能化。新一代的MES应具有更精确的过程状态跟踪和更完整的数据记录功能，可实时获取更多的数据来更准确、更及时、更方便地进行生产过程管理与控制，并具有多源信息的融合及复杂信息处理与快速决策能力。有学者曾提出了智能化第二代MES（MES Ⅱ）解决方案，它的核心目标是通过更精确的过程状态跟踪和更完整的数据记录以获取更多的数据来更方便地进行生产管理，并通过分布在设备中的智能系统来保证车间生产的自动化。

（4）支持网络化协同制造。2004年5月MESA提出了协同的制造执行系统（Collaborative Manufacturing Execution System，c-MES）的概念，指出了c-MES的特征是将原来MES的运行与改善企业运作效率的功能和增强MES与在价值链和企业中其他系统和人的集成能力结合起来，使制造业的各部分敏捷化和智能化。由此可见，下一代MES的显著特点是支持生产同步性和支持网络化协同制造。它对分布在不同地点甚至全球范围内的工厂进行实时化信息互联，并以MES为引擎进行实时过程管理，使企业生产经营达到同步化。

（5）MES标准化（ISA-95）。美国标准化组织（ISA）从1997年启动编制ISA-95标准，其目的是建立企业信息系统的集成规范性。到目前为止，ISA-95标准发布的内容主要如下。

① 2000年发布了ISA-95标准的第一部分，即ISA SP95.01模型与术语标准，规定了生产过程涉及的所有资源信息及其数据结构和表达信息关联的方法。

② 2001年发布了ISA-95标准的第二部分，即ISA SP95.02对象模型属性标准，对第一部分定义的内容作了详细规定和解释，ISA SP95.01和ISA SP95.02已经被IEC／ISO（国际电工委员会/国际标准化组织）接受为国际标准。

③ 2002年发布了ISA-95标准的第三部分，即ISA SP95.03制造信息活动模型标准，提出了管理层与制造层间信息交换的协议和格式。

④ 2003年发布了ISA-95标准的第四部分，即ISA SP95.04制造操作对象模型标准，定义了支持第三部分中制造运作管理活动的相关对象模型及其属性。

⑤ 正在制定的ISA-95标准的第五部分，即ISA SP95.05，详细说明了B2M（Business To Manufacturing）事务。

未来的工作是制定ISA-95标准的第六部分，即ISA SP95.06，它将进一步详细说明与制造运作管理有关的事务。ISA-95标准的应用范围如图4.3所示。

MES的标准化进程是推动MES发展的强大动力，国际上MES主流供应商纷纷采用ISA-95标准，如ABB、SAP、GE、Rockwell、Honeywell、西门子等。

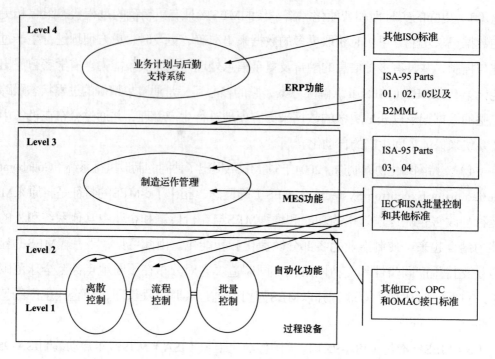

图4.3 ISA-95 标准的应用范围

4.2.3 MES的功能

MES在工厂综合自动化系统中起着承上启下的作用，它在ERP产生的生产计划指导下，收集底层控制系统与生产相关的实时数据，安排短期的生产作业的计划调度、监控、资源调配、生产过程优化等工作。根据MESA给出的定义，MES的功能如图4.4所示。

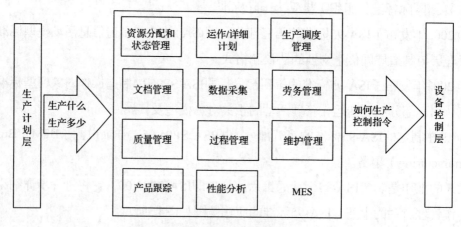

图4.4 MES的功能

（1）资源分配和状态管理（Resource Allocation and Status Management）

该模块管理机床、工具、人员、物料、其他设备以及其他生产实体，例如进行加工必须准备的工艺文件、数控加工程序等文档资料，用以保证生产的正常进行。它还提供资源使用情况的历史记录，确保设备能够正确安装和运转。与此同时，该模块可对所设的生产预定进行调整，以适应各个生产作业的不同生产计划。

（2）运作/详细计划（Operation/Detailed Plan）

该模块在具体生产单元的操作中，根据相关的优先级（Priorities）、属性（Attributes）、特征（Characteristics）以及配方（Recipes）等，提供作业排程功能，其目的是安排合理的序列，以最大限度地压缩生产过程中的辅助时间，这个计划是基于有限能力的生产执行计划。

（3）生产调度管理（Production Scheduling Management）

该模块以作业、订单、批量、成批和工作单等形式管理和控制生产单元间的工作流，主要是物流和信息流。处理相关信息用于安排作业顺序，并在生产车间有事件发生时进行动态调整。该模块可调整生产车间已经安排的生产计划，合理处理返修品或废弃产品，并利用缓冲区管理的模式控制处于各个阶段的产品数量。

（4）文档管理（Document Management）

该模块管理生产单元有关的记录和表格，包括工作指令、配方、工程图纸、标准工艺规程、零件的数控加工程序、批量加工记录、工程更改通知、班次间的通信记录等，并提供按计划编辑信息的功能。该模块将各项操作传递给操作层，包括将操作数据传递给操作人员和将计划配方提供给设备控制层。此外，该模块还可对生产过程、生产工作环境和生产结果中满足一定要求的信息进行收集和记录，对ISO信息，有关环境、健康、安全制度等的信息进行全方位管理和完整性维护。

（5）数据采集（Data Acquisition）

该模块通过数据采集接口对源于物料、工序、人员等方面的信息进行实时数据采集，生成内部生产作业所需的各类参数资料。这些数据既可以通过手动方式录入，也可以自动地从设备上按分钟级获取。

（6）劳务管理（Labor Management）

该模块提供按分钟级的企业员工状态的数据，输出的信息包括出勤报告、人员的认证跟踪以及追踪人员的辅助业务能力，如物料准备或工具间工作情况，作为企业进行成本核算的基础。劳务管理与资源分配管理相辅相成，用于确定最终的分配结果。

（7）质量管理（Quality Management）

为了对生产制造过程中的产品质量进行有效的控制，该模块可对生产活动过程中收集到的数据进行动态分析，并跟踪和分析各个加工过程的操作质量。同时，根据不同的生产质量问题推荐相应的纠正措施，包括根据关联症状、生产行为和生产结果的信息与数据确定问题产生的原因。质量管理还包括对统计过程控制和统计质量控制的跟踪，化验室信息管理系统（LIMS）的线下检修操作和分析管理。

（8）过程管理（Process Management）

该模块监控生产过程、自动纠错或向用户提供决策支持以纠正和改进制造过程活动。这些活动具有内操作性，主要集中在被监控的机器和设备上，同时具有互操作性。过程管理还包括报警功能，能将生产过程中超过允许误差的过程及时更改反馈给车间人员。通过数据采集接口，过程管理还可以实现智能设备与制造执行系统之间的数据交换。

（9）维护管理（Maintenance Management）

该模块可以跟踪和指导作业活动，维护设备和工具以确保它们能正常运转并安排进行定期检修，以及对突发问题能够即刻响应或报警。它还能保留以往的维护管理历史记录和问题，帮助相关人员进行问题诊断。

（10）产品跟踪（Product Tracking）

该模块提供工件在任一时刻的位置和状态信息。状态信息包括进行该工作的人员信息，按供应商划分的组成物料、产品批号、序列号、当前生产情况、警告、返工或与产品相关的其他异常信息等。这些信息可以被存储为历史记录，以用来追溯各个产品组或各个末端产品的具体情况。

（11）性能分析（Performance Analysis）

该模块提供按分钟级更新的实际生产运行结果的报告信息，将过去记录和预想结果进行比较。运行性能结果包括资源利用率、资源可获取性、产品单位周期、与排程表的一致性、与标准的一致性等指标的测量值。同时，该模块将这些测定结果与已有的历史记录、客户订单的要求以及企业的生产目标或管理目标进行对比，并将生成的报告进行在线显示或直接输出，帮助管理人员改善产品性能和管理质量。

MES是制造企业信息化框架的重要组成部分之一，它将自动化技术与企业管理系统有机结合，能对推动制造业整体制造水平的提升起到至关重要的作用，可为制造企业的腾飞插上"隐形的翅膀"。近年来，很多制造行业，如机械加工、汽车制造等都开始采用MES。

【阅读案例4-3：国内知名MES—— OrBit-MES】

OrBit-MES是我国深圳市华磊迅拓科技有限公司自主研发的MES，它构建于我国自有知识产权的基础业务平台之上，基于批量过程控制原理以及企业建模技术，是企业内部物流、生产体系、品质部门的保障系统，为实现JIT拉动模式、精益生产、6 Sigma-TQM、RoHS/WEEE无害生产打下坚实的基础。OrBit-MES的同步数据采集技术应用于企业内部物流的全线追溯、制造工程配置、生产及品质过程控制，它能提升制造环节的透明度、填补生产现场到计划系统间的"信息鸿沟"，为计划系统的再调整提供可以信赖的决策依据。

OrBit-MES核心功能包括以下几个。

（1）计划管理：系统通过对接ERP，获取生产计划，制定对应的生产工单，并通过对生产状况信息的获取，反馈给生产计划，并根据实际的生产情况做出相应的调整。

（2）供应商管理：系统支持物料在途可视化信息查看，可准确了解供应商即时状况，提高排产准确度，避免由于物料缺料导致的生产等待，改善交期。

（3）仓库管理：系统提供在库信息及时统计、物料自动定位、JIT式拉料等方法，可有效避免呆滞料造成的物料浪费及仓库储存位置占用、减少仓库备料时间，提高生产效率。

（4）品质管理：系统支持SPC质量数据实时计算，提供品质异常报警、批号锁定、设备锁定等功能，提供动态的品质数据监控，可有效避免批量性产品问题产生。

（5）物流控制：实现从供应商开始贯穿生产全局的标准化物流批次管理、仓储管理，支持拉动式入出库管理。

（6）制造过程控制：实现任务启动、实时看板、工位配送、装配防错、批次精确追溯、资源/设备运作效率监控，能独立采集数据或与SCADA/PCS/PLC/FCS实时集成。

4.3　产品生命周期管理

产品只有经过设计、研发、生产、试销等环节，才能进入市场，这时它的生命周期才算开始。产品退出市场，则标志着产品生命周期的结束。产品生命周期理论的提出者、美国经济学家弗农认为，产品的生命是指产品的营销生命，产品的生命同人的生命一样，要经历形成、成长、成熟、衰退这样的周期。就产品而言，也就是经历一个开发、引进、成长、成熟、衰退的阶段。一种产品进入市场后，它的销售量和利润都会随着时间的推移而改变，呈现一个由少到多、由多到少的过程，这就是产品的生命周期现象。产品生命周期管理（PLM）是一种先进的企业管理思想，是企业在激烈的市场竞争中增加收入、降低成本、加快新产品上市的有效手段。本节介绍PLM的概念、PLM与PDM的联系和区别，PLM的体系结构、PLM的功能等内容。

【人物介绍：雷蒙德·弗农】

雷蒙德·弗农（Raymond Vernon）是美国经济学家，有着20年政府部门任职的经历，还在短期内从事过商业。从1959年开始，他在哈佛大学任教，是克拉维斯·狄龙学院的国际问题讲座教授。他于1966年在《产品周期中的国际投资和国际贸易》一文中首次提出了产品生命周期理论，由此解释了国际贸易产生的原因。他认为商品与生命相似，有一个出生、成熟、衰老的过程。弗农把产品的生命周期划分为3个阶段，即新产品阶段、产品成熟阶段和产品标准化阶段。

（1）新产品阶段

这一阶段中，国内市场容量大，开发研究资金多的国家在开发新产品、采用新技术方面具有优势。厂商掌握技术秘密，将新技术首次用于生产。此时对厂商来说，非常安全且有利的选择是在国内进行生产，产品主要供应国内市场，通过出口贸易的形式满足国际市场的需求。

（2）产品成熟阶段

在这一阶段中，新技术日趋成熟，产品基本定型。随着国际市场需求量的日益扩大，产品的价格弹性加大，降低产品成本尤为迫切。由于产品出口量的急剧增加，厂商原来拥有的技术逐渐被国外竞争者掌握，仿制品开始出现，厂商面临着丧失技术优势的危险。为了避开贸易壁垒、接近消费者市场和减少运输费用，厂商要发展对外直接投资，在国外建立分公司，转让成熟技术。

（3）产品标准化阶段

在这一阶段，产品和技术均已标准化，厂商所拥有的技术优势已消失，竞争主要集中在价格上。生产的相对优势已转移到技术水平低、工资低和劳动密集型经济模式的地区。在本国市场已经趋于饱和、其他发达国家产品出口急剧增长的情况下，厂商在发展中国家进行直接投资，转让其标准化技术。

4.3.1　PLM概述

（1）PLM的概念

PLM自提出以来，便迅速成为制造业关注的焦点。根据咨询公司CIMdata的定义，PLM是一种应用于在单一地点的企业内部、分散在多个地点的企业内部，以及在产品研发领域具有协作关系的企业之间的，支持产品全生命周期的信息的创建、管理、分发和应用的一系列应用解决方案，它能够集成与产品相关的人力资源、流程、应用系统和信息。

具体来说，PLM涵盖制造企业产品需求分析、概念设计、详细设计、生产计划、生产制造、销售、售后服务、报废回收的全过程。从广义上来说，PLM是对产品数据与作业程序进行管理；从狭义上来说，PLM强调在研发与工程作业阶段有效地整合管理产品数据与作业流程，同时对后端的ERP、MRP、MRPⅡ等系统及SCM、CRM等系统进行整合。PLM的具体管理过程如图4.5所示。

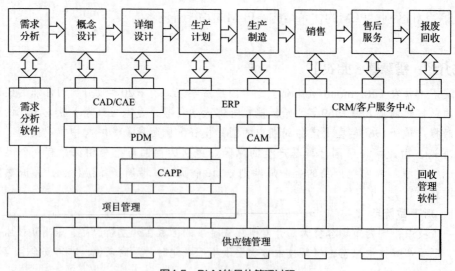

图4.5　PLM的具体管理过程

【阅读案例4-4：CIMdata公司】

CIMdata公司是一家数据分析公司，也是一家全球领先的提供战略性咨询的独立公司，致力于通过应用产品生命周期管理解决方案来使企业产品创新与服务能力最大化。CIMdata公司通过提供PLM解决方案的世界级知识、专业技术和最佳实践方法，在全球经济中寻求竞争优势。CIMdata公司能够帮助产业组织建立有效的PLM战略，确定需求，并选择技术。

（2）PLM与PDM的联系和区别

PDM是用来管理所有与产品相关信息（包括零件、配置、文档、CAD文件、结构、权限等信息）和所有与产品相关过程（包括过程定义和管理）的技术。在PLM理念产生之前，PDM主要是针对产品研发过程的数据和过程的管理。通过实施PDM，可以提高生产效率，有利于对产品的全生命周期进行管理，加强对于文档、图纸、数据的高效利用，使工作流程规范化。

PLM是在PDM的基础上发展起来的，是PDM的功能延伸。二者的联系和区别有以下几点。

① PDM主要针对产品开发过程，强调对产品开发阶段数据的管理，其应用也是围绕工程设计部门而展开的，PDM的文档管理功能只是管理与产品结构和设计过程相关的设计文档；而PLM管理的是整个产品从概念产生到最终淘汰的整个生命周期的所有文档。可以说PLM包含PDM的全部内容和功能，同时又强调对产品生命周期内跨越供应链的所有信息进行管理和利用的理念，这是PLM与PDM的本质区别。

② PLM概念比PDM更广，内涵更丰富，适应面也更广，可以广泛地应用于流程行业的企业、大批量生产企业、单件小批量生产企业、以项目为核心进行制造的企业，甚至软件开发企业等。不同企业对PLM有各种不同的需求，有些企业侧重对前端的概念设计、市场分析数据的管理，有些企业侧重对详细设计和工艺设计数据的管理，而有些企业侧重对售后维护、维修数据的管理。

③ 由于PLM与PDM的渊源关系，实际上几乎没有一个以"全新"面貌出现的PLM厂商。大多数PLM厂商来自PDM厂商，有一些原来的PDM厂商已经开发了成体系的PLM解决方案，成功地实现了向PLM厂商的转化，如EDS、IBM等。当然，也有ERP厂商加入这一阵营，如SAP已经提出了自己的基于ERP立场的PLM解决方案。还有一些CAD或工程软件厂商也正在做这样的努力。

4.3.2 PLM的体系结构

PLM以数据库技术和Web技术作为基础，实现将离散的产品"信息孤岛"进行无缝集成，对产品各生命周期阶段有关的原始数据、在用数据、标准文档、检验数据、使用维护数据等进行管理，在不同周期阶段，提供给不同合作伙伴的是标准统一的规范数据。**PLM**整个框架，根据逻辑层次可以分成4层结构：系统服务层、应用服务层、应用功能层、用户应用层，如图4.6所示。

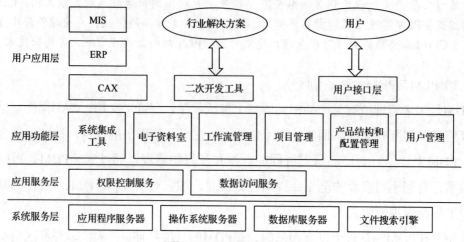

图4.6　PLM逻辑层次结构

（1）系统服务层

该层为整个系统的基础核心部分，主要包括应用程序服务器、操作系统服务器、数据库服务器和文件搜索引擎等部分，其中整个系统的最基本的支持层在数据库服务器，目前主流的通用的商业化关系数据库都可以作为**PLM**的数据服务支持平台。

关系数据库通过文件搜索引擎等相关工具提供最基本的数据管理功能，比如存储、读取、查询、删除、修改等基本操作。

该层的应用程序服务器是系统模块与应用模块（或应用程序）两者间的桥梁，它允许系统模块和应用模块交互时，能够使用较高层次的虚拟对象（或数据抽象），而不是数据库的实体表，例如某个应用模块请求建立一个新文件夹的时候，应用程序服务器就会解析这些命令，并生成**SQL**语句。

（2）应用服务层

该层为不同的应用模块，通过权限控制服务和数据访问服务，提供最基本的核心功能。数据访问服务主要提供描述产品数据动态变化的数学模型，以及实现**PLM**各项功能的面向对象管理技术。由于关系数据库侧重于管理事务性的数据，而对产品数据动态变化的管理要求并不能满足，因此在**PLM**中，需要采用若干个用来描述产品数据动态变化的二维关系表格。

PLM将其管理动态变化数据的功能转换成几个，甚至成千上万个二维关系型的表格，从而可满足面向产品对象管理的要求。例如产品的全部图形目录可以用一个二维表记录，而设计图形的版本变化过程再用另外一个二维表进行专门记录，这样产品设计图形的更改流程就可由这两张表来共同描述。

（3）应用功能层

该层主要提供的是系统功能管理与应用的界面。在应用服务层基础上，按照PLM管理需要，用户可以选取相应的系统功能模块。在PLM中有两大类功能模块。一是系统管理模块，包含系统管理和工作环境两个部分。系统管理主要用于系统管理员操作，如系统维护、数据安全以及系统正常运行的功能模块；工作环境则要求提供快捷、方便、安全、可靠的服务，能使不同的用户正常、安全地使用PLM系统。二是基本功能模块，包含产品配置管理、文档管理、零件分类、项目管理以及工作流程管理和检索等。

（4）用户应用层

该层主要是为支持企业扩展构建与特定业务需求相关的解决方案而提供的应用工具集等，包含应用程序开发界面及软件功能模块。PLM中人机交互的应用程序开发界面和用户化工具，包含图形化的产品树、对话框、菜单、浏览器等。它管理整个系统中各种对象的操作，用户可以通过这些图形化的用户界面方便、快捷地完成相应操作。根据企业不同的经营目标，企业对功能模块和人机界面的要求也会有所不同。因此，各类用户的特殊要求，可以通过PLM中提供的二次开发工具来满足。

4.3.3　PLM的功能

PLM是智能制造系统的一个重要组成部分，它对产品从需求提出到被淘汰的整个过程进行严格的流程控制和管理，是对PLM中全部组织、管理行为的综合与优化。它的主要功能有客户需求管理、计划和项目管理、产品结构与配置管理、文档管理、变更管理、编码管理、生产过程与售后服务技术管理和产品可视化管理等。

（1）客户需求管理

客户需求管理主要包括对已有产品和未来产品的顾客需求管理。前者按顾客订单需求，配置已有产品的物料清单（Bill of Material，BOM）和技术状态，确定零部件供应商，分析顾客需求对产品结构的影响，提供产品报价的技术支持；后者是根据企业的发展战略，进行目标市场的调查问卷设计、顾客需求信息采集及多元统计分析，从中寻求目标新产品的市场定位与竞争能力，从而锁定目标新产品，将顾客需求转换为目标新产品的功能技术特性，再进行科学的评价，最后得出目标新产品概念，生成新产品开发项目建议书，指导新产品开发。

（2）计划和项目管理

PLM提供高级系统功能来协助企业对产品组合和整个产品开发流程进行计划、管理及控制，包括面向产品生命周期和新产品自主开发的可视化项目流程模板的定义、对已定义好的项目管理模板内容的可视化显示。例如：项目任务的分类定义与逐层分解，任务的角色指派，任务与文档模板的关联，任务开始、结束、状态时的定义，任务与BOM

的关联，项目任务的其他属性定义与任务树等。此外，其还包括项目执行过程中的项目评审点和里程碑的设定、项目成熟管理、执行过程的甘特图动态显示与监控、关键路径计算、项目任务列表、人员负荷与状态列表、各种项目资源信息的查询与显示。PLM使得项目经理可以方便和有效地控制项目的结构、日程计划、成本和资源等。

（3）产品结构与配置管理

PLM能够保存所有已生产产品数据的档案，为后期其他产品的设计上线提供参考。例如，对于BOM结构的设计和配置管理，通过增加子节点、复制、粘贴、删除等操作，可方便快捷地从客户订单、基本零部件库、已有产品设计BOM或CAD系统获取所需的零部件，快速配置成新产品所需的设计BOM；按大批量生产或单件小批量生产的工艺要求，建立装配工艺路线和自制件工艺路线模板，通过工艺模板的实例化，将设计BOM配置为装配工艺BOM和自制件工艺BOM；支持大批量客户化定制的售前销售BOM配置管理，支持基于生产过程条码追踪的售后销售BOM配置管理，支持产品的售后技术服务、维修和零部件更换管理等。

（4）文档管理

利用产品生命周期中的智能特性，PLM的用户能确保随时可以获得产品的相关数据，避免延误以及重复工作。PLM能够提供综合全面的产品及流程构造功能，帮助企业对需求、BOM、资料数据、配方、CAD模型以及相关的技术文档等进行管理。

（5）变更管理

PLM先进的变更管理功能确保企业从产品开发到生产制造和维护等方面的产品信息保持协调一致。变更管理主要功能如下。

① 变更建议、变更申请、变更批准、变更预发布及发布、生效执行等的变更流程可视化定义功能。

② 项目变更、流程变更、任务变更、文档变更、BOM结构变更、角色或权限变更等的过程与状态管理功能。

③ 根据变更的影响度反查、分析和关联变更，可以自定义选择变更通知接收人，并自动发送通知给关联变更的相关人员，实现同步变更通知的及时传达。

④ 零部件变更后，可对引用变更零部件的产品进行自动查询，列表显示引用变更零部件的产品及部件情况，方便设计者进行关联变更。

（6）编码管理

对于制造企业成千上万种的物料，如果没有可作唯一标识的物料代号，而仅靠物料名称或者其他途径作管理依据，很难想象企业如何合理管理物料。要实现科学的物料管理，物料编码是很重要的基础。实施PLM后，产品、零部件、物料、图、文档等所有需要编码的地方（包括命名规则）可设置由PLM编码器自动生成编码，确保编码的唯一性。PLM适合离散产品、零部件及技术文件的编码生成、自动查重和回收管理等。

（7）生产过程与售后服务技术管理

PLM能提供产品生产过程中，外购零部件及原材料的供应商信息管理，自制件生产车间与作业班组、批次信息管理；能提供第三方物流管理所需的各种产品及零部件配批（零部件拆分、合并，按供应商配额汇总）运算功能；能提供产品装配作业过程的条码追踪、零部件落地结算与产品序列号、销售BOM管理；能提供产品销售和售后服务中的单机技术档案管理、质量追踪与索赔管理、零备件更换管理、产品维修远程技术支持管理等。

（8）产品可视化管理

PLM提供了许多信息可视化的功能，它们能够让用户随时访问产品全过程生命周期中涉及的几乎所有类型的信息，从Office文件到2D图纸和3D模型，用户不必知道文档保存在什么地方，就可以在一种单一的集成环境中浏览系统，查看模型和导航产品结构与相关信息，从而支持企业协作。使用数字化的三维设计取代传统纸质设计已经成为制造企业发展的必然趋势，企业需要一个通用无差别的平台来对这些三维数据进行管理，并在此基础上对产品的生命周期进行管理。

4.4 信息物理系统

信息物理系统（CPS）是由美国在2006年提出的，旨在提高美国科技综合实力。CPS是一个综合计算、网络和物理环境的多维复杂系统，通过3C（Communication Computer Control）技术的有机融合与深度协作，实现大型工程系统的实时感知、动态控制和信息服务。CPS实现计算、通信与物理系统的一体化设计，可使系统更加可靠、高效、实时协同，具有重要而广泛的应用前景。本节介绍CPS的概念和特征、CPS的架构和CPS的应用等内容。

4.4.1 CPS的概念和特征

CPS是将虚拟世界与物理资源紧密结合与协调的产物，它强调物理世界与感知世界的交互，能自主感知物理世界状态，自主连接信息与物理世界对象，形成控制策略，实现虚拟世界和物理世界的互联互感和高度协同。

具体来说，CPS是通过集成先进的感知、计算、通信、控制等信息技术和自动控制技术构建的物理空间与信息空间中人、机、物、环境、信息等要素相互映射、适时交互、高效协同的复杂系统，可实现系统内资源配置和运行的按需响应、快速迭代、动态优化。

可以从以下3个角度对CPS进行理解。

（1）在本质上，CPS是以人、机、物的融合为目标的计算技术，从而实现人的控制在时间、空间等方面的延伸，因此，CPS又被称为"人-机-物"融合系统。

（2）在微观上，CPS通过在物理系统中嵌入计算与通信内核，实现计算进程（Computation Process）与物理进程（Physical Process）的一体化。计算进程与物理进程通过反馈循环（Feedback Loop）方式相互影响，实现嵌入式计算机与网络对物理进程可靠、实时和高效的监测、协调与控制。

（3）在宏观上，CPS是由运行在不同时间和空间范围的、分布式的、异构的系统组成的动态混合系统，包括感知、决策和控制等各种不同类型的资源和可编程组件。各个子系统之间通过有线或无线通信技术，依托网络基础设施相互协调工作，实现对物理与工程系统的实时感知、远程协调、精确与动态控制和信息服务。

为了方便理解CPS，可以以人体的结构为例。假设人体是由物理和信息系统组成的，神经系统相当于信息系统，比如人类的意识、思维；而各处的组织器官相当于嵌入无数传感器的物理系统，而这个有思维活动的神经系统控制整个机体的正常运行。信息物理系统就是把物理设备连接到互联网上，让物理设备具有计算、通信、精确控制、远程协调和自我管理的功能，实现虚拟网络世界和现实物理世界的融合。

CPS被认为是第四次工业革命的使能技术，主要体现在其突破了以人为核心的智能制造控制与执行的瓶颈。先进的信息通信技术为其提供泛在网络连接，是CPS的基础。当信息的获取和传递不再是瓶颈后，对于信息的分析和利用就成了制约生产力变更的主要障碍。因此，CPS也促进了大数据等相关技术的发展，推动了人工智能的再次爆发。CPS与物联网、大数据、人工智能等的关系，如图4.7所示。

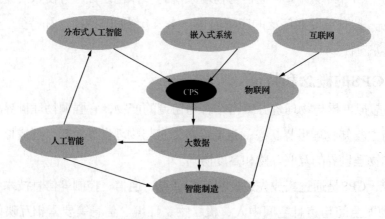

图4.7　CPS与物联网、大数据、人工智能等的关系

　　与物联网相比，CPS在物与物互联的基础上，还强调对物的实时、动态的信息控制与信息服务。与软件系统相比，软件系统是一组状态转换的序列，其目标是实现变换数据；而CPS更加注重功能性需求，最终目标是协调物理进程，即实现信息处理和物理控制，强调实时性、可靠性、安全性、私密性、可适应性等。与嵌入式系统相比，嵌入式系统侧重在处理器上运行，是一种在有限资源环境下的优化技术；CPS是计算与物理成分的集成，将计算对象从数字的变为模拟的，从离散的变为连续的，从静态的变为动态的。它作为计算进程和物理进程的统一体，是集成计算、通信与控制于一体的下一代智能系统。具体来说，CPS具有以下一些特征。

　　（1）全局虚拟（Globally Virtual）和局部物理（Locally Physical）：局部物理世界发生的感知和操纵，可以跨越整个虚拟网络被安全、可靠、实时地观察和控制。

　　（2）深度嵌入（Deeply Embedded）：嵌入式传感器与执行器使计算被深深地嵌入每一个物理组件，甚至可能嵌入物质里，使物理设备具备计算、通信、精确控制、远程协调和自治5个功能，更使计算变得普通，成为物理世界的一部分。

　　（3）事件驱动（Event Driven）：物理环境和对象状态的变化构成CPS事件，触发"事件→感知→决策→控制→事件"的闭环过程，最终改变物理对象状态。

　　（4）以数据为中心（Data-Centric）：CPS各个层级的组件与子系统都围绕数据融合（Data Fusion）向上提供服务，数据沿着从物理世界接口到用户的路径上不断提升抽象级，用户最终得到全面的、精确的事件信息。

　　（5）时间关键（Time-Critical）：物理世界的时间动态是不可逆转的，应用对CPS的时间性（Timeliness）提出了严格的要求，信息获取和提交的实时性可影响用户的判断与决策精度，尤其是在重要基础设施领域。

　　（6）安全关键（Security/Safety-Critical）：CPS的系统规模与复杂性对信息系统安全提出了更高的要求，更重要的是需要理解与防范恶意攻击通过计算进程对物理进程（控制）的严重威胁，以及CPS用户的被动隐私暴露等问题。CPS的安全性必须同时强调系统自身的保障性和外部攻击下的安全性。

　　（7）异构（Heterogeneous）：CPS包含许多功能与结构各异的子系统，各个子系统之间要通过有线或无线的通信方式相互协调工作。因此CPS也被称为混合系统（Hybrid System）或者系统的系统（System of Systems）。

　　（8）高可信赖（Highly Dependable）：物理世界不是完全可预测和可控的，对于意想不到的条件必须保证CPS的稳健性（Robustness），同时系统必须保证可靠性（Reliability）、效率（Efficiency）、可扩展性（Scalability）和适应性（Adaptivity）。

　　（9）高度自主（Highly Autonomous）：组件与子系统都具备自组织（Self-

Organizing）、自配置（Self-Configuration）、自维护（Self-Maintenance）、自优化（Self-Optimization）和自保护（Self-Protecting）能力，支持CPS完成自感知（Self-Sensing）、自决策（Self-Determination）和自控制（Self-Control）。

（10）领域相关（Domain-Specific）：在诸如汽车、石油化工、航空航天、制造、民用基础设施等工程应用领域，CPS的研究不仅着眼于自身，也着眼于这些系统的容错、安全、集中控制和社会等方面对它们的设计产生的影响。

4.4.2 CPS的架构

CPS并不是某种单独的技术，而是一种有明显体系化特征的技术框架，即以多源数据的建模为基础，包括了5个层次的构建模式，即5C技术体系架构。5C指的是连接（Connection）层、数据到信息转换（Data-to-Information Conversion）层、网络（Cyber）层、认知（Cognition）层和配置（Configuration）层，如图4.8所示。在这个架构中，CPS从最底层的物理连接到数据至信息的转化层，并通过增加先进的分析和弹性功能，最终实现所管理系统的自我配置、自我调整、自我优化的能力。

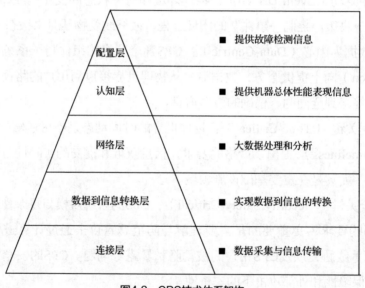

图4.8 CPS技术体系架构

（1）连接层

连接层的主要功能是以高效和可靠的方式采集数据。这一层主要负责数据的采集与信息的传输，其可能的形式之一是利用本地代理在机器上采集数据，在本地做轻量级的分析来提取特征，之后通过标准化的通信协议将特征传输至能力更强的计算平台。可以说，连接层的核心在于按照活动目标和信息分析的需求进行有所侧重的数据采集。

（2）数据到信息转换层

这一层也称为分析层。在工业环境中，数据可能来自不同的资源，包括控制器、传感器、制造系统（ERP、MES、SCM和CRM等系统）、维修记录等。这些数据或信号代表所监视机器的系统的状况，但是，该数据必须被转换成用于一个实际的应用程序的有意义的信息，包括健康评估和故障诊断。数据到信息转换层具有以人类思维为基础的抽象、分析、类比、归纳、关联等功能。

（3）网络层

一旦从机械系统获取了信息，那么如何利用它就是下一个关键环节了。网络层针对CPS的系统需求，对实体空间的装备、设施、资源和场景所构成的大数据环境进行采集、存储、建模、分析、挖掘、评估、预测、优化、协同等处理获得信息和知识，并与装备对象的设计、测试和运行性能表相结合，产生与实体空间深度融合、实时交互、互相耦合、互相更新的Cyber空间，以实时数据驱动的镜像空间动态反映实体状态。

（4）认知层

认知层综合已经获得的信息，为用户提供所监控系统的完整信息。这一层提供设备维护的可执行信息，如机器总体的性能表现、机器预测的趋势、潜在的故障、故障可能发生的时间、需要进行的维护以及最佳的维护时间等，提前确定潜在的故障。

（5）配置层

根据认知层提供的信息，CPS可以提供早期故障检测和发送健康监测信息，用户或者控制系统可以根据这些信息对设备实体进行干预，使其性能保持在用户能够接受的范围之内，避免非预期的故障停机，实现以弹性系统调整其工作负荷或制造时间表。配置层是网络空间对实体空间的反馈，其产生的新的感知又可以传回第一层，即连接层，由此形成CPS的5层架构的循环与迭代成长。

4.4.3　CPS的应用

CPS是智能制造的核心，也是工业4.0的核心。目前基于CPS的工业化应用在制造业中越来越多。德国、美国力推CPS的主要目的都和本国的经济发展有很大关系。自2013年德国推出工业4.0以来，为了更加巩固德国在工业自动化软件和智能化、数字化领域的技术优势，CPS逐渐成了德国工业4.0的理论核心。目前德国工业4.0在CPS上已经开始布局，西门子、SAP等工业软件公司开始将物联网、大数据等技术和工业制造结合在一起，形成自己的技术优势。美国在提出工业互联网战略以后，主要的发起者GE、思科等大部分企业也在信息科技领域占有优势，为了利用这些优势提升美国工业制造业的智能化水平，CPS也就自然被纳入美国发展的重点。

我国的智能制造也以CPS为重点，并提出了智能化工厂、智能化生产的目标。如我国三一重工公司通过在设备上安装通信模块，将之与后台联系起来，可以实时采集设备的运行状况，进行主动维护。目前该企业在全球有10万台设备接入后台的网络中心，通过大数据处理进行实时的远程监控预警。采用CPS系统以后，企业利润大幅度提升，生产成本大大降低。这种嵌入云计算、物联网的信息系统一旦和生产车间的MES等结合在一起，再通过大数据分析技术的处理，可以为生产环节注入新的创新因素，带来的改变也是超出预期的。

未来产品例如机床、汽车、飞机、船舶等都应该会有实体与虚拟的价值结合，虚拟世界中的代表实体状态和相互联系的模型和运算结果能够更加精确地指导实体的行动，使实体的活动相互协同和优化，实现更加高效、准确和优化的传达。CPS的应用领域如表4.2所示。以CPS在船舶上的应用为例，当海洋的环境改变时，人们可以在Cyber端分析洋流变化对船舶能耗的影响，再动态优化出当前最佳的转速和航行姿态，使船舶时刻保持最经济的状态航行。

表 4.2　CPS 的应用领域

应用领域	主要功能
智能制造	数字化设备互联互通、生产过程精细化、智能化管控、实现企业智能化转型升级
交通运输	控制系统设计、自动驾驶、智能导航、公路铁路状态自动感知、远程自动监测
环境治理	构建智慧环保、实施智能环境监测、科学决策和治理
国防工业	构建实时战场实景、突破无人载具的智能控制
国家基础设施	铁路、公路容量更大，运行更安全，智慧电网可靠性和效率更高等
农业	突破传统思维的农业远程监控，建立基于 CPS 的温室大棚远程监控系统
生物医疗	构建远程医疗、实现基于大数据的健康监测、开发功能更强的生物医疗设备
能源和工业	实现能源和工业领域无所不在的信息监视和精确控制、能源和工业与 CPS 深度融合

随着工业大数据和工业区块链技术的应用，将形成分布式智能制造网络，以终端客户需求为主导，促进工业的服务化转型。通过集成化与智能化生产，提高企业效率。通过标准化与网络化生产，降低企业生产成本。

应用案例：西门子数字化工业软件——Xcelerator解决方案组合

德国西门子公司是全球领先的技术型企业，创立于1847年，业务遍及全球200多个国家。170多年来，西门子以出众的品质和令人信赖的可靠性、领先的技术成就、不懈的创新追求，在业界独树一帜。近些年，西门子的投入主要用于电气化、自动化、数字化等领域的研发工作。西门子对数字化寄予厚望，不断在软件、硬件、系统集成等方面寻求突破，将越来越多的业务放在工业的数字化发展上。

不同于以往单纯依靠电气工程技术，西门子公司已将信息技术作为业务主驱动，瞄准物联网、云计算、大数据等技术，集成了目前全球先进的生产管理系统以及生产过程软件套件和各类硬件，如西门子产品生命周期管理（PLM）软件、工业设计软件（Comos）、全集成自动化（TIA）工程软件、过程控制系统SIMATIC. PCS 7和仿真软件Simit。这些数字化的企业软件构成了西门子工业4.0的解决方案。当前，汽车企业是西门子数字化工业软件全球最大的客户群，我国车企占到其中的35%以上，包括一汽、广汽、北汽、长城、吉利、比亚迪、奇瑞等企业。

2019年在纽约举行的西门子媒体与分析师大会上，西门子公司正式宣布将Siemens PLM Software（西门子PLM软件）重命名为Siemens Digital Industries Software（西门子数字工业软件），这个新的名称反映了西门子数字化工业在集团中的核心地位，同时体现了西门子正从产品生命周期管理行业领导者发展成为拥有广泛的工业软件和服务组合的公司。

为了帮助企业有效应对多重数字化难题，西门子公司于2019年将其自有工业互联网平台MindSphere和收购的低代码工具Mendix融合，推出了 Xcelerator 解决方案组合。Xcelerator将其软件产品组合与嵌入式开发工具和数据库集成在一起，实现了信息技术、运营技术和工程技术环境的连接，可以用于电子和机械设计、系统仿真、制造、运营和生命周期分析等。如今，Xcelerator可以实现产品生命周期管理、电子设计自动化（EDA）、应用程序生命周期管理（ALM）、制造运营管理（MOM）、嵌入式软件和物联网（IoT）等多种应用解决方案。

Xcelerator集成了西门子数字化工业软件的全部软件与服务，通过全面的数字孪生（Digital Twin）、个性化适配以及灵活的开发生态系统实现企业的数字化转型。

（1）全面的数字孪生

西门子公司一直在倡导数字孪生的闭环。所谓数字孪生，就是重塑和映射出一个与物理实体具有一模一样特征的数字虚拟化模型。由此，对实体进行研发或设计时，可以同步甚至提前在虚拟模型中进行仿真测试，相当于开展可行性研究，先行发现问题和总结经验，以避免时间和成本的浪费。以自动驾驶来说，在数字系统中模拟和仿真各种复杂路况和驾驶行为的模型，要比搭建实景和实际测试更经济，效率更高。西门子公司的设想是从生产和设计的数据中建立产品和性能的数字孪生，实现决策过程的闭环，从而持续优化产品设计和制造过程。

目前，数字孪生已经在行业内达成共识并逐渐成为发展趋势。作为工业4.0和智能制造的世界领军企业，西门子公司不断强化其数字化工业软件对数字经济的引领作用，而数字孪生正是Xcelerator核心价值的体现，它把平台企业的用户、产品、创客、互联工厂和数字服务这5个要素有效连接起来。西门子给出了实施案例。以惠普打印机为例，数字线程的运用提升了打印喷头的冷却效率。数据显示，打印喷头冷却机的流速提升了约22%，打印速度提高了约15%，产品研发速度提升了约75%，部件成本降低了约34%。

（2）个性化适配

作为一个全面集成软件和服务的组合，Xcelerator可以根据客户和行业特定需求进行个性化适配和调整，能为行业提供完整的端对端的数字主线解决方案，涵盖从设计、生产再到交付的产品全生命周期，而这恰恰是企业实现数字化的关键。另外，由于每个行业的特点不同，企业之间的特点也不同，因此Xcelerator产品组合具有定制化、高弹性的特性。而开放性的生态系统则可打通与供应链分享数据的通路，使得供应商、客户、合作伙伴以及分销商都能在一个生态系统内进行协作。

Xcelerator还能为工业物联网（Industrial Internet of Things，IIoT）云端解决方案提供可扩展的环境，可以按照用户的需求灵活部署。西门子公司还在某些软件中引入了"自适应用户界面（User Interface，UI）"的功能。自适应UI是利用人工智能算法，根据用户的使用状态，自动呈现下一步操作命令的功能。根据西门子公司的统计，自适应UI的准确率约为95%。

（3）灵活的开发生态系统

西门子公司公开了相关的生态数据，它的三维建模内核组件"Parasolid"全球用户超过400万，三维模型数据格式"JT"会员超过130名，它们已被许多公司采用，成了行业的事实标准。西门子的相关软件在全球已经积累了超过9万名开发者。

随着生态系统的发展，西门子摸索了一套与合作伙伴有效协同的方法。比如，通过与IBM公司的资产管理软件"MAXIMO"连接，可实现卡车运营时间和可用性的提升和运营成本的降低。西门子公司还与Bentley Systems合作，提供印制电路板生产线的运营状况管理方案，以及电厂的综合资产绩效解决方案。

总之，西门子公司将"工业互联网平台""低代码编程工具""灵活的开发者生态系统"组合在一起，对于解决制造业的复杂性，提高制造业的智能性，具有十分重要的借鉴意义。

本 章 小 结

本章介绍了智能制造系统中重要的4种软件系统，分别是ERP、MES、PLM和CPS。ERP不仅是一个软件，更是一种管理思想，支持离散型、流程型等混合制造环境，应用范围非常广泛。MES能够有效将计划与制造过程结合，收集企业各方面信息，并时刻更新企业信息管理系统，进而从整体上改善企业的管理效率和管理水平。PLM是智能制造系统的一个重要组成部分，它对产品从需求提出到被淘汰的整个过程进行严格的流程控制和管理，实现将离散的产品"信息孤岛"进行无缝集成，对产品各生命周期阶段有关的原始数据、在用数据、标准文档、检验数据、使用维护数据等进行管理。CPS是一个综合计算、网络和物理环境的多维复杂系统，将虚拟世界与物理资源紧密结合，强调物理世界与感知世界的交互，实现虚拟世界和物理世界的互联互感和高度协同。智能制造软件是推动制造业由大变强的关键，是智能制造的驱动决定因素所在。我国正加快推动由制造大国向制造强国转变，作为智能制造的关键支撑之一，智能制造软件对于推动制造业转型升级具有重要的战略意义。

习 题

1. 名词解释

（1）ERP　　　（2）MRP Ⅱ　　（3）MES　　　（4）I-MES

（5）PLM　　　（6）PDM　　　（7）CPS　　　（8）Deeply Embedded

2. 填空题

（1）ERP把客户需求和企业内部的制造活动以及供应商的制造资源紧密地整合在一起，体现了以_____为核心的管理思想。

（2）MRPⅡ的缺点是管理的重点在_____，没有考虑_____之间的合作。

（3）AMR提出的MES的3层模型分别是_____层、_____层和_____层。

（4）传统的MES大体上可以分为两大类，分别是_____和_____。

（5）PDM主要针对_____过程，而PLM管理的是整个产品从_____到_____的整个生命周期的所有文档。

（6）PLM的框架，按逻辑可以分成4层结构，分别是_____、_____、_____和_____。

（7）CPS又被称为_____融合系统。

（8）CPS的5C架构中，5个层次是_____、_____、_____、_____和_____。

3. 单项选择题

（1）ERP把组织看作一个（　　　）。

  A. 供应链　　　　B. 企业系统　　　C. 资源系统　　　D. 社会系统

（2）以下（　　　）不属于ERP的功能。

  A. 精益管理　　　B. 柔性管理　　　C. 财务管理　　　D. 客户关系管理

（3）MES将控制系统与信息系统整合在一起，并将生产状况及时反馈给（　　　）。

  A. 执行层　　　　B. 控制层　　　　C. 计划层　　　　D. 数据层

（4）MES中的（　　　）模块将各项操作传递给操作层，包括将操作数据传递给操作人员和将计划配方提供给设备控制层。

  A. 文档管理　　　　　　　　　　B. 质量管理

  C. 生产调度管理　　　　　　　　D. 过程管理

（5）在PLM层次结构中，ERP属于（　　　）层。

  A. 系统服务　　　B. 应用服务　　　C. 应用功能　　　D. 用户应用

（6）在PLM的客户需求管理功能中，需要按顾客订单需求配置已有产品的（　　　）。

  A. PLM　　　　B. BOM　　　　C. PDM　　　　D. CRM

（7）CPS是由运行在不同时间和空间范围的、分布式的、异构的系统组成的动态（　　　）系统。

  A. 信息　　　　B. 实时　　　　C. 混合　　　　D. 耦合

（8）CPS的一个重要特征是（　　　）。

  A. 全局虚拟，局部物理　　　　　B. 局部虚拟，局部物理

  C. 全局虚拟，全局物理　　　　　D. 局部虚拟，全局物理

4. 简答题

（1）简述ERP的发展历程以及各阶段之间的关系。

（2）简要说明MES解决了ERP中存在的哪些问题。

（3）简述PLM与PDM的区别和联系。

（4）如何在微观和宏观上理解CPS？

5. 讨论题

（1）搜集SAP公司ERP产品在我国应用的实例，并讨论其最新产品的特点。

（2）访问CIMdata公司主页，了解并讨论其PLM产品的功能。

（3）了解西门子公司的数字化工业软件Xcelerator，讨论其对智能制造业的重要性。

第5章
智能制造设计

【本章教学要点】

知识要点	掌握程度	相关知识
设计的概念	熟悉	设计的本质和 3 个基本特征
智能设计的产生	了解	CAD、CIMS 等概念
智能设计的概念	掌握	智能设计的 5 个特点
面向对象的知识表示方法	了解	对象的概念和对象表达
基于规则的智能设计方法	熟悉	产生式规则的概念和使用
基于案例的智能设计方法	掌握	基于案例的智能设计的流程和优势
基于原型的智能设计方法	熟悉	基于原型的智能设计的流程
基于约束满足的智能设计方法	了解	基于约束满足的智能设计的应用场合
智能设计系统的概念	掌握	智能设计系统的抽象层次模型
智能设计系统的关键技术	掌握	4 种人工智能方法的和 4 种智能设计策略
智能设计系统的发展趋势	了解	未来发展的 5 个方向

设计是人类智能的体现，其本质上是一种创造性的活动。在传统的设计过程中，设计智能化主要体现在设计专家的脑力劳动中，对于具有复杂性特征的实际工程问题解决和重大装备产品设计，传统的设计方法和思路越来越显现出其局限性。进入信息时代以来，以设计标准规范为基础，以软件平台为表现形式，在信息技术、计算机技术、知识工程和人工智能技术等相关技术的不断交叉融合中形成和发展的计算机辅助智能设计技术，已经成为现代设计技术最重要的组成部分之一。本章介绍设计的概念和本质、智能设计的产生、智能设计的概念、智能设计方法、智能设计系统及其关键技术、智能设计系统的发展趋势等内容。

5.1 智能设计概述

5.1.1 设计及其本质

人类的设计活动有着悠久的历史。原始人构木为巢、结绳记事是原始的设计结果；

现代人能够"上九天揽月，下五洋捉鳖"，依靠的是现代设计成就。从广义上讲，设计是指人类从事任何有目的的活动之前都要进行的构思或谋划。因此，设计无处不在、无所不需，人类文明的历史就是不断进行的设计活动的历史。

产品是设计结果的物质表现。如果设计人员所设计的产品，是以一定的技术手段来实现社会特定需求的人造系统，则称之为技术系统。一般来说，技术系统可以用图5.1来描述，它的处理对象是能量、物料和信息。其中，物质是能量和信息的载体，能量是物质运动的动力，信息是物质和能量表达的状态和方式。所以，物质、信息和能量三者是相辅相成、相互依存的关系。随着时间的变化和其他条件的影响，技术系统中会发生能量、物料和信息的变化，即能量流、物料流和信息流。其中能量包括机械能、电能、光能、核能等形式，在图5.1中用实线箭头表示；而信息往往体现在测量值、指示值、控制符号、脉冲显示等形式，在图5.1中用虚线箭头表示。采用这种描述方式，便于抓住技术系统的本质，进一步改进或开发新的技术系统。

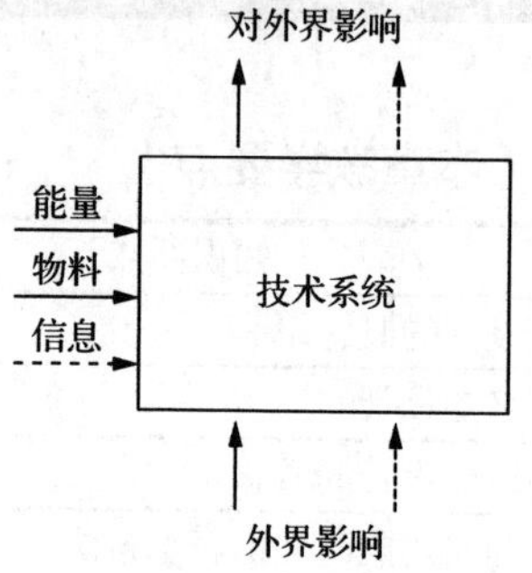

图5.1 技术系统

工程设计主要是对技术系统而言的，它是广义设计在工程技术领域的特有表现，是对技术系统进行构思和分析，并把设想变为现实的技术实践活动，旨在创造人为事物。设计从实践中来，实践是设计之源；设计回到实践中去，设计是实践之流。在人类创造人为事物的历史长河中，源流相济，回旋往复。

设计的目的是保证系统功能的实现，建立性能优良、成本低廉、价值最佳的技术系统。它在产品的整个生命周期中占据着非常关键的位置，从根本上决定着产品的内在和外在品质、质量和成本，其重要性是不言而喻的。图5.2用一条曲线显示了设计的作用：产品成本的约70%是由设计阶段决定的；而运用计算机辅助设计/计算机辅助制造（CAD/CAM）技术的工程阶段，只决定约20%的成本；生产管理阶段，则只决定约10%的成本。由此可见，设计是决定产品命运的重要环节。例如，电风扇的摇头机构，零件多且结构复杂，多年来在加工、维护等方面存在不少问题。后来出现的"鸿运扇"，其在设计方案上采取新的措施，取消了原有的摇头机构，代之以风扇前端百叶窗式的转盘，随转盘回转将风送至不同的方位。这种新颖的设计结构简单、安全、合理，外形美观，对提高风扇的使用

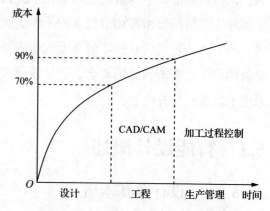

图5.2 产品成本在开发各阶段承担的份额

性能、降低其生产成本起了很好的作用。相反，设计中的失误会造成严重的损失，哪怕是设计中某些考虑不周的地方也可能产生明显的负面效应。需要说明的是，设计结果除了决定着产品的技术指标外，也决定着未来生产的经济效益和社会效益。设计越符合实际，综合效益就越好。

设计是一种创造性活动，设计的本质是创造和革新。例如，防松木螺钉虽小，却集中了木螺钉和螺丝钉的优点，既能方便地钉入，又能自锁防松。它的开发过程具有创新成分，可视为设计。从这个意义上说，创新是设计的灵魂。进行设计工作，自然离不开计算、绘图等，也需要各种设计手册的帮助，但更重要的是要突出创新的原则，通过直觉、借鉴、推理、组合等路径，探索创新的原理、方案和产品结构，做到有所发现，有所前进，把创造性贯穿于设计过程的始终。

设计的本质具有约束性、多解性、相对性等基本特征。

（1）约束性

设计是在多种因素的限制和约束下进行的，其中包括科学、技术、经济等发展状况和水平的限制，也包括生产厂家提出的特定要求和条件，同时还涉及环境、法律、社会心理、地域文化等因素。这些限制和要求构成了一组边界条件，形成了设计人员进行构思或谋划的"设计空间"。设计人员要想高水平地完成设计任务，就要善于协调各种关系，精心构思，合理取舍，而这只有充分发挥自己的创造性才能做到。

（2）多解性

解决同一个技术问题的方法是多种多样的，满足一定条件的设计方案通常也不是唯一的。任何设计对象本身都是包括多种要素构成的功能系统，其参数的选取、尺寸的确定、结构形式的设想等都具有很强的可选性。因此，设计思维的活动空间是广阔的，它为设计人员发挥创造性提供了天地。

（3）相对性

设计要求的多目标特性使得设计人员经常处于一种矛盾的状态之中。例如，既要降低成本，又要增加安全性和可靠性；既要能满足近期需要，又要照顾长远发展；既要功能全，又要体积小，如此等等。这种相互矛盾的要求给设计工作增加了难度，加上事先难以预料的一些不确定因素的影响，使得设计人员在设计方案选择和判定时，只能做到在一定条件下的相对满意。设计的这种相对性特征一方面要求设计人员必须学会辩证思考，另一方面也给设计人员提供了发挥自己创造才能的机会。

总之，设计旨在创造人为事物，但这种创造并非随心所欲，它会受到客观条件的制约，因此设计具有主观和客观双重属性。多解性和相对性就是设计主观属性的体现，约束性则反映了设计的客观属性。

5.1.2　智能设计的产生

智能设计的产生可以追溯到专家系统技术最初应用的时期，其初始形态都采用了单一知识领域的符号推理技术——设计型专家系统，这对于设计自动化技术从信息处理自动化走向知识处理自动化有着重要的意义，但设计型专家系统仅仅是为解决设计中某些困难问题的局部而产生的，这只是智能设计的初级阶段。作为计算机辅助设计（Computer Aided Design，CAD）的一个重要组成部分，智能设计在CAD发展过程中有不同的表现形式，传统的CAD系统中并没有智能设计的成分。

随着计算机集成制造系统（Computer Integrated Manufacturing System，CIMS）的迅速发展，产品设计作为企业生产的关键性环节，其重要性更加突出。为了从根本上强化企业对市场需求的快速反应能力和竞争能力，人们对设计自动化提出了更高的要求，在计算机提供知识处理自动化（这可由设计型专家系统完成）的基础上，实现决策自动化，即帮助人类设计专家在设计活动中进行决策。需要指出的是，这里所说的决策自动化绝不是排斥人类专家的自动化。恰恰相反，在大规模的集成环境下，人类专家在系统中扮演的角色将更加重要，并且永远是系统中最有创造性的知识源和关键性的决策者。因此，CIMS这样的复杂系统必定是人机结合的集成化智能系统。

【阅读案例5-1：计算机集成制造系统——CIMS】

CIMS是通过计算机软硬件，并综合运用现代管理技术、制造技术、信息技术、自动化技术、系统工程技术等，将企业生产全部过程中有关的人、技术、经营管理三要素及信息与物流有机集成并优化运行的复杂系统。制造业的各种生产经营活动，从人的手工劳动变为采用机械的、自动化的设备，并进而采用计算机是一个大的飞跃；而从计算机单机运行到集成运行是更大的一个飞跃。作为制造自动化技术的最新发展、工业自动化的革命性成果，CIMS代表当今工厂综合自动化的最高水平，被誉为"未来的工厂"。

集成和连接不同，它不是简单地把两个或多个单元连接在一起，它是将原来没有联系或联系不紧密的单元组成有一定功能的、紧密联系的新系统。两种或多种功能的集成包含着两种或多种功能之间的相互作用。集成属于系统工程中的系统综合、系统优化范畴。CIMS的集成，从宏观上看主要是以下5个方面。

（1）系统运行环境的集成。

（2）信息的集成。

（3）应用功能的集成。

（4）技术的集成。

（5）人和组织的集成。

当前，CIMS已发展为"现代集成制造（Contemporary Integrated Manufacturing）与现代集成制造系统（Contemporary Integrated Manufacturing System）"，已在广度与深

度上拓展了原CIMS的内涵。

　　智能设计的发展与CAD的发展紧密联系在一起。在CAD发展的不同阶段，设计活动中智能部分的承担者是不同的。传统CAD系统只能处理计算型工作，设计智能活动是由人类专家完成的。在智能CAD（Intelligent CAD，ICAD）阶段，智能活动由设计型专家系统完成，但由于采用单一领域符号推理技术的专家系统求解问题能力的局限，设计对象（产品）的规模和复杂性都受到限制，这样ICAD系统完成的产品设计主要还是常规设计，不过借助于计算机的支持，设计的效率大大提高。而在面向CIMS的ICAD，即I2CAD阶段，由于集成化和开放性的要求，智能活动由人机共同承担，这就是智能设计系统，它不仅可以胜任常规设计，而且可支持创新设计。因此，人机智能化设计系统是针对大规模复杂产品设计的软件系统，它是面向集成的决策自动化、高级的设计自动化系统。智能设计与CAD的发展过程如表5.1所示。

表 5.1　智能设计与 CAD 的发展过程

智能设计技术	代表形式	智能部分的承担者	阶段
传统设计技术	人工设计 / 传统 CAD	人类专家	非智能设计阶段
现代设计技术	ICAD	设计型专家系统	智能设计初级阶段
先进设计技术	I2CAD	人机智能化设计系统	智能设计高级阶段

5.1.3　智能设计的概念

　　智能设计是设计人员重要的辅助工具，它通过应用现代信息技术，模拟人类的思维活动来提高设计系统的智能水平，使设计系统能够更多地代替设计人员完成设计过程中的复杂任务。

　　可以从智能工程与智能设计关系的角度来进一步理解智能设计。

　　（1）智能工程研究的问题是决策自动化（或部分自动化）。人类在生产、工作和日常生活中有大量的决策活动，人们依据知识做决策。如果想用计算机来辅助决策，就要设法用计算机来自动化地处理各种知识，进而实现决策自动化（或部分自动化）。知识工程就是研究如何运用复合的知识模型代表人类进行各种决策活动，如何使用计算机系统来自动地处理这样的复合知识模型，从而实现决策自动化。

　　（2）设计是人类生产和生活中普遍存在而又重要的活动，包括大量、广泛地依据知识做决策的过程。例如，根据某产品的使用功能、性能指标、市场可接受价格和制造工艺条件水平的限制等因素确定产品的方案、参数直至零部件的具体结构和尺寸，显然在这个产品设计过程中包含着大量的决策工作。如果能把人类专家所依据的知识建成模型，并利用智能工程技术使得计算机系统可以自动化地处理这些知识模型，就可以实现设计过程的自动化。

（3）利用计算机系统可实现的决策自动化，其程度受两个因素的制约：一是所建立的知识模型能够在何种水平上代表决策过程；二是计算机处理这种知识模型的能力。第二个因素与计算机技术和信息处理技术的发展密切相关。第一个因素涉及相关领域知识的获取和组织。例如，对设计活动而言，建立决策过程的知识模型要包括有关设计规律的知识，这些客观规律有的已经被认识，有的还未被认识。在已被认识的规律中，有的可以用适当的模型如数学模型或符号模型表达，有的还不能找到适当的表达形式。当然，对那些还未被认识的规律就更谈不上建立知识模型了。这就说明在智能决策自动化系统里，一定要把人类专家包括进去。即使将来能完全认识到人类专家认知活动的规律性，计算机也不一定能具备专家特有的某些能力，例如创造性。但随着智能工程理论与技术的发展，随着对设计过程规律认识的深入和提高，人们建立知识模型和利用计算机系统来处理知识模型的能力将会越来越强，具体到设计领域，它标志着人类在智能设计方面的水平会越来越高。

因此，可以这么说，智能工程是智能设计的关键技术和基础，而智能设计则是智能工程的重要应用领域。

智能设计具有以下5个特点。

（1）以设计方法学为指导。智能设计的发展，从根本上取决于对设计本质的理解。设计方法学对设计本质、过程设计思维特征及其方法学的深入研究是智能设计模拟人工设计的基本依据。

（2）以人工智能技术为实现手段。借助专家系统技术在知识处理上的强大功能，结合人工神经网络和机器学习等技术，支持设计过程自动化。

（3）以传统CAD技术为数值计算和图形处理工具。提供对设计对象的优化设计、有限元分析和图形显示输出上的支持。

（4）面向集成智能化。不但支持设计的全过程，而且考虑到与CAM的集成，提供统一的数据模型和数据交换接口。

（5）提供强大的人机交互功能。使设计师能对智能设计过程进行干预，即设计师与人工智能融合成为可能。

5.2　智能设计方法

在智能设计概念被明确提出后的几十年里，智能设计方法研究取得了很大的进展，目前已演化和形成一系列较为成熟的智能设计方法。这些方法分别是依据对人类某一侧面设计行为的认知和理解并结合人工智能的技术和方法而形成的，主要有面向对象的知识表示方法、基于规则的智能设计方法、基于案例的智能设计方法、基于原型的智能设计方法、基于约束满足的智能设计方法等，这些方法对于模拟人类在常规设计活动中通过逻辑思维活动运用和加工相应类型设计知识的行为尤为重要。

5.2.1　面向对象的知识表示方法

面向对象的知识表示（Object-Oriented Knowledge Representation，OOKR）方法，是以知识所描述或针对的对象为单位来组织知识，并用对象之间的关系来表示关系型和层次型知识的一种混合型知识表示方法。这有两层含义。其一，OOKR是一种知识的组织策略，其以对象为单位对知识进行分组和封装。而对这些附属于对象的知识的具体表示形式没有特别的限定，可以是基于谓词逻辑的，也可以是基于规则或者是基于过程的，等等。OOKR这种将知识按照其描述或针对的对象来分别组织的方法缩小了知识推理的求解空间，从而能够提高知识处理系统的性能。其二，OOKR利用对象之间的关系结构来自然表达泛化、扩充、组成、依赖、使用等层次型或关系型知识。由于知识处理系统无非是一类特殊的软件系统，因此在采用面向对象技术构造的软件系统中，相应采用OOKR会与整个系统的设计和谐相融，其优越性也与面向对象程序设计的优越性是一致的。

OOKR以领域对象为中心组织知识库系统结构，对象是知识库的基本单元。面向对象的知识库结构将表达对象的属性与处理数据的知识作为一个有机整体对待。例如，关于某一机械零件的表达，不仅包括这个零件的参数，而且包括零件的几何特征、功能特征、公差以及关于该零件的所有设计知识，这些知识都将统一地表达在该零件的对象结构中。

OOKR将多种单一的知识表示方法按照对象的程序设计原则组合成一种混合知识表达形式。在OOKR中，对象是表达属性结构、相关领域知识、属性操作过程及知识使用方法的综合实体；类是一类对象的抽象描述；类的实例则是指具体的对象。对象的表达由4种集合组成，如图5.3所示。

关系集表示对象与其他对象之间的静态关系。属性集表示对象的数据，即静态属性，一个对象可以有多个属性来描述其各个特征。方法集用来存放对象中的方法，方法是封装在对象内的过程，可对发送给对象的消息进行响应。规则集用来存放产生式规则，对产生式规则按照所处理对象的不同加以分组。一个对象可以由不同的规则集来存放完全不同任务的规则，规则的使用要借助于规则推理机。

OOKR具有良好的系统化结构和模块化结构，所表达的知识可以被反复利用。与语义网络、框架相比，OOKR是更加结构化的知识表示方法，同时具有多种单一知识表示方法的优势，因而在智能设计领域应用十分广泛。

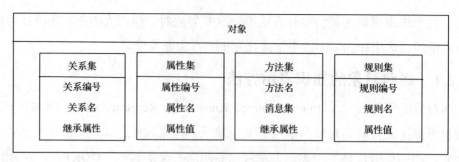

图5.3　对象的表达由4种集合组成

【阅读案例5-2：产生式规则与产生式系统】

产生式这一术语是在1943年由美国逻辑学家E. L. 波斯特（E. L. Post）首先提出的，他根据串替代规则提出了一种称为Post机的计算模型，模型中的每一条规则称为产生式。后来这一术语几经修改、扩充，被应用到许多领域。例如，形式语言中的文法规则就称为产生式。产生式也称为产生式规则，或简称规则。

产生式规则的基本形式为P→Q，或者 IF P THEN Q。P是产生式的前提，也称为前件，它给出该产生式规则可否使用的先决条件，由事实的逻辑组合来构成；Q是一组结论或操作，也称为产生式规则的后件，它指出当前提P满足时，应该推出的结论或应该执行的动作。产生式规则的含义是，如果前提P满足，则可推出结论Q或执行Q所规定的操作。

在产生式系统中，一般是利用控制器以"匹配-执行"的方式来运用这种知识。当P能与一个已证过的规则集合中的某个元素匹配时，就可以运用该产生式规则，或推出结论Q并把它放入已证过的结论集，或执行Q所代表的动作。如此循环往复地运用由一组产生式规则表示的知识，以求得最终的结论，从而解答问题或求证定理。

举一个产生式规则的例子。

R6：IF 动物有犬齿 AND 有爪 AND 眼盯前方
　　　THEN 该动物是食肉动物

其中，R6是该产生式的编号；"动物有犬齿 AND 有爪 AND 眼盯前方"是产生式的前提P；"该动物是食肉动物"是产生式的结论Q。

产生式系统（Production System）是指为解决某一问题或完成某一作业而按一定层次联结组成的认知规则系统，由综合数据库、产生式规则和控制系统3部分组成。产生式系统的优点是：① 模块性，每一产生式可以相对独立地增加、删除和修改；② 均匀性，每一个产生式表示整体知识的一个片段，易于为用户或系统的其他部分理解；③ 自然性，能自然地表示直观知识。它的缺点是执行效率低，此外每一条产生式都是一个独立的程序单元，一般相互之间不能直接调用也不彼此包含，控制不便，因而不宜用来求解理论性强的问题。

5.2.2　基于规则的智能设计方法

基于规则的设计（Rule-Based Design，RBD）方法源于人类设计者能够通过对过程性、逻辑性、经验性的设计规则进行逐步推理来完成设计的行为，是最常用的智能设计方法之一。该方法将设计问题的求解知识用产生式规则的形式表达出来，从而通过对规则形式的设计知识推理而获得设计问题的解。RBD方法也常称为"专家系统的方法"，相应的智能设计系统常称为"设计型专家系统"。

RBD的基本过程如图5.4所示，关于设计问题的各种设计规则被存储在设计规则库中，而综合数据库中存放有当前的各种事实信息。当设计开始时，关于设计问题的定义被填入综合数据库中；而后，设计推理机负责将设计规则库中设计规则的前提与当前综合数据库中的事实进行匹配，前提获得匹配的设计规则被筛选出来，成为可用设计规则组；继而，设计推理机化解多条可用规则可能带来的结论冲突并启用设计规则，从而对当前的综合数据库做出修改。这一过程被反复执行，直到达到推理目标，即产生满足设计要求的设计解为止。

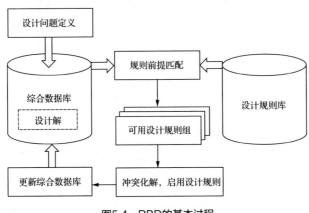

图5.4　RBD的基本过程

5.2.3　基于案例的智能设计方法

基于案例的设计（Case-Based Design，CBD）方法是通过调整或组合过去的设计解来创造新设计解的方法，是人工智能中基于案例推理（Case-Based Reasoning，CBR）技术在设计型问题中的应用，它源于人类在进行设计时总是不自觉地参考过去相似设计案例的行为。

CBD的基本过程如图5.5所示，大量设计案例被存储在设计案例库中。当设计开始时，首先根据设计问题的定义从设计案例库中搜索并提取与当前设计问题最为接近的一个或多个案例；然后，通过案例组合、案例调整等方法而得到设计问题的解；最后，设计产生的设计方案可能又被加入设计案例库中供日后其他设计问题参考使用。与RBD相比，CBD最大的特色在于，如果RBD中求解路径上的设计规则是不完整的，那么若不借助其他方法则无法完成从设计问题到设计解的推理；而对于CBD方法，即使设计案例库是不完整的，仍然能够运用该方法求解那些具有类似案例的设计问题。

案例的评价、调整或组合是CBD中的重要步骤之一。新设计问题的设计要求不可能与案例的设计要求完全一致（否则就无须重新设计），因而需要通过案例评价而找出新设计问题与设计案例之间存在的差异特征，并着重针对这些差异特征开展设计工作。调整和组合是解决差异特征的两种主要方法。调整是借助其他一些智能设计方法对原有案例进行修改而产生满足设计要求的设计解，例如基于规则的方法；组合则是通过从多个案例中分别取出设计解的可用部分，再合并形成新问题的设计解。

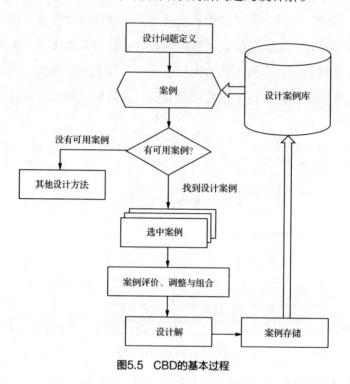

图5.5　CBD的基本过程

5.2.4　基于原型的智能设计方法

人类设计专家经常能够根据以往的设计经验把一种设计问题的解归结为一些典型的构造形式，并在遇到新的设计问题时从这些典型构造形式中选取一种作为解的结构，进而采用其他设计方法求出解的具体内容。这些针对特定设计问题归纳出的设计解的典型构造形式，即"设计原型"（Prototype）。从"设计是从功能空间中的点到属性空间中的点的映射过程"角度来理解，设计原型描述了属性空间的具体结构。这种采用设计原型作为设计解属性空间的结构并进而求解属性空间内容的设计方法，称为基于原型的设计（Prototype-Based Design，PBD）方法。

PBD的基本过程如图5.6所示，设计原型被存储在设计原型库中备用。设计开始时，首先从设计原型库中选取适用于设计问题的设计原型；然后将设计原型实例化为具体设计对象而形成设计解的结构；最后通过运用关于求解设计原型属性的各种设计知识（可以是设计规则、该原型以往的设计案例等）来求解满足设计要求的解的属性值而最终形成设计解。

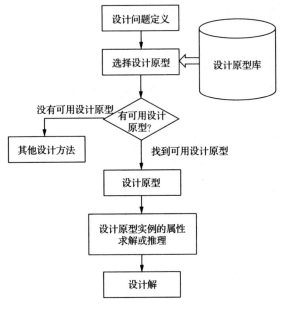

图5.6 PBD的基本过程

5.2.5 基于约束满足的智能设计方法

基于约束满足的设计（Constraint-Satisfied Design，CSD）方法是把设计视为一个约束满足的问题（Constraint-Satisfied Problem，CSP）进行求解。人工智能技术中，CSP的基本求解方法是通过搜索问题的解空间来查找满足所有问题约束的问题解。但是，智能设计与一般的CSP存在一些不同。在一个复杂设计问题中，往往涉及众多变量，搜索空间十分巨大，这使得通常很难通过搜索方法而得到真正设计问题的解。因此，CSD常常是借助其他智能设计方法产生一个设计方案，然后来判别其是否满足设计问题中的各方面约束，而单纯搜索的方法一般只用于解决设计问题中的一些局部子问题。

约束在产品几何表达方面的应用由来已久，CAD系统的"鼻祖"Sketchpad就是一个基于约束的交互式图形设计系统，这一技术一直被延伸和发展到目前的三维产品造型技术中。智能设计显然是与产品几何密不可分而需要具有几何约束的，而且对于设计对象的功能性、结构性、工程性、经济性等各个方面也都可能提出一定的约束。此外，设计中的一些常识性知识也可能通过约束来表达。需要明确的是，虽然设计约束并不被直接用于产生设计解，但它在判别设计解的正确性或可行性方面是不可缺的，因而是产品设计知识的重要组成部分。由于设计约束的内容十分丰富，因此它存在多种表达形式。常见的判断型约束常表现为谓词逻辑形式的陈述性知识，但也存在许多具有前提条件的约束。此时，约束包括前提和约束内容两部分，具有类似于规则的形式。另外，对于一些复杂约束还存在相应的特殊表示方法。

5.3 智能设计系统

5.3.1 智能设计系统概述

智能设计的目的是利用计算机全部或部分代替设计师完成设计工作，在计算机上模拟或再现设计师的创造性设计过程。人工智能系统与一般计算机系统不同，一般计算机系统处理的对象是数据，而人工智能系统处理的对象可以是数据，也可以是信息，更重要的是处理各种知识，使系统具有思维和推理能力。以往的研究集中在传统的数值计算和基于符号知识的推理的基础上，进一步的研究迫切需要从更广泛的智能行为规律及内在运行机制方面进行探讨。

（1）智能设计系统的概念

智能设计系统是面向CIMS的智能设计的高级发展阶段，是人机高度和谐、知识高度集成的设计系统。虽然它也需要采用专家系统技术，但只是将其作为自身的技术基础之一，与设计型专家系统之间存在着以下几方面的根本区别。

① 设计型专家系统只处理单一领域知识的符号推理问题，相当于模拟设计专家个体的推理活动，属于简单系统；而智能设计系统则要处理多领域知识和多种描述形式的知识，是集成化的大规模知识处理环境，需要模拟和协助人类专家群体的推理决策活动，属于人机复杂系统，这种人机复杂系统的集成性要求对跨领域知识子系统进行协调、管理、控制和冲突消解等，而且应有必要的机制（如智能界面）保证人和机器的有机结合。

② 设计型专家系统一般只能解决某一领域的特定问题，只是围绕具体产品设计模型或针对设计过程某些特定环节的模型进行符号推理，比较孤立和封闭，难以与其他知识系统集成；而智能设计系统面向整个设计过程，要考虑整个设计过程的模型，设计专家思维、推理和决策的模型（认知模型）以及设计对象（产品）的模型，特别是在CIMS环境下的并行设计，更需要体现出其整体性、集成性、并行性等。

③ 设计型专家系统解决的核心问题是模式设计，方案设计可作为其典型代表；与设计型专家系统不同，智能设计系统要解决的核心问题是创新设计，这是因为在CIMS大规模知识集成环境中，设计活动涉及多领域和多学科的知识，其影响因素错综复杂，很难抽象出有限的稳态模式。即使存在设计模式，设计模式也是千变万化的，几乎难以穷尽。这样的设计活动必定更多地带有创新色彩。

（2）智能设计系统抽象层次模型

从问题描述的角度分析，任何复杂系统都有必要抽象出统一的表达模型，通过抽象可以把复杂的问题进行分层分类，然后采用相应的处理方法。简而言之，复杂系统是由简单系统复合而成的。以具有代表意义的复杂系统计算机网络为例，计算机网络由各个节点（节点处理机）构成，要实现节点与节点之间的通信，而不造成系统的紊乱，在计算机网络中引入了协议这一术语。协议是为实现节点与节点之间的同步与协调而做出的决定。著名的ISO/OSI参考模型（七层协议）为网络通信奠定了坚实的基础。用户可以在每层上进行通信。低层次上的通信，用户考虑问题复杂一些；高层次上的通信，用户使用起来更为方便简单。对等层次上是协议，相邻层次上有接口，其下一层为上一层提供服务，通过这种层次关系，可构成复杂而运行可靠的通信网络。

参考ISO/OSI参考模型，可以总结出智能设计自身的特点，给出图5.7所示的智能设计系统抽象层次模型。图5.7的左边层次体现了智能设计过程中层与层之间的相互关联，上一层以下一层为基础，下一层为上一层提供支持和服务。同时可以看出，每一层都有自己的任务，正是这样的分层和分类，才构成了复杂系统设计的统一整体。图5.7的右边，体现了抽象层次模型在具体应用时所承担的任务，同时也呈现出如左边一样的特性。建立智能设计系统的抽象层次模型，是智能设计系统集成求解的基础。

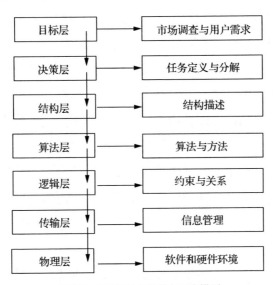

图5.7　智能设计系统抽象层次模型

① 目标层是智能设计要达到的总目标，声明系统要达到的要求，往往与市场的需求、用户的要求相关联。

② 决策层把要实现的总目标分解成子目标，并采用相应的求解方法和策略，表现为任务的分解和进一步的决策。

③ 结构层提供问题组织与表达的方法。结构层的合理确定，是保证系统统一和完整的先决条件。如目前广泛采用的面向对象的组织方式，可以为问题的描述提供有力的支持，结构层是实现集成的基础。

④ 算法层是概念设计中非常关键的一层，为决策层提供强有力的支持工具。算法层

包含所有可用的算法和方法，是问题求解的关键所在。知识工程中的专家系统技术与基于实例的推理技术以及计算智能的人工神经网络、遗传算法都可以为决策层提供支持，是求解问题的关键所在。

⑤ 逻辑层为算法层的协调和协作提供保障，逻辑层通过关系和约束把算法层联系起来，使系统融合为一个整体。

⑥ 传输层保证信息的正确和快速交换以及对信息的管理，是以上各层信息交流的平台。

⑦ 物理层提供系统运行的软硬件环境，包括信息的存储以及与其他外部设备的连通。

（3）智能设计系统的结构体系

工程设计属于负责系统设计范畴，其特点是反复试验，不断探索。从人类的思维形式角度来看，思维包含两种不同的方面，即抽象思维与形象思维。抽象思维是以抽象的概念和推论为形式的思维，概念是反映事物或现象的属性或本质的思维形式。掌握概念是进行抽象思维、从事科学创新活动的基本手段。形象思维是理性认识，不是感性认识。"意象"是对同类事物形象的一般特征的反映，形象思维表现为人类思维的形象化和图式化，运用形象思维可以激发人们的想象力和联想力。

按照思维过程是否严格遵守逻辑规则。可以将思维方式区分为逻辑思维和非逻辑思维两种。逻辑思维是严格遵循逻辑规则进行的一种思维方式，它是人们在总结思维活动经验和规律的基础上概括出来的。逻辑思维以抽象的概念作为其思维元素，操作方式主要是分析和综合、归纳和演绎。非逻辑思维不严格遵循逻辑规则，表现为更具灵活性的自由思维，往往突破常规，具有鲜明的新奇性。非逻辑思维的基本形式是联想、想象、直觉和灵感。

从人类思维的角度来看，人类思维可分为简单思维和复杂思维。简单思维与复杂思维最根本的区别在于主体拥有知识的多少和主体对客体的认识程度。人类通过劳动和学习，在前人的基础上积累知识。随着知识的不断积累，知识的形式也呈现出多种多样：理论知识和实践知识。理论知识和实践知识体现了人类知识的不同层次关系，理论知识是实践知识的抽象和升华，是具有抽象性、系统性和普遍指导意义的知识，来自实践知识又与实践知识有本质区别。实践知识是人类通过生产劳动获得的知识，虽然还不具有抽象性和系统性，但是具有实用性，是在理论知识的指导下产生的知识。理论知识和实践知识，互相促进，相互转化，螺旋式地向前发展。从认识论角度分析，人类知识可以分为过程知识、叙述知识和潜意识3类。

① 过程知识是对客观事物的精确描述，可以用准确的数学模型来表达。例如，传统

的优化设计，首先对问题进行描述，确定设计变量、约束条件和目标函数，在此基础上选用适当的求解方法，通过计算机的数字迭代，求解出满足要求的设计变量值，涉及数学模型的建立、求解速度和收敛性分析等。采用过程知识进行问题求解的前提是待求解问题的性态要求结构优良，易于收敛。

② 叙述知识是指对客观事物的描述能够用语言文字来表达。叙述知识既方便将人类知识以明确规范化的语言表达出来，也便于计算机实现。这种知识不能用严密的数学模型来刻画。叙述知识大多数表现为人类专家经验知识的归纳，以符号的形式存在。

③ 潜意识是指客观事物不能或难以用明确规范化的语言表达出来，即使专家自己也很难准确地表达，具有很强的跳跃性和非结构性，而往往这种知识是创造性设计的关键。潜意识表现为人类专家经验知识量积累到一定程度以后的一个质的飞跃，用这些经验（比如以往的成功设计规范）通过联想"想当然"地做出快速的决策。

设计师在进行设计时，采用的知识并不是单一的。问题的复杂性，决定了知识的异构性。过程知识、叙述知识和潜意识为异构知识的抽象形式，异构知识具体化的形式可以概况为过程知识、符号知识、实例知识和样本知识。在异构知识体系中，不同层次、不同形式的知识相辅相成，互为补充。

（4）智能设计系统的集成求解策略

人工智能目前主要分为三大流派。

① 符号主义（Symbolicism），又称为逻辑主义（Logicism）、心理主义（Psychologism）或计算机学派（Computerism），其原理主要为物理符号系统（即符号操作系统）假设和有限合理性原理，以专家系统（ES）和基于案例推理（CBR）为代表，统称为知识工程（KE）。

② 连接主义（Connectionism），又称为仿生学派（Bionicsism）或生理学派（Physiologism），其主要原理为神经网络及神经网络间的连接机制与学习算法，以人工神经网络（ANN）和遗传算法（GA）为代表，统称为计算智能（CI）。

③ 行为主义（Behaviorism），又称为进化主义（Evolutionism）或控制论学派（Cyberneticsism），其原理为控制论及感知-动作型控制系统，研究工作重点是模拟人在控制过程中的智能行为和作用，以20世纪80年代诞生的智能控制和智能机器人系统为其标志性成果。

表5.2是知识工程和计算智能中的4种人工智能方法的比较，在实际的智能制造设计系统中，常常是几种方法的结合。

表5.2　4种人工智能方法的比较

方法	优化能力	思维方式	学习能力	知识的可操作性	解释功能	知识形式	非线性能力
ES	较强	抽象思维	较差	一般	强	规则、符号	弱
CBR	一般	类比思维	较差	一般	一般	实例	一般
ANN	较强	联想思维	强	无	无	样本	强
GA	强	仿自然	一般	无	无	多种知识	强

在智能设计系统的集成求解策略中常用到4种求解策略，分别是基于符号知识推理求解、基于案例推理求解、基于人工神经网络求解和基于遗传算法求解，如图5.8所示。

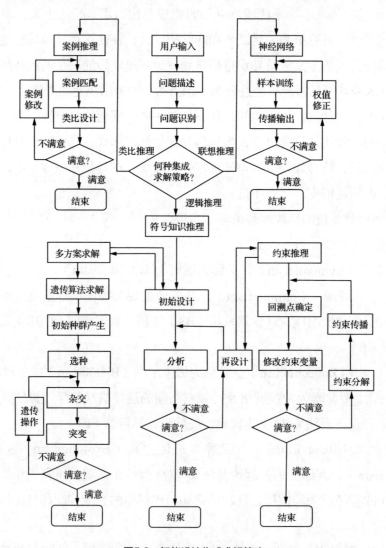

图5.8　智能设计集成求解策略

① 基于符号知识推理求解。

对于基于符号知识推理求解来说，初始设计通过专家知识的推理得到初步方案，再进一步分析推理结果，然后评价对结果是否满意。如果对结果满意，则输出结果，否则修改相关参数，重新确定新的方案。重复以上步骤直到对结果满意为止。由于工程问题的复杂性，基于符号知识推理技术在多方案的产生和再设计上非常困难，遗传算法为多方案的产生提供了有效的机制，而约束满足方法则为基于符号知识推理提供了有效的再设计手段。

② 基于案例推理求解。

对于基于案例推理求解来说，初始设计是提取相关案例，对相关案例进行类比设计，再通过对案例的评价，确定是否采用该案例，或进一步修改案例以满足设计要求。基于案例推理求解知识，属于类比思维。

③ 基于人工神经网络求解。

对于基于人工神经网络求解来说，初始设计是在样本训练的基础上，通过输入值的传播产生候选解，对候选解进行评价，若对输出结果不满意，可重新调整网络数值，增加样本或提炼样本，改进误差，直到对输出结果满意为止。人工神经网络学习处理样本知识，属于直觉思维。

④ 基于遗传算法求解。

对于基于遗传算法求解来说，初始设计是通过随机方式产生个体，再由个体选择、重组、杂交、突变，然后施用进化压力，使得个体朝着优良的方向发展，如果得到的个体最优则输出，否则进一步通过遗传操作修改个体，直到使个体满意为止。遗传算法为基于符号知识推理快速提供初始方案设计。

5.3.2　智能设计系统的关键技术

智能设计系统的关键技术包括设计过程的再认识、设计知识表示、多专家系统协同技术、再设计与自学习机制、多种推理机制的综合应用、智能化人机接口、多方案的并行设计、设计信息的集成化等。

（1）设计过程的再认识

智能设计系统的发展取决于对设计过程本身的理解。尽管人们在设计方法、设计程序和设计规律等方面进行了大量探索，但从信息化的角度看，目前的设计方法学还远不能满足设计技术发展的需求，智能设计系统的发展仍然需要探索适合计算机处理的设计理论和设计模式。

（2）设计知识表示

设计过程是一个非常复杂的过程，它涉及多种不同类型知识的应用，因此单一知识表示方式不足以有效地表达各种设计知识。建立有效的知识表示模型和有效的知识表示方式，始终是设计型专家系统成功的关键。一般采用多层知识表达模式，将元知识、定性推理知识以及数学模型和方法等相结合，根据不同类型知识的特点采用相应的表达方式，在表达能力、推理效率与可维护性等方面进行综合考虑。面向对象的知识表示、框架式的知识结构是目前采用的流行方法。

（3）多专家系统协同技术

较复杂的设计过程一般可分解为若干个环节，每个环节对应一个专家系统，多个专家系统协同合作、信息共享，并利用模糊评价和人工神经网络等方法以有效解决设计过程多学科、多目标决策与优化的难题。

（4）再设计与自学习机制

当设计结果不能满足要求时，系统应该能够返回相应的层次进行再设计，以完成局部和全局的重新设计任务。同时，可以采用归纳推理和类比推理等方法获得新的知识，总结经验，不断扩充知识库，并通过再学习达到自我完善。

（5）多种推理机制的综合应用

智能设计系统中，除了演绎推理外，还应该包括归纳推理、基于案例的类比推理、各种基于不完全知识的模糊逻辑推理方式等。基于案例的类比推理和模糊逻辑推理等是目前智能设计系统的重要特征。各种推理方式的综合应用，可以博采众长，更好地实现设计系统的智能化。

（6）智能化人机接口

良好的人机接口对智能设计系统是十分必要的。系统对自然语言的理解，对语音、文字、图形和图像的直接输入和输出是智能设计系统的重要任务。对于复杂的设计任务以及设计过程中的某些决策活动，在设计专家的参与下，可以得到更好的设计效果，从而充分发挥人与计算机各自的长处。

（7）多方案的并行设计

设计类问题是"单输入/多输出"的问题，即用户对产品提出的要求是一个，但最终设计的结果可能是多个，它们都是满足用户要求的可行的结果。设计问题的这一特点决定了智能设计系统必须具有多方案设计能力。另外，针对设计问题的复杂性，将其分成若干个子任务，采用分布式的系统结构进行并行处理，从而可有效提高系统的处理效率。

（8）设计信息的集成化

概念设计是CAD/CAPP/CAM一体化的首要环节，设计结果是详细设计与制造的信息基础，必须考虑信息的集成。应用面向对象的处理技术，实现数据的封装和模块化，是实现机械设计CAD/CAPP/CAM一体化的根本途径和有效方法。

【阅读案例5-3：计算机辅助工艺过程设计】

计算机辅助工艺过程设计（CAPP）通常是指机械产品制造工艺过程的计算机辅助设计与文档编制。CAPP的主要任务是完成产品设计信息向制造信息的传递、是连接CAD与CAM的桥梁，也是CIMS的重要组成部分。CAPP利用计算机技术辅助工艺人员设计零件从毛坯到成品的制造方法，是将企业产品设计数据转换为产品制造数据的一种技术。它从20世纪60年代末诞生以来，相关研究开发工作一直在国内外蓬勃发展，而且逐渐引起越来越多的人的重视。

CAPP技术是基于传统的人工工艺设计技术而发展起来的，引入的计算机技术对原有的人工工艺设计过程进行了优化，其主要的技术原理可以概括为以下几个方面。

（1）CAPP有效地利用了图纸中提供的产品零件数据，并以数据库的方式存储所有工艺设计中涉及的重要数据信息，实现数据信息的资源共享和随时调用。

（2）CAPP有效利用工艺设计人员的经验和掌握的工艺知识，并将这些经验和工艺知识记录下来，存储到数据库中，可丰富数据库中的信息，使工艺设计人员所掌握的工艺知识和经验能够得到很好的利用。

（3）CAPP还根据制造资源和工艺参数等，建立相应的制造资源数据库和工艺参数数据库。

（4）CAPP会根据数据库中的数据形成标准的工艺文件模式，有利于规范工艺文件的格式和工艺文件的管理。

5.3.3 智能设计系统的发展趋势

智能设计系统从单一的设计型专家系统发展到现在的智能设计系统乃是历史发展的必然，它顺应了市场对制造业的柔性、多样化、低成本、高质量、快速响应能力的要求。它具有面向集成的决策自动化功能，具有高级的设计自动化功能。随着计算机、通信网络、人工智能等技术的发展，智能设计系统的发展将呈现出智能化、虚拟化、网络化、并行化、集成化等特点。

（1）智能化

把人工智能的思想、方法和技术引入传统的CAD/CAPP/CAM等系统中，分析、归纳设计方法和工艺知识，模拟人脑的思维和推理提出设计和工艺方案，从而可以提高设计水平和工艺水平，缩短设计周期，降低设计成本。近10多年来，以知识工程为基础的专家系统的出现给CAD/CAPP/CAM的研究带来新的启发，并取得了显著的成效。它们使新的工程设计系统具有一定的智能能力，在一定程度上可以提出和选择设计方法与策略，使计算机能够辅助和支持包括概念设计与构形设计在内的设计过程的各个阶段。

（2）虚拟化

在智能设计系统中引入虚拟现实技术，通过基于自然方式的人机交互系统，利用计算机生成一个虚拟环境，并通过多种传感设备，使用户在身临其境的感觉中与可视化的设计参数进行交互，完成虚拟制样、工程分析、虚拟装配和虚拟加工等。通过三维计机模型来模拟和预测产品的功能、性能和可加工性等方面可能存在的问题，从而提高人们的设计、预测和决策水平，降低企业的设计成本和投资风险。

（3）网络化

CAD/CAPP/CAM作为计算机应用的重要方面，离不开网络技术。只有通过网络互联，才能共享资源和协调合作，实现数据的共享和交换，减少中间数据的重复输入输出过程，加速新产品设计，提高企业在市场中的竞争能力。从某种意义上讲，网络化设计就是数字化设计的一种全球化实现。

（4）并行化

采用传统的串行设计模式，在设计的早期阶段不能很好地考虑产品生命周期的各种因素，不可避免地会造成较多次设计返工。并行设计则是集成和并行地设计产品及其相关过程的系统化方法。在产品设计周期，并行地处理整个产品生命周期中的关系，可消除由串行设计过程引起的孤立和分散，最大限度地避免设计错误的产生。

（5）集成化

信息集成技术是解决在现有商品化CAD下，通过特征技术实现CAD与下游CAPP、CAM等应用系统信息集成的有效方法。这一技术的研究与开发在一般企业应用CAD提高产品设计、开发和生产效率方面有广泛的应用前景。此外，随着并行工程、敏捷制造和虚拟制造等概念和方法的出现，要求集成平台不但能够支持企业的信息集成，还能支持企业的功能集成和过程集成。集成平台应当提供开放的、面向应用领域的应用集成接口，实现应用间的功能集成。随着企业经营过程分析和使能技术的出现，过程集成已经逐渐付诸实施，其中基于工作流管理方式实现过程集成是一个可行途径。

应用案例：Autodesk公司基于云平台的三维设计软件 Fusion 360

美国Autodesk公司是三维设计、工程及娱乐软件的领导者，其产品和解决方案被广泛应用于制造业、工程建设行业和传媒娱乐业。自1982年AutoCAD正式推向市场以来，Autodesk公司已针对全球广泛的应用领域，研发出先进和完善的系列软件产品和解决方案，帮助各行业用户进行设计、可视化，并对产品和项目在真实世界中的性能表现进行仿真分析，为Autodesk公司技术在建筑、基础设施、制造、媒体和娱乐以及无线数据等各个行业中的领先铺平了道路。

如今，Autodesk公司已经成长为一家具有多样性的软件公司，可以为创建、管理和共享数字资产提供有针对性的解决方案。该公司的用户已经超过了600万，它拥有4家全球战略合作伙伴（Microsoft、Intel、Hewlett-Packard和IBM），还拥有数千名第三方开发人员。

Autodesk公司在全球90多个国家和地区建立了分公司和办事处，在全球拥有2 200多家渠道合作伙伴，其中亚太地区超过650家，全球2 000多家授权培训中心。2009年11月17日，我国教育部与Autodesk公司签署了《支持中国工程技术教育创新的合作备忘录》。根据该备忘录，双方将通过开展一系列全面而深入的合作，进一步提升我国工程技术领域教学和师资水平，促进新一代设计创新人才成长，推动我国设计创新领域可持续发展。

Fusion 360是Autodesk公司推出的一款三维可视化建模软件，它是基于云的 CAD/CAM/CAE 工具，同时适用于mac OS和Windows等的平台，可支持协作式产品开发。Fusion 360 将快速轻松的有机建模与精确的实体建模相结合，可让用户的设计成为可制造的设计。具体来说，Fusion 360具有以下功能。

（1）先进的设计思想

Fusion 360根据市场需求导向，从轮廓草图早期概念开始设计流程，使用集成概念设计工具修改早期设计概念，使用产品设计套件中的集成工具快速绘制和起草设计概念并将其转化为三维模型。

（2）三维CAD建模

Fusion 360的三维CAD建模，可通过尺寸驱动提高设计效率，增加灵感；具有基于规则的布管工具、标准件、配件库等，能与CAE进行集成；使设计与艺术（工业设计）相融合，整合造型设计、工程结构、加工制造统一平台；完成数字化虚拟样机。

（3）CAE运动仿真

Fusion 360运动分析能够随时随地进行机构仿真，可以使用三维模型中的装配约束来确定相关的刚体，生成正确的运动连接，并计算动态行为。可以快速了解设计性能，包括活动零件的位置、速度和加速度。

（4）CAE计算分析

Fusion 360的CAE计算分析，包括静、动力学分析，线性和非线性分析以及瞬态分析等功能。分析软件与三维CAD设计软件精密集成，在云中使用并行计算快速模拟许多不同的几何配置。使用应力分析工具来预测产品在实际环境中的性能。

（5）智能设计导航系统

Fusion 360将有关设计的体系、知识、模块、流程等，分解、归纳形成专家知识库，给设计人员提供依据。整个智能设计系统包括模板、标准、规范、经验、数据等，并不断积累、固化和沉淀。

（6）三维打印增材制造

Spark是Autodesk提供的开放和专业的三维打印平台，Print Studio作为Spark平台的桌面应用程序，已经集成在Fusion 360中，可以直接驱动多种类型的三维打印机器。

（7）渲染虚拟产品

用户不仅可以利用产品工程设计数据创建真实照片级图像和全景渲染、动画等丰富的产品组合的交互式可视化产品，还可以自定义产品报价，提供产品模型，及早地获得设计批准和赢得竞标。

（8）产品生命周期管理

Fusion 360 Lifecycle 能以更低的前期成本管理产品生命周期，无资本支出或安装费，包括产品数据管理（PDM）、计算机辅助测试（CAT）、质量管理系统（QMS）和产品技术服务，与管理信息系统（MIS）、制造执行系统（MES）等集成。

本 章 小 结

本章介绍了设计的概念和本质、智能设计的产生、智能设计的概念、智能设计方法、智能设计系统及其关键技术、智能设计系统的发展趋势等内容，其中智能设计和智能设计系统的概念、基于案例的智能设计方法、智能设计系统的关键技术等内容是需要重点掌握的。智能设计是一项崭新的先进设计技术，它的目的是研究如何将人工智能技术应用到产品设计中，以建造支持产品设计的智能设计系统。智能设计是当今非常活跃的前沿研究领域，完善的智能设计系统是人机高度和谐、知识高度集成的人机智能设计系统，它具有自组织能力、开放体系结构和大规模知识集成处理环境，可以对设计过程提供稳定和可靠的智能支持。

习 题

1. 名词解释

（1）设计　　　（2）智能设计　　　（3）OOKR　　　（4）RBD

（5）CBD　　　（6）PBD　　　（7）智能设计系统　　　（8）符号主义

2. 填空题

（1）设计是一种创造性活动，设计的本质是_____和_____。

（2）智能设计以_____为指导，以_____为实现手段。

（3）在OOKR中，对象的表达由4种集合组成，分别是_____、_____、_____和_____。

（4）基于规则的智能设计方法将设计问题的求解知识用_____规则的形式表达出来，相应的智能设计系统称为_____型专家系统。

（5）设计型专家系统只处理单一_____的符号推理问题，而智能设计系统则处理多_____和多种_____的知识。

（6）设计型专家系统解决的核心问题是_____设计，智能设计系统解决的核心问题是_____设计。

（7）设计类问题是"单输入/多输出"的问题，即用户对产品提出的要求是_____个，但最终设计的结果可能是_____个。

（8）随着计算机、通信网络、人工智能等技术的发展，智能设计系统发展将呈现_____、_____、_____、_____、_____等特点。

3. 单项选择题

（1）以下（　　）不是设计的本质的基本特征。

  A. 约束性   B. 多解性   C. 相对性   D. 经济性

（2）智能设计的发展与（　　）的发展紧密联系在一起。

  A. CAE   B. CAD   C. CAM   D. CAR

（3）面向对象的知识表示方法中，（　　）是知识库的基本单元。

  A. 对象   B. 方法   C. 规则   D. 属性

（4）在产生式系统中，一般是以（　　）的方式来运用知识。

  A. 搜索-执行   B. 搜索-匹配

  C. 匹配-执行   D. 执行-匹配

（5）人类设计专家经常能够根据以往的设计经验把一种设计问题的解归结为一些典型的构造形式，并在遇到新的设计问题时从这些典型构造形式中选取一种作为解的结构，进而采用其他设计方法求出解的具体内容。这就是基于（　　）的智能设计方法。

  A. 案例   B. 原型   C. 规则   D. 约束

（6）智能设计系统是面向的（　　）智能设计的高级发展阶段。

  A. CIM   B. CIMS   C. CAM   D. CAE

（7）基于案例推理求解知识，属于（　　）思维，人工神经网络学习处理样本知识，属于（　　）思维。

  A. 类比　类比   B. 类比　直觉

  C. 直觉　类比   D. 直觉　直觉

（8）智能设计系统的发展趋势不包括（　　）特点。

  A. 并行化   B. 虚拟化   C. 集成化   D. 标准化

4. 简答题

（1）简述智能设计具有的特点。

（2）画图并说明基于规则的智能设计方法。

（3）简要说明设计型专家系统和智能设计系统的区别。

5. 讨论题

（1）查阅相关资料，讨论CAPP与CAD和CAM的关系。

（2）结合本章所学的知识，讨论智能设计是否一定会替代人工设计。

（3）访问Autodesk公司的主页，了解并讨论其最新的产品和相关应用领域。

第6章
智能制造装备

【本章教学要点】

知识要点	掌握程度	相关知识
智能制造装备的概念	掌握	智能制造装备是各技术集成和深度融合的制造装备
智能制造装备的技术特征	熟悉	4 个技术特征
智能机床的概念	掌握	美国国家标准与技术研究院、日本的 Mazak 公司等提出的概念
智能机床的关键技术	了解	智能数控系统、智能基础元器件和智能化应用技术等
3D 打印设备的概念	掌握	增材制造技术，相对于传统的机加工等减材制造技术而言
3D 打印设备的技术原理	掌握	4 种常见的 3D 打印技术原理
工业机器人的概念	掌握	ISO、ISO 8373、美国机器人协会对工业机器人的定义，工业机器人的 3 个特点
工业机器人的组成结构	熟悉	工业机器人由 3 个部分和 6 个子系统组成
智能仪器仪表的简介	掌握	智能仪器仪表的发展、概念、结构原理
智能仪器仪表的功能特点	熟悉	智能仪器仪表的 5 个功能特点

随着新一代信息通信技术的快速发展及其与先进制造技术的不断深度融合，全球兴起了以智能制造为代表的新一轮产业变革，以数字化、网络化和智能化为核心特征的智能制造模式正成为产业发展和变革的主要趋势，重构全球制造业竞争新格局，是各国抢占新一轮"产业竞争制高点"的主攻方向。如今，我国智能制造发展面临发达国家"高端回流"和发展中国家"中低端分流"的双重挤压，在原有优势逐步减弱、新的优势尚未形成之时，发展以智能制造装备为核心的智能制造是我国制造业转型升级的战略选择。

作为高端装备制造业的重点发展方向和信息化与工业化深度融合的重要体现，大力培育和发展智能制造装备产业对于加快制造业转型升级，提升生产效率、技术水平和产品质量，降低能源资源消耗，实现制造过程的智能化和绿色化具有重要的意义。本章在介绍智能制造装备概况的基础上，分别介绍智能制造系统中的典型智能装备，如智能机床、3D打印设备、工业机器人、智能仪器仪表等。

6.1　智能制造装备概述

制造装备是装备制造业的基础，装备制造业是为国民经济和国防建设提供生产技术装备的基础产业，是各行业产业升级、技术进步的重要保障，是提升国家综合国力的重要基石。发展高端制造装备对带动我国产业结构优化升级、提升制造业核心竞争力具有重要战略意义。智能制造装备是具有自感知、自学习、自决策、自执行、自适应等功能的制造装备，是制造装备的核心和前沿，是加快发展高端装备制造业的有力工具。

6.1.1　智能制造装备的概念和意义

（1）智能制造装备的概念

智能制造装备是一种由先进制造技术、信息技术和智能技术等集成和深度融合的制造装备，它在制造过程中能进行系列智能活动，如感知、分析、推理、判断、决策和控制等。智能制造装备通过人与智能机器的合作共事，去扩大、延伸和部分地取代人类专家在制造过程中的脑力劳动。它把制造自动化的概念更新，扩展到柔性化、智能化和高度集成化。智能制造装备具有自感知、自学习、自决策、自执行、自适应等功能，它能将传感器及智能诊断和决策软件集成到装备中，使制造工艺能适应制造环境和制造过程的变化达到优化，先进性和智能性是其主要特征，它最终要从以人为主要决策核心的人机和谐系统向以机器为主体的自主运行方向转变。智能制造装备已经形成了完善的产业链，包括关键基础零部件、智能化高端装备、智能测控装备和重大集成装备4个环节，如图6.1所示。

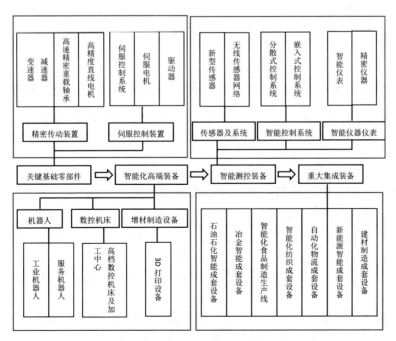

图6.1　智能制造装备产业链

（2）智能制造装备的意义

智能制造装备集制造、信息和人工智能技术于一身，作为未来高端装备制造业的重点发展方向，是数控装备的延续发展、阶段性突破和质的飞跃。智能制造装备不仅可以完成航空航天、核电、高超飞机、轨道交通等超常制造任务，其技术创新与产业发展对其他战略性新兴产业的发展也具有重要的提升与推动作用，如：高端医疗装备，包括智能康复医疗装备与机器人、智能假肢及康复训练设备；数字化智能化印刷设备，包括大型多色机组式凹版印刷机；精密测试仪器与设备，包括微纳制造科研仪器、电子制造检测设备等。可以预见，未来智能制造装备在引领制造业低碳、节能、高效发展上的作用将进一步得到显现。因此，智能制造装备是带动传统产业的升级改造，实现过程智能化、自动化、精密化、绿色化等的有力工具，是培育和发展战略性新兴产业的重要支撑。

目前，各国政府高度重视智能制造装备的研发和应用，美国、日本、欧洲部分国家已有一系列的研究成果和部分产品面世，发达国家智能制造装备产业优势明显。

我国自2009年5月《装备制造业调整和振兴规划》出台以来，对智能制造装备产业的政策支持力度不断加大，2012年国家有关部委更集中出台了一系列规划和专项政策，使得我国智能制造装备产业的发展轮廓得到进一步明晰。

当前我国智能制造装备产业虽然已经具备一定的规模和影响力，但是从质量与产业化水平来看还处于初级发展阶段。我国制造业尚处于机器化、电气化、自动化、信息化并存时期，不同地区、不同行业中各企业发展不平衡。这意味着夯实发展基础的必要性，同样也意味着后续发展潜力巨大，市场广阔。社会治理服务新品质、国际竞争新格局、国防建设新需求，不断激发出的经济发展活力和创造力，对智能制造装备提出了更高要求。中国作为世界第一制造大国，企业对于智能制造装备需求日益增强，智能制造装备供应商迎来了良好的发展机遇，我国将成为全球最大的智能制造装备需求国。

【阅读案例6-1：发达国家在数控机床领域的发展优势】

在数控机床领域，美国、德国、日本三国是当前世界数控机床生产、使用实力最强的国家，是世界数控机床技术发展、开拓的先驱。当前，世界四大国际机床展上数控机床技术方面的创新，主要来自美国、德国、日本。美国、德国、日本等国的厂商在四大国际机床展上竞相展出高精、高速、复合化、直线电机、并联机床、五轴联动、智能化、网络化、环保化机床。

美国政府高度重视数控机床的发展。美国国防部等部门不断提出机床的发展方向、科研任务并提供充足的经费，且网罗世界人才，特别讲究"效率"和"创新"，注重基础科研，因而在数控机床技术上不断有创新成果。美国以宇航尖端、汽车生产为重点，因此需求较多高性能、高档数控机床，几家机床公司如辛辛那提（Cincinnati，现为MAG下属企业）、Giddings & Lewis（MAG下属企业）、哈挺（Hardinge）、格里森（Gleason）、哈斯（Haas）等长期以来均生产高精、高效、高自动化数控机床供应市场。

德国政府一贯重视机床工业的重要战略地位，认为机床工业在整个机器制造业中最重要、最活跃、最具创造力，特别讲究"实际"与"实效"。德国的数控机床质量及性能良好，先进实用，出口遍及世界，尤其是大型、重型、精密数控机床；此外，德国还重视数控机床主机配套件的先进实用性，其机、电、液、气、光、刀具、测量数控系统等各种功能部件在质量、性能上居世界前列。如西门子公司的数控系统，均世界闻名，被竞相采用。

日本十分重视数控机床技术的研究和开发。经过长达数十年的努力，日本已经成为世界上最大的数控机床生产和供应国之一。日本生产的数控机床部分满足本国汽车工业和机械工业各部门市场需求，绝大多数用于出口，占领广大世界市场，获取很大利润。目前日本的数控机床已几乎遍及世界各个国家和地区，成为不可缺少的机械加工工具。

6.1.2 智能制造装备的技术特征

智能制造装备技术是使制造装备能够进行分析、推理、判断、构思和决策等多种智能活动，并与其他智能装备进行信息共享的技术。与传统制造装备相比，智能制造装备具有对装备运行状态与环境的实时感知、处理和分析能力，根据装备运行状态变化的自主规划和控制决策能力，对故障的自诊断自修复能力，对自身性能劣化的主动分析和维护能力，参与网络集成和网络协同的能力。

（1）装备运行状态与环境感知、识别技术

智能制造装备具有收集和理解工作环境信息、实时获取自身状态信息的能力，能够准确获取表征装备运行状态的各种信息并初步理解和加工信息，提取主要特征成分，反映装备的工作性能。实时感知能力是整个制造系统获取信息的源头。

各种传感器是智能制造装备中的基础部件，可以感知或采集环境中的图像、声音、光线，以及生产节点上的流量、位置、温度、压力等数据。智能制造装备运用传感器技术识别周边环境（如加工精度、温度、切削力、热变形、应力应变、图像信息）的功能，能够大幅度改善其对周围环境的适应能力，降低能源消耗，提高作业效率，是智能制造装备的主要发展方向之一。

（2）智能工艺规划与编程技术

智能工艺就是计算机辅助工艺过程设计（CAPP），是指在人和计算机组成的系统中，根据产品设计阶段给的信息，通过人机交互或自动的方式，确定产品的加工方法和工艺过程。智能工艺是将产品设计数据转换为产品制造数据的一种技术，也是对零件从毛坯到成品的制造方法进行规划的技术。智能工艺以计算机软硬件技术为环境支撑，借助计算机的数值计算、逻辑判断和推理功能，确定零件机械加工的工艺过程。智能工艺是连接设计与制造的桥梁，它的质量和效率直接影响企业制造资源的配置与优化、产品质量与成本、生产组织效率等，因而对实现智能生产起着重要的作用。

智能工艺系统由加工过程动态仿真、工艺过程设计模块、零件信息输入模块、控制模块、输出模块、工序决策模块、工步设计决策模块和数字化控制（Numerical Control，NC）加工指令生成模块构成，如图6.2所示。

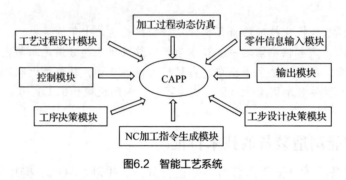

图6.2　智能工艺系统

智能工艺系统各模块功能如下。

① 加工过程动态仿真：对所生成的加工过程进行模拟，检查工艺的正确性。

② 工艺过程设计模块：对加工工艺流程进行整体规划，生成工艺过程卡，供加工与生产管理部门使用。

③ 零件信息输入模块：通过直接读取CAD数据或人机交互的方式，输入零件的结构与技术要求。

④ 控制模块：协调各模块的运行，实现人机之间的信息交流，控制零件信息的获取方式。

⑤ 输出模块：以工艺卡片形式输出产品工艺过程信息，如工艺流程图、工序卡，输出CAM数控编程所需的工艺参数文件、刀具模拟轨迹、NC加工指令，并在集成环境下共享数据。

⑥ 工序决策模块：对加工方法、加工设备及刀具等的选择，工序、工步安排与排序，刀具加工轨迹的规划，工序尺寸的计算，时间与成本的计算等方面进行决策。

⑦ 工步设计决策模块：设计工步内容，确定切削用量，提供生成NC加工控制指令所需的文件。

⑧ NC加工指令生成模块：依据工步设计决策模块提供的文件，调用NC指令代码系统，生成NC加工控制指令。

智能工艺决策专家系统是一种在特定领域内具有专家水平的计算机程序系统，它将人类专家的知识和经验以知识库的形式存入计算机，同时模拟人类专家解决问题的推理方式和思维过程，从而运用这些知识和经验对现实中的问题进行判断与决策。智能工艺决策专家系统由人机交互界面、知识库、推理机、解释机构、动态数据库、知识获取6个部分构成，如图6.3所示。其中，知识库用来存储各领域的知识，是专家系统的核心；知识获取则是专家系统知识库是否优越的关键，通过知识获取，可以扩充和修改知识库中的内容，也可以实现自动学习功能；人机交互界面是系统与用户进行交流时的界面，用户通过该界面输入基本信息、回答系统提出的相关问题，并获得输出推理结果及相关的解释等；推理机控制并执行对问题的求解，它根据已知事实，利用知识库中的知识按一定推理方法和搜索策略进行推理，得到问题的答案或证实某一结论；动态数据库用于存储推理过程中所需的原始数据、中间结果和最终结论；解释机构能够根据用户的提问，对结论、求解过程做出说明，因而使专家系统更具有人情味。

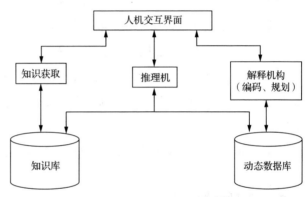

图6.3 智能工艺决策专家系统

（3）智能数控技术

数控技术即数字化控制技术，是一种采用计算机对机械加工过程中的各种控制信息进行数字化运算和处理，并通过高性能的驱动单元，实现机械执行构件自动化控制的技术。而智能数控技术是指数控系统或部件能够通过对自身功能结构的自整定（设备不断修正某些预先设定的值，以在短时间内达到最佳工作状态的功能）改变运行状态，从而自主适应外界环境参数变化的技术。智能数控技术是智能数控装备、智能数控加工技术和智能数控系统的统称。

① 智能数控装备：智能数控机床是最具代表性的智能数控装备之一。它能了解制造的整个过程，能监控、诊断和修正生产过程中出现的各类偏差并提供最优生产方案。换句话说，智能机床能够收集、发出信息并进行自主思考和决策，因而能够自动满足柔性和高效生产系统的要求。

② 智能数控加工技术：智能数控加工技术包括自动化编程软件与技术、数控加工工艺分析技术、加工过程及参数化优化技术等。

③ 智能数控系统：智能数控系统是实现智能制造系统的重要基础单元，由各种功能模块构成。智能数控系统包括硬件平台、软件技术和伺服协议等。智能数控系统具有多功能化、集成化、智能化和绿色化等特征。

（4）性能预测与智能维护技术

预测制造系统是具备能够预测分析设备性能和估算故障时间的智能软件的制造系统，进行设备性能的预测分析和故障时间的估算能够减少不确定因素的影响，为用户提供预先的缓和措施及解决对策，减少生产运营中产能与效率的损失。

智能维护是采用性能衰退分析和预测方法，结合现代电子信息技术，使设备达到近乎零故障性能的一种新型维护技术。智能维护是一种基于主动的维护模式，重点在于信息分析、性能衰退过程预测、维护优化、应需式监测（以信息传送为主）的技术开发与应用，产品和设备的维护体现了预防性要求，从而达到近乎零故障性能及自我维护。

性能预测与智能维护包括以下几个关键技术。

① 突破在线和远程状态监测及故障诊断的关键技术，建立制造过程状况的参数表征体系及其与装备性能表征指标的映射关系。

② 研究失效智能识别、自愈合调控与智能维护技术，完善失效特征提取方法和实时处理技术，建立表征装备性能、加工状态的最优特征集，最终实现对故障的自诊断、自修复。

③ 实现重大装备的寿命测试和剩余寿命预测，对可靠性与精度保持性进行评估。

6.2　智能机床

机床被称为制造业的"工作母机"，是衡量一个国家制造业水平的战略物资。智能机床以其自身具备可替代高度熟练技能者的智能化功能，减轻操作人员工作负担，帮助解决现代制造业所面临的产品多样化、更新换代迅速、市场需求发生重大变化等各种问题。目前，我国机床行业正面临巨大的转型升级压力，智能化机床还未取得实质性的发展突破和显著的研究成效，仍处于起步阶段。随着大数据、云计算和人工智能技术不断取得革命性突破，新一代人工智能技术与数控机床融合形成的新一代智能机床，将为数控机床产业带来新的变化。智能机床的出现和广泛应用，将使机械加工全面走向高层次的智能制造。今后，数控机床的智能水平还会不断提升。

6.2.1　智能机床的概念

关于智能机床目前还没有统一明确的定义，各国专家、学者给出了不同的见解，下面分别对具有代表性的定义进行简要介绍。

（1）美国国家标准与技术研究院（National Institute of Standards and Technology，NIST）下属的制造工程实验室（Manufacturing Engineering Laboratory，MEL）认为智能

机床应具备以下特征：知晓自身加工能力和状态，能够与操作人员交流共享自身信息；能够对自身的加工状况进行检测和优化；能够评估所加工产品的质量；具备自学习的能力。

（2）日本马扎克（Mazak）公司认为，智能机床自身能代替高熟练技术人员的经验技术，自行分析加工状态、环境，自我监控，自行采取相应措施从而保证加工最优化。

从广义的角度来讲，智能机床指的是以人为核心，发挥机器协助作用，通过将自动感知、智能决策、智能执行科学合理地应用，组合各项智能功能来确保相应的制造系统高效、优质、低碳运行，为加工机械的优化运行提供可行性保证。狭义智能机床定义为在加工制造的过程中能科学合理地辅助决策，智能检测、智能调节、自动感知的机床，确保加工制造过程的高效、优质、低碳运行。狭义智能机床定义强调的是单机所具有的智能功能和对加工过程多目标优化的支持性，而广义智能机床定义强调的是在以人为中心、人机协调的宗旨下，机床以及一定方式组合的加工设备或生产线所具有的智能功能和对制造系统多目标优化运行的支持性。

智能机床的出现，为未来装备制造业实现全盘生产自动化创造了条件，智能机床通过自动抑制振动、减少热变形、防止干涉、自动调节润滑油量、减少噪声等方面的优化，可提高机床的加工精度、效率。对于进一步发展集成制造系统来说，单个机床自动化水平的提高可以减少人在管理机床方面的工作量，为技术人员节省更多的时间和精力用于解决机床之外的复杂事项，帮助进一步发展智能机床和智能系统。同时，数控系统的开发创新对机床智能化起到了极大作用。它能够收容大量信息，对各种信息进行存储、分析、处理、判断、调节、优化、控制等。智能机床还具有重要功能，如工夹具数据库、对话型编程、刀具路径检验、工序加工时间分析、开工时间状况解析、实际加工负荷监视、加工导航、调节、优化，以及适应控制等。

【公司介绍：Mazak公司】

Mazak公司是一家全球知名的机床生产制造商，市场占有率常年稳居第一。公司成立于1919年，主要生产CNC车床、复合车铣加工中心、立式加工中心、卧式加工中心、CNC激光系统、FMS柔性生产系统、CAD/CAM系统、生产支持软件等。客户主要分布于在汽车、机械、电子、能源、医疗等不同行业。作为世界领先的机床制造商，Mazak公司的产品素以智能化、复合化、自动化、节能环保等技术在行业内著称，在金属加工领域为众多行业做出贡献。

作为全球化公司，Mazak公司自20世纪70年代开始国际化运营，目前在全世界共有10处生产基地，分布于日本、美国、英国、新加坡和中国。此外，Mazak公司还在全球设立了80多处技术中心和服务中心，技术、生产、服务辐射面积广。Mazak公司虽然已经是一个年销售额高达几十亿美元的机床企业，却仍然是没有上市的家族企业。它担心成为上市公司后被股价、股东所左右，董事会做出的决议可能只顾及短期利润，如产品科技含量降低的批量生产、为降低价格甚至偷工减料等，而这些都是违背Mazak公司经营理念的。Mazak公司拒绝了上市的"诱惑"，自己承担风险，这必然决定了它管理的严格性和人事的稳定性。同时，Mazak公司高管目光长远，重视产品研发和人才培养。

Mazak公司的"DONE IN ONE"，指的是一种从素材到完成品为止的整个加工过程仅仅通过一台机床来完成的崭新的生产思想，在设备费用的削减、机器设置空间的缩减、高精度化、从生产到交货时间的缩减、能源削减等多方面都可以获得所期待的效果。一把刀具，一台机床，完成全部加工，这台机床实际上变成了一个"智能化工厂"。这种高科技含量的"一次完成"的机床远非普通的复合加工的加工中心可比。SMOOTH PROCESS SUPPORT（SPS）系统则是一款致力于为客户构建高度智能化工厂的管理系统。通过SPS系统的应用，智能化工厂可以通过软件将信息技术用于产品设计、制造及管理等全生命周期中，使得工艺、程序、计划等生产准备提前展开。作业者只需读懂信息配合机床即可完成任务，以达到提高制造效率和质量、降低制造成本、实现敏捷响应市场，是工业工程与信息技术的完美融合。

Mazak公司的成功离不开日本工业化的大背景，但能有今天的成绩，更多的是其自身的因素。注重产品研发和人才培养，注重用户需求和承担社会责任，立足自身、脚踏实地，无一不是其成功的基石。

6.2.2　智能机床的发展

智能机床的发展主要经历了以下3个阶段。

（1）电气化阶段

自19世纪30年代起，电动机的发明和投入使用推动了加工装备的电气化驱动，手动机床开始向机、电、液高效自动化机床和自动线发展，主要帮助减少体力劳动。

（2）数字化阶段

20世纪中叶，计算机的诞生实现了计算机和加工装备的良好结合，带来数控机床的发展，通过数控程序可以实现机床自动化操作和加工。自1952年第一台数控机床问世，在数控技术走向成熟的30余年和获得大规模应用的20余年中，数控机床依次分别经历了纳米化、高速化、复合化、五轴联动化等技术发展阶段。

（3）智能化阶段

2006年智能机床在国际上的出现，标志着现代机床技术在发展的道路上又迈出了重大步伐。在目标明确的条件下，智能机床能对自己进行监控，可自行分析众多与加工状态、环境相关的因素，最后自行采取应对措施来保证最优化的加工效果。智能机床在数控机床的基础上集成了若干智能控制软件和模块，从而实现工艺的自动优化，显著提升装备的加工质量和效率。

早在20世纪80年代，美国就曾提出过研究发展"适应控制"机床并进行了各种试验，但由于许多自动化环节的问题（如自动检测、自动调节、自动补偿等）没有解决，研究进展较慢。后来"适应控制"首先实现于电加工机床（EDM）方面，通过对放电间隙、加工工艺参数进行自动选择和调节，提高了机床加工精度、效率和自动化。随后，美国政府出资创建了智能机床启动平台（SMPI）机构，这是一个由公司、政府部门和机床厂商组成的联合体，加速了对智能机床的研究。

2006年9月在IMTS展会上展出的日本Mazak公司研发制造的智能机床，则向未来理想的"适应控制"机床方面大大前进了一步。这种智能机床具有如下6个功能。

（1）能自动抑制振动。

（2）能自动测量和自动补偿，减少高速主轴、立柱、床身热变形的影响。

（3）有自动防止刀具和工件碰撞的功能。

（4）有自动补充润滑油和抑制噪声的功能。

（5）数控系统具有特殊的人机对话功能，在编程时能在监测画面上显示出刀具轨迹等，进一步提高了切削效率。

（6）能进行机床故障远程诊段。

近年来，随着"互联网+"技术的不断推进，以及互联网和数控机床的融合发展，互联网、物联网、智能传感技术开始应用到数控机床的远程服务、状态监控、故障诊断、维护管理等方面，国内外机床企业开展了一定的研究和实践。Mazak公司、Okuma公司、FANUC公司等纷纷推出了各自的互联网+机床。互联网+机床控制原理如图6.4所示。互联网+机床增加了传感器，增强了对加工状态的感知能力。人和机床之间存在数控系统，加工信息通过G代码输入数控系统中，由数控系统操控机床，实现对机床的运动控制。应用工业互联网进行设备的连接互通，实现机床状态数据的采集和汇聚，同时对采集到的数据进行分析与处理，实现机床加工过程的实时或非实时的反馈控制。

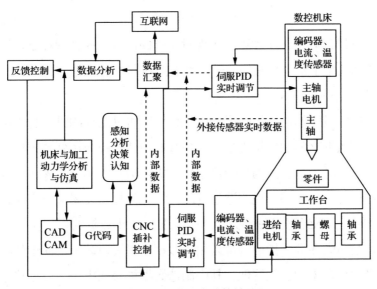

图6.4 互联网+机床控制原理

在此后的发展过程中，数控机床将在现有技术基础上，由机械运动的自动化向信息控制的智能化方向发展，其发展速度和高度将取决于人才、科研、创新、合作4个方面。2006年IMTS展出的这种智能机床还需要进一步的完善、提高，包括在机、电、液、气、光元件和控制系统方面，在加工工艺参数的自动收集、存储、调节、控制、优化方面，在智能化、网络化、集成化后的可靠性、稳定性、耐用性等方面，都还需要进一步深入研究和创新。

6.2.3　智能机床关键技术

目前工业界对智能机床的研究涉及面比较广，主要包含智能数控系统、智能基础元器件和智能化应用技术等。下面分别针对这些领域的关键技术进行简要阐述。

（1）智能数控系统

智能数控系统是智能机床最关键的部分，直接决定了数控机床的智能化水平。智能数控是在传统数控技术的基础上发展而来的，集成了开放式数控系统架构、大数据采集与分析技术等关键技术。

① 开放式数控系统架构。

开放式数控系统主要是指数控系统依照公开性原则进行开发，将其应用于机床之中，从而使硬件具备互换性、扩展性和操作性。开放式数控系统的结构组成可以分为两部分，分别为系统平台和应用软件。系统平台主要是对机床运动部件实行数字量控制的基础部件，其中主要包含硬件和软件平台，用于运行数控系统中的应用软件。硬件平台是实现系统功能的物理实体，包含微处理器系统、电源系统等。这些系统可以分为多种类型，主要靠操作系统的支撑来执行各项任务。软件平台能够将硬件平台和应用软件相互联系到一起，它是数控系统体系的中心，由操作系统、通信系统相互连接而成，只有利用软件平台的支撑，应用软件才可以实现对系统硬件资源的合理控制。软件平台自身性能从很大一方面决定了整个系统的性能，可以提升应用软件的研制效率。

② 大数据采集与分析技术。

伴随着现代数控机床的性能不断提升，现代机床可以支撑的设备种类逐渐增多，与此同时，对于不同数据之间的采集需求，大多数的传感器被应用到数控机床之中。机床数据采集类型各种各样，主要分为指令信息、力矩电流和主轴电流等，这些设备不但可以有效管理制造过程，还能够实现制造过程的优化。从技术发展情况来看，要想实现大数据分析过程优化，就必须分为3部分。首先，实现机床数据的可视化，它是数据分析和决策的依据，当前大多数数控系统都采用了数据采集接口装置，便于从中获取数据信息。再者，可以实现数据智能化管理，其中制造数据被获取出来之后，建立这些数据和加工过程之间的联系，并且利用人工分析影响加工效率的原因，对其展开优化。最后，实现数据人工智能化管理。

（2）智能基础元器件

数控加工过程是一种动态、非线性、时变和非确定性的过程，其中伴随着大量复杂的物理现象，它要求数控机床具有状态监测、误差补偿与故障诊断等智能化功能，而具备工况感知与识别功能的基础元器件是实现上述功能的先决条件。传感器是现代数控机床中非常重要的元器件，它们能够实时采集加工过程中的位移、加速度、振动、温度、噪声、切削力、转矩等制造数据，并将这些数据传送至控制系统参与计算与控制。

（3）智能化应用技术

在数控机床中搭载具有开放性架构、大数据采集与分析等功能的智能数控系统，并嵌入必要的智能基础元器件，数控机床便具备了智能化的必要条件。在此基础上，可以根据实际需求开发出智能化应用程序并嵌入数控系统中，使设备能够充分发挥其最佳效能，提升产品制造质量，并实现设备的健康监控与故障诊断等。国内外对于数控机床的智能化应用技术研究主要集中于机床的运行、管理、维护、编程的智能化，涉及机床热误差、几何误差等的补偿，以及机床振动检测与抑制，机床防碰撞，机床故障诊断与维护，刀具磨损与破损的自动检测等方面，下面简要介绍几种智能机床的应用技术。

① 智能化热误差补偿技术。

在机床运行中，环境温度上升以及电机等发热，会使热量传导到机械部件上，可能会导致机械精度发生变化，进而对工件加工精度产生影响。所以，一般来说对高精度机床的使用环境，都要求是恒温车间。普通环境下温度的变化，会使数控机床进给系统、主轴系统等产生热变形，这种情况下就需要通过热误差补偿来提高机床的定位精度和重复定位精度。为了消除温度变化或是自身摩擦造成的温升影响，一般来说热误差补偿器要有温度变化数据测量、热误差建模、误差补偿等功能。首先通常在数控机床靠近丝杠处安装温度传感器，通过温度传感器对进给系统关键部件丝杠的温度进行测量，热误差补偿器中的热误差补偿模型实时计算各坐标轴所修的位移补偿值，然后通过数控系统完成实时热误差的补偿。

② 3D防碰撞技术。

在复合加工机、五面体加工中心、五轴联动机床的操作、加工中，因机床结构复杂、切削加工路径繁复等原因，工具、刀具与被加工件及机床易发生碰撞，威胁加工设备及操作人员的安全。要解决这种问题，必须有赖于这类数控加工设备配置的3D防碰撞功能。其工作过程为，由机床操作员将机床构件、工具、夹具及机件的有关参数直接输入数控系统内，构建出这些潜在碰撞物体精密的三维模型；在根据操作员的指令进行手动操作或根据加工程序的指令操控机床自动运行前，数控系统会使用三维模型和当前的刀具运行轨迹进行碰撞危险性的检查和判断；如果计算的最后一条极坐标运动轨迹与上述三维模型相互交叉，对相关程序语句将不予执行，机床停止运动，并同时通知操作人员。

6.2.4 典型智能机床介绍

智能机床通过其热误差补偿功能、振动的自抑制功能和智能刀具监控技术等，可以达到对振动、温度、刀具磨损的自动监控与补偿，从而提高机床的加工精度、效率和加工的稳定性、安全性。同时，机床智能化程度的不断提高，可以大大减少人在管理机床方面的工作量，使人们能够把更多的精力和时间用来解决机床以外的复杂问题。目前，国内外学者和机床厂家对智能机床进行了大量的基础研究与产品开发，具有代表性的产品主要有日本的Mazak、Okuma和瑞士的Mikron机床。典型产品及特点如下。

（1）Mazak的智能机床。Mazak将智能机床定义为机床能对自身进行监控，可自行分析众多与机床、加工状态、环境有关的信息及其他因素，能够自行采取应对措施来保证最优化的加工。当前 Mazak的智能机床能实现以下四大智能：主动振动控制功能，即将机床加工过程中的振动减至最小；智能热屏障技术，实现加工中机床的热位移控制；智能安全屏障，用于防止机床与刀具之间的碰撞；进行语音提示，便于用户操作和使用。

（2）Okuma的智能机床。在2006年的IMTS展会上，日本Okuma公司展出了名为"Thinc"的智能数字控制系统（Intelligent Numerical Control System）。其名为英文"Think"的谐音词，表明它具备思想能力。Okuma认为当前经典的数控系统的设计（结构）、执行和使用3个方面已经过时，对它进行根本性变革的时机已经到来。Okuma 的智能数字控制系统Thinc 不仅可以在不受人干预的情况下，针对变化了的情况做出"聪明的决策"（Smart Decision），还可使机床到了用户处后，以增量的方式使其功能在应用中不断自行增长，并会更加适应新的情况和需求，更加能容错，易于编程和使用。随着计算机技术的不断发展，用户可以自行对其进行升级换代。总之，在不受人工干预的情况下，该机床可为用户带来更高的生产效率。

（3）Mikron智能机床模块。瑞士Mikron公司的系列化模块（软件和硬件）是该公司在智能机床领域的成果。目前，Mikron智能机床共推出了4个功能模块：高级工艺控制系统（APS）、智能热控制（ITC）系统、智能操作者支持系统（OSS）和远距离通知系统（RNS）。这些模块的目标是将切削加工过程变得更透明、让控制更为方便。

Mikron的高级工艺控制系统模块是"智能机床"的一套监视系统，使用户能观察和控制铣削加工过程。借助这个高度智能化的系统，用户能在铣削过程中直接观察到切削力情况，因此能更好地控制加工过程和优化加工工艺，保障高性能、高速切削。远距离通知系统可以实现空间上完全分离的操作者与机床能够保持实时联系，机床可以以短消息的形式将加工状态发送到相关人员的手机上，缺少刀具时也可以通知工具室和供应商，发生故障时则通知维修部门等。智能热控制系统关注切削热对加工造成的影响，该系统采用温度传感器实现对主轴切削端温度变化的实时监控，并将这些温度变化反应至数控系统，数控系统中内置了热补偿经验值的智能热控制模块，可根据温度变化自动调整刀尖位置，避免了 z 方向的严重漂移。采用智能热控制系统的机床大大提高了加工精度，缩短了机床预热时间且无须人工干预，提高了零件的加工效率。智能操作者支持系统使得操作人员能够根据工件的结构和加工要求，通过简单的参数设置实现加工过程的优化。

6.3 3D打印设备

1986年，美国科学家查尔斯·赫尔（Charles Hull）根据紫外线灯照射液态的树脂膜会使其固化的原理，开发了第一台商业3D打印机（3D Printer），是3D打印技术的起源。1989年，美国人卡尔·罗伯特·德卡德（Carl Robert Deckard）发明了激光选区烧结（SLS）技术，选材范围进一步扩大，理论上几乎所有的粉末材料都可以进行打印，如尼龙、腊、ABS、金属和陶瓷粉末等都可以作为原材料。1995年，美国麻省理工学院几名学生借用喷墨打印机的原理，通过将打印机墨盒里的墨水替换成胶水，用喷射出来的胶水来黏结粉末床上的粉末，从而可以打印出一些立体的物品。这种打印方法被称作3D打印。美国的Z-corporation公司从麻省理工学院获得唯一授权并开始开发3D打印机。

经过了30多年的快速发展，3D打印技术越来越成熟，各种新型原材料、元器件正以惊人的速度不断涌现。3D打印将从过去的主要用于原型制造逐步演化为用于规范化生活，在建筑、土木工程、医疗行业、汽车、航空航天、教育、地理信息、珠宝、鞋类等领域都取得了广泛的应用。美国《时代》周刊将3D打印行业列为"美国十大增长最快的工业"，英国《经济学》杂志表示未来生产与生活模式将受到3D打印技术的影响，这项技术可能改变制造商品的方式，并改变世界的经济格局，进而改变人类生活方式。

【阅读案例6-2：3D打印技术应用于癌症病灶切除】

2015年3月15日，北京清华长庚医院首任执行院长董家鸿教授率领该院肝胆胰外科医师团队，利用3D打印技术，成功完成10例胆道癌症病灶精准根治性切除。通过3D技术实现胆道癌症病灶的精确根治性切除，在我国为首创，在国际上也处于先进行列。

董家鸿教授介绍说，近年来，3D打印技术在临床医学中已有诸多应用，除制作康复辅具、假肢和医疗模型等体外医疗器械，随着第三代3D打印技术的发展，在制作组织器官的代替品上也日趋成熟。3D打印技术在准确定位病灶与重要脉管结构的关系上发挥了重要作用，不但可以快速制造出与术中大小、位置完全一致的透明化3D模型，也使外科医生跳出"凭空想象"的窘境，在术前即可从多维度真实预见术中情形，明确重要管道的走向，制定手术路径和程序并预演手术。在3D打印技术的辅助下，外科医生可借助肝脏及解剖机构的3D图形，精确定位病灶并确定手术路径，实现完整切除病灶和避免重要解剖结构损伤的多目标优化。以前只能通过电脑实现的3D效果，现在通过3D打印后将1∶1的比例模型带入手术室与术中患者进行比对，实时引导重要管道的分离和病灶的切除，提高手术的根治性切除率，同时降低手术风险，最终实现患者获益最大化。这种方式也有助于术中讨论以及对年轻医生进行培训。

6.3.1　3D打印概述

3D打印技术是一种通过CAD和制造软件引导，设计数据逐层累加材料的方法制造实体的技术，是材料技术、黏结技术和打印技术融合创新的产物。3D打印技术又称增材制造技术，是相对于传统的机加工等减材制造技术而言的，是基于离散/堆积原理，通过材料的"自下而上"逐渐积累来实现制造的技术，其基本原理是叠层制造。自20世纪80年代美国出现第一台商用光固化成型机后，3D打印技术在多年的时间得到了快速发展，从前期主要用于原型制造以消除复杂形状对加工制造的限制，发展到如今越来越多地应用于零件和成品制造。期间也被称为"材料累加制造"（Material Increase Manufacturing）、"快速原型"（Rapid Prototyping）、"分层制造"（Layered Manufacturing）、"实体自由制造"（Solid Free-form Fabrication）等。名称各异的叫法分别从不同侧面表达了该技术的特点。

美国材料与试验协会（American Society for Testing and Materials，ASTM）F42国际委员会对增材制造和3D打印有明确的概念定义："增材制造是依据三维CAD数据将材料连接制作物体的过程，相对于减材制造，它通常是逐层累加过程。3D打印是指采用打印头、喷嘴或其他打印技术沉积材料来制造物体的技术，3D打印也常用来表示增材制造技术，在特指设备时，3D打印是指相对价格或总体功能相对低端的增材制造设备。"从广义的原理来看，以设计数据为基础，将材料（包括液体、粉材、线材或块材等）自动化地累加起来成为实体结构的制造方法，都可视为3D打印（增材制造）技术。

3D打印机内部装有液体或粉末等"打印材料"，利用计算机将零件的3D模型切成一系列一定厚度的"薄片"，3D打印设备自下而上地制造出每一层"薄片"，最后把计算机上的三维蓝图叠加成实物。3D打印流程如图6.5所示。这种制造技术不需要传统的刀具、夹具及多道加工工序，利用三维设计数据在一台设备上可快速而精确地制造出几乎任意复杂形状的零件，从而实现"自由制造"。3D打印技术可以实现许多过去难以加工的复杂结构零件的制造，并大大减少加工工序，缩短加工周期。而且越是复杂结构的产品，其制造的提速效果越显著。

3D打印具有如下特点和优势。

（1）数字制造：借助CAD等软件将产品结构数字化，驱动机器设备加工制造成器件；数字化文件还可借助网络进行传递，实现异地分散化制造的生产模式。

（2）降维制造（分层制造）：即把三维结构的物体先分解成二维层状结构，逐层累加形成三维物品。因此，原理上3D打印技术可以制造出几乎任何复杂的结构，而且制造过程更柔性化。

（3）堆积制造："从下而上"的堆积方式对于实现非匀致材料、具有功能梯度的器件更有优势。

（4）直接制造：几乎任何高性能、难成型的部件均可通过"打印"方式一次性直接制造出来，不需要通过组装拼接等复杂过程来实现。

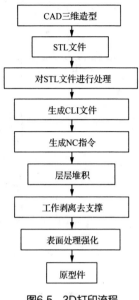

图6.5 3D打印流程

（5）快速制造：3D打印制造工艺流程短、全自动、可实现现场制造，因此，制造更快速、更高效。

【阅读案例6-3：国内高校有关3D打印技术的研究】

20世纪90年代，西北工业大学、北京航空航天大学等高校就开始了有关激光快速成型技术的研究。西北工业大学建立了激光快速成型系统，针对多种金属材料开展了工艺实验，近年来西北工业大学团队采用3D打印技术打印了最大尺寸3m、重达196kg的飞机钛合金上缘条。北京航空航天大学同样在大尺寸钛合金零件的3D打印方面开展了深入的研究，在"十一五"期间，采用激光熔丝沉积方法制备出了大型钛合金主承力结构件。华中科技大学在激光选区熔化和激光选区烧结方面开展了很多工作，对金属材料及高分子材料的3D打印进行了研究，并且开发了拥有自主知识产权的SLM设备——HRPM系列粉末熔化成型设备。西安交通大学在生物医学用内置物的3D打印及金属材料的激光熔丝沉积成型方面开展了工作，完成了多例骨科3D打印个性化修复结构的临床案例，通过激光熔丝沉积制备了发动机叶片原型，最薄处可达0.8mm，并具有定向晶组织结构。清华大学在国内也较早地开展了3D打印技术研究，研究领域主要是在电子束选区熔化（EBM）技术方面，并且研发了相关的3D打印设备。

6.3.2 常见的3D打印技术原理

根据3D打印所用材料的状态及成型方法，3D打印常用技术及使用材料如表6.1所示。有代表性的3D打印技术主要有熔丝沉积成型（Fused Deposition Modeling，FDM）、立体光固化成型（Stereo Lithography Appearance，SLA）、电子束自由成型制造（Electron Beam Freeform Fabrication，EBF）、激光选区烧结（Selective Laser Sintering，SLS）、分层实体制造（Laminated Object Manufacturing，LOM）等。

表6.1　3D打印常技术及使用材料

类型	累积技术	基本材料
挤压线	熔丝沉积成型（FDM）	热塑性塑料，共晶系统金属、可食用材料
	电子束自由成型制造（EBF）	几乎任何合金
粒状	直接金属激光烧结（DLMS）	几乎任何合金
	电子束熔化成型（EBM）	钛合金
	选择性激光熔化成型（SLM）	钛合金、钴铬合金、不锈钢、铝
	选择性热烧结（SHS）	热塑性粉末
	激光选区烧结（SLS）	热塑性粉末、金属粉末、陶瓷粉末
粉末层喷头3D打印	石膏3D打印（PP）	石膏
层压	分层实体制造（LOM）	纸、金属膜、塑料薄膜
光聚合	立体光固化成型（SLA）	光硬化树脂
	数字光处理（DLP）	光硬化树脂

（1）熔丝沉积成型

熔丝沉积又称熔融沉积，它是将丝状热熔性材料加热融化，通过带有一个微细喷嘴的喷头挤喷出来。热熔材料融化后从喷嘴喷出，沉积在制作面板或者前一层已固化的材料上，温度低于固化温度后开始固化，通过材料的层层堆积形成最终成品。熔丝沉积成型原理如图6.6所示。其使用的材料一般是热塑性材料，如ABS、蜡、尼龙等。

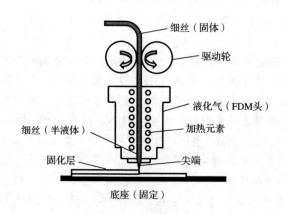

图6.6　熔丝沉积成型原理

该技术的优点为系统构造原理和操作简单、成本低、材料的利用率高、去支撑简单等，在3D打印技术中，FDM的机械结构最简单，设计也最容易，制造成本、维护成本和材料成本也最低，因此也是在家用的桌面级3D打印机中使用最多的技术；其缺点是成型件的表面有明显的条纹、沿成型轴垂直方向的强度比较低、需要设计与制作支撑结构。目前随着技术的发展和产品的需要，出现了多喷头FDM和气压式FDM，可以实现多种材料的混合打印。

（2）立体光固化成型

立体光固化成型技术是使用特定波长与强度的激光聚焦到光固化材料表面，使之由点到线、由线到面按顺序凝固，完成一个层片的绘图作业，然后升降台在垂直方向移动一个层厚的高度，再固化另一个层片，从而层层叠加构成一个三维实体。SLA技术最早由美国的查尔斯·赫尔博士提出，并在1986年申请获得专利，经过几十年的发展，立体光固化成型已成为目前众多的基于材料累加法3D打印中发展最成熟、在工业领域使用最为广泛的方式之一。

立体光固化成型技术是利用紫外激光逐层扫描液态的光敏聚合物（如丙烯酸树脂、环氧树脂等）实现液态材料的固化，逐渐堆积成型的技术。它的成型原理如图6.7所示，以液态光敏树脂为加工材料，计算机控制紫外激光束按加工零件的分层截面信息逐层对光敏树脂进行扫描，使其产生光聚合反应，每次固化形成零件的一个薄层截面；每一层固化完毕之后，工作平台移动一个层厚的高度，然后在原先固化好的树脂表面再涂敷一层新的液态树脂，以便进行下一层扫描固化；新固化的一层牢固地黏合在前一层上，如此重复直至零件原型制造完毕。这种技术可以制作结构复杂的零件，零件精度及材料的利用率高，原材料的利用率将近100%，尺寸精度高（±0.1mm），表面质量优良，可以制作结构十分复杂的模型。缺点是能用于成型的材料种类少，工艺成本高，制成品在光照下会逐渐解体。

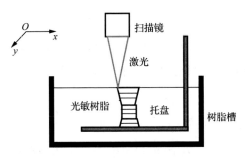

图6.7　立体光固化成型原理

（3）激光选区烧结

激光选区烧结技术利用激光照射有选择地分层烧结固体粉末，由计算机控制层叠堆积成型。整个工艺装置由粉末缸和成型缸组成，一般的步骤是：在激光束开始扫描前，粉末缸活塞上升，由水平铺粉刮刀将金属粉末材料在成型缸的基板上均匀铺上一层，然后计算机根据原型的切片模型控制激光束在该层截面上扫描，使粉末温度升至熔点从而烧结形成黏接，加工出当前层的轮廓。粉末加工完成一层后，使工作活塞下降一个层厚的距离，铺粉刮刀在加工好的层面上铺上新的金属粉末，激光束再选择性地熔化粉末。

接着不断重复铺粉、烧结的过程，如此层层加工，直至使整个模型成型。整个加工过程在抽真空或通有气体保护的加工室中进行，以避免金属在高温下与其他气体发生反应。

SLS工艺的优点是适用面广，不仅能制造陶瓷、石蜡等材料的零件，还可以打印金属材料和多种热塑性塑料，如尼龙、聚碳酸酯、聚丙烯酸酯类、聚苯乙烯、聚氯乙烯、高密度聚乙烯等。打印时无须支撑，打印的零件机械性能好、强度高；缺点是材料粉末比较松散，烧结后成型精度不高，且高功率的激光器价格昂贵。

（4）分层实体制造

分层实体制造主要由计算机、材料存储及送进机构、热黏压机构、激光切割系统、可升降工作台、数控系统和机架等组成。其工作原理为：首先在工作台上制作基底，工作台下降，送纸滚筒送进一个步距的纸材，工作台回升，热压滚筒滚压背面涂有热熔胶的纸材，将当前叠层与原来制作好的叠层或基底粘贴在一起，切片软件根据模型当前层面的轮廓控制激光器进行层面切割，逐层制作，当全部叠层制作完毕后，再将多余废料去除。LOM常用材料主要是硬纸、金属箔、塑料薄膜、陶瓷膜等薄层材料。此方法除了可以制造模具、模型外，还可以直接制造结构件或功能件。该技术具有原材料价格便宜、制作尺寸大、无须支撑结构、操作方便等优点，同时也具有工件表面有台阶纹、工件的抗拉强度和弹性差、易吸湿膨胀等缺点。

6.3.3　3D打印技术发展的趋势与面临的挑战

（1）3D打印技术发展的趋势

随着智能制造的逐渐成熟和现代技术的不断发展，3D打印已逐步应用于生活中的各个领域，可以说几乎任何需要模型和原型的行业都能应用到3D打印机。3D打印技术面临着新的发展趋势，其未来的发展将使大规模的个性化生产成为必然，也可能会给全球制造业带来重大变革。

① 向日常消费品制造方向发展。

3D打印设备可以直接将计算机中的三维图形输出为三维彩色物体，对杯子、桌椅、玩具、灯具、刀叉、吸尘器、衣柜、家电等家用日常生活用品均可以进行个性化设计并打印出来。3D打印在产品创意、工艺美术、工业造型等方面有着广泛的应用前景和巨大商业价值，其发展面向高精度、低成本、高性能。

② 向功能零件制造发展。

采用激光或电子束直接熔化金属粉，逐层堆叠金属，形成金属直接成型技术。该技术可以直接制造复杂结构金属功能零件，制件力学性能足以达到锻件性能指标。进一步的发展方向是提高性能和精度，同时向陶瓷零件的增材制造技术和复合材料的增材制造技术发展。

③ 向智能化装备发展。

目前增材制造设备在软件功能和后处理方面还有许多问题需要优化，这些问题直接影响设备的使用和推广，设备智能化是其走向普及的保证。

④ 向组织与结构一体化制造发展。

3D打印技术实现了从微观组织到宏观结构的可控制造。支撑生物组织制造、复合材料等复杂结构零件的制造给制造技术带来革命性发展。

（2）3D打印技术面临的挑战

3D打印技术已经取得显著的进展，但就目前而言，在技术和产业层面仍面临以下挑战。

① 打印材料的强度、加工精度等性能指标不够理想。

由于3D打印工艺发展还不完善，快速成型零件的精度和表面质量大多不能满足工程直接使用要求。如今，质量稳定性和工艺过程一致性是用金属材料进行3D打印所面临的最大挑战，外部电压不稳定、环境温度变化、装备精密程度不够等因素，都有可能导致产品的内部组织和结构产生缺陷。这种缺陷往往难以检测和修复，会导致零部件的机械性能降低，影响使用寿命，甚至造成安全隐患。正因为在质量稳定性方面缺乏可靠的监测手段和实用经验，3D打印目前还不适用于高端装备核心零部件的直接生产。

而使用非金属材料进行3D打印则会带来产品尺寸精度不够和表面粗糙的问题。如采用熔丝沉积成型、粉末喷射等原理的3D打印机，往往加工精度相对较低，并且产品加工完成后还需手工打磨、清洗。另外，在加工一些特殊结构时，需要生成辅助支撑结构，加工完成后还需手动去除并打磨以保持表面干净整洁。

② 时间、能源等方面的边际成本制约3D打印的产业规模。

人们的需求正向"大规模个性化"不断靠近，需要在数量充足的前提下，尽可能丰富产品种类，满足多样化、个性化需求。但目前，3D打印技术并不适用于大批量产品的制造，与传统制造方式相比消耗的时间、能源成本明显过高。因此，3D打印技术将和传统制造方式分别占据两个不同层面的市场。在未来相当长的时间内，3D打印技术在单件小批量、个性化定制和网络社区化生产方面具有优势，以满足多样化、个性化需求和某些时效性强、门类特殊的细分市场。而传统制造方式适用于批量生产制造，在规模化生产方面占据优势地位，市场份额较大。

③ 可用材料种类的有限性影响3D打印技术的推广。

材料种类有限性是目前制约3D打印技术广泛应用的关键因素。虽然3D打印作为一种先进的生产方式，已在多个领域成功运用，但应用范围较有限，尚不能成为主要的生产技术。目前已研发的材料主要有塑料、树脂和金属等，然而3D打印技术要实现更多领域的应用，就需要开发出更多的可打印材料，根据材料特点深入研究加工、结构与材料之间的关系，开发质量测试程序和方法，建立材料性能数据的规范性标准等。

④ 知识产权的保护不足，阻碍3D打印技术的创新发展。

3D打印技术是一种数字模型直接驱动的成型制造方式，而数字模型作为3D打印技术普及应用的关键因素，其构建需要聚集设计人员大量创新性思维与活动，代表了设计人员的创新和知识贡献，因此建立合理的产品数字模型的知识产权保护机制十分重要。3D打印技术的出现使制造业的成功不再取决于生产规模，而更取决于创意。然而，模仿者和创新者都能轻而易举地在市场上快速推出新产品，极有可能面临盗版的威胁。目前在全球范围内，相关知识产权保护机制尚处于空白，需要建立知识产权保护机制，制定行业内普遍认可和遵守的标准协议，构成一定的强制约束力。

6.4 工业机器人

机器人技术被认为是对未来新兴产业发展具有重要意义的高新技术之一，机器人被称作"制造业皇冠上的明珠"。国际机器人联合会（International Federation of Robotics，IFR）将机器人定义如下：机器人是一种半自主或全自主工作的机器，它能完成有益于人类的工作，应用于生产过程称为工业机器人，应用于特殊环境称为专用机器人（特种机器人），应用于家庭或直接服务人称为（家政）服务机器人。机器人应是自动化机器，而不应该理解为像人一样的机器。国际标准化组织（International Organization for Standardization，ISO）对机器人的定义：机器人是一种自动的、位置可控的、具有编程能力的多功能机械手，这种机械手具有几个轴，能够借助于可编程序操作处理各种材料、零件、工具和专用装置，以执行种种任务。

6.4.1 工业机器人的概念

"工业机器人"一词由《美国金属市场报》于1960年提出，ISO对工业机器人的定义：工业机器人是一种具有自动控制的操作和移动功能，能够完成各种作业的可编程操作机。ISO 8373提出更具体的解释：工业机器人有自动控制与再编程、多用途功能，机器人操作机有3个或3个以上的可编程轴，在工业机器人自动化应用中，机器人的底座可固定也可移动。美国机器人协会将工业机器人定义如下：用来进行搬运机械部件或工件的、可编程序的多功能操作器，或通过改变程序可以完成各种工作的特殊机械装置。这一定义现已被国际标准化组织所采纳。总的来说，工业机器人是综合了计算机科学技术、机械工程技术、电子工程技术、信息传感器技术、控制理论、机构学、人工智能学、仿生学等而形成的高新技术。

在计算机技术、网络技术、微机电系统（Micro Electro Mechanical System，MEMS）技术等新技术发展的推动下，机器人技术不管是在传统的工业制造行业还是在新兴的医疗服务、教育娱乐、勘探勘测、生物工程、救灾救援等领域都能得到广泛应用。工业机器人具有工作效率高、稳定可靠、重复精度好、能在高危环境下作业等优势，不仅可解放人工劳动力，而且对节约材料和降低生产成本有着十分重要的意义。随着智能化水平的逐渐提高，工业机器人在各行业的应用越来越普遍，其广泛应用正在日益改变人类的生产和生活方式，工业机器人技术的发展水平也已经成为一个国家工业自动化水平的重要标志。一般来说，工业机器人有以下3个特点。

（1）可编程

生产自动化的进一步发展是柔性自动化。工业机器人作为柔性制造系统的重要组成部分，可根据其工作环境变化的需要而再编程，因此它在小批量、多品种且具有均衡高效率的柔性制造过程中能发挥很好的功用。

（2）拟人化

工业机器人在机械结构上有类似人的腿部、足部、腰部、大臂、小臂、手腕、手掌等部分。此外，智能化工业机器人还有许多类似人体器官的"生物传感器"，如皮肤型接触传感器、力传感器、负载传感器、视觉传感器、声觉传感器等。通过传感器工业机器人能感知工作环境，形成自适应能力。

（3）通用性

工业机器人一般分为专用与通用两类。除了专门设计的专用的工业机器人外，一般工业机器人在执行不同的作业任务时具有较好的通用性，只要更换不同的末端执行器就能完成不同的工业生产任务。

【阅读案例6-4：国际机器人联合会报告：全球前十自动化程度最高的国家】

国际机器人联合会主席米尔顿·格瑞（Milton Guerry）表示："机器人密度是相对于工人数量的运作中工业机器人的数量。透过对这种水准的测算，可以比较一段时间内不同经济规模的国家在动态自动化竞赛中的表现。"根据国际机器人联合会发表的最新世界机器人统计资料得出的结果显示，制造业的机器人平均密度创下了每1万名员工113台的全球纪录。从地区角度来看，西欧（225台）和北欧（204台）的自动化程度最高，其次是北美（153台）和东南亚（119台）。

6.4.2　工业机器人基本组成结构

工业机器人的基本组成结构是实现机器人功能的基础，一般来说，工业机器人由3个部分和6个子系统组成。其中3个部分是机械部分、传感部分和控制部分。6个子系统可分为驱动系统、机械结构系统、感知系统、机器人-环境交互系统、人机交互系统和控制系统。工业机器人的基本组成结构如图6.8所示。

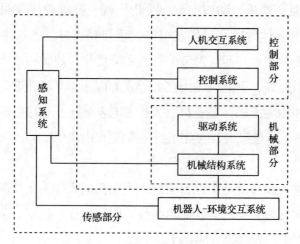

图6.8　工业机器人基本组成结构

（1）机械部分

机械部分是机器人的"血肉"组成部分，也就是我们常说的机器人本体部分。这部分可以分为两个系统。

①驱动系统。

要使机器人运行起来，就需给各个"关节"即每个运动自由度安置传感装置和传动装置，这就是驱动系统。驱动系统传动部分可以是液压传动系统、气动传动系统、电动传动系统，也可以是把它们结合起来应用的综合传动系统；或者通过同步带、链条、轮系、谐波齿轮等机械传动机构进行间接驱动。

②机械结构系统。

工业机器人机械结构主要由4部分构成：机身、臂部、腕部和手部。每一个部分具有若干的自由度，共同构成一个具有多自由度的机械系统。末端操作器是直接安装在手腕上的一个重要部件，它可以是"多手指的手爪"，也可以是喷漆枪或者焊具等作业工具。

（2）传感部分

传感部分就好比人类的五官，为机器人工作提供"感觉"，帮助机器人工作更加精确。这部分主要可以分为两个系统。

①感知系统。

感知系统由内部传感器模块和外部传感器模块组成，用于获取内部和外部环境状态中有意义的信息。内部传感器是用来检测机器人本身状态（如手臂间的角度）的传感器，多为检测位置和角度的传感器；外部传感器是用来检测机器人所处环境（如检测物体距离）及状况（如检测抓取的物体是否滑落）的传感器。智能传感器系统的使用可以提高机器人的机动性、适应性和智能化的水准。人的感知系统对外部环境信息的感知是十分灵敏的，然而对于一些特殊的信息，传感器的灵敏度甚至可以超越人的感知系统的灵敏度。

② 机器人-环境交互系统。

机器人-环境交互系统是实现工业机器人与外部环境中的设备相互联系和协调的系统。工业机器人与外部设备集成为一个功能单元，如加工制造单元、焊接单元、装配单元等。也可以是多台机器人、多台机床设备或者多个零件存储装置等集成为一个能执行复杂任务的功能单元。

（3）控制部分

控制部分相当于机器人的大脑部分，可以直接或者通过人工对机器人的动作进行控制，控制部分也可以分为两个系统。

① 人机交互系统。

人机交互系统是使操作人员参与机器人控制并与机器人进行联系的装置，例如，计算机的标准终端、指令控制台、信息显示板、危险信号警报器、示教盒等。简单来说该系统可以分为两大部分：指令给定系统和信息显示装置。

② 控制系统。

控制系统主要根据机器人的作业指令程序以及从传感器反馈回来的信号，控制机器人的执行机构去完成规定的运动和功能。如控制工业机器人在工作空间中的活动范围、姿势和轨迹、运动的时间等。若机器人不具备信息反馈特征，则该控制系统称为开环控制系统；若机器人具备信息反馈特征，则该控制系统称为闭环控制系统。根据控制原理，控制系统可以分为程序控制系统、适应性控制系统和人工智能控制系统3种。根据运动形式，控制系统可以分为点位控制系统和轨迹控制系统两类。

这3个部分和6个子系统的协调作业能使工业机器人成为高精密度的机械设备，并且具备工作精度高、稳定性强、工作速度快等特点，可为企业提高生产效率和产品质量奠定基础。

6.4.3　国内外工业机器人发展概况

（1）工业机器人发展历程

现代工业机器人的发展开始于20世纪中期。为了满足大批量产品制造的迫切需求，伴随着计算机、自动化及原子能的快速发展，1952年第一台数控机床问世。数控机床的控制系统、伺服电动机、减速器等关键零部件为工业机器人的开发打下了坚实的基础；同时，在原子能等核辐射环境下的作业，因有害健康或有生命危险等因素不适于人工操作，迫切需要特殊环境作业机械臂代替人进行放射性物质的操作与处理，基于此种需求，1947年美国阿尔贡研究所研发了遥操作机械手，1948年接着研制了机械式的主从机械手。1962年美国的 AMF 公司推出的"UNIMATE"，是工业机器人较早的实用机型，其控制方式与数控机床类似，但在外形上由类似人的手和臂的结构组成。20 世纪 80 年代，世界工业生产技术上的高度自动化和集成化高速发展使工业机器人得到进一步发展。在这个时期，工业机器人对世界整个工业经济的发展起到了关键性作用。

（2）国外工业机器人的发展现状

美国是机器人的诞生地，早在1962年就研制出世界上第一台工业机器人，比起号称"机器人王国"的日本起步至少要早五六年。20世纪80年代末期，美国政府开始重视工业机器人的研发并提出相应鼓励政策，为制造业的发展带来了先进的科技与足够劳动力。日本素有"机器人王国"之称，自1967年从美国引进了工业机器人，随着经济增长带动工业机器人需求不断增多，其工业机器人的发展令人瞩目，无论是机器人的数量还是机器人的密度都位居世界第一。日本在经历了短暂的摇篮期之后，快速跨过实用期，迈入普及提高期。在20世纪80年代至90年代初期，日本的工业机器人可谓处于繁荣鼎盛时期，似乎无所不能。然而，自20世纪90年代中期开始，随着欧洲和北美工业机器人产业的崛起，国际市场的格局发生了明显的变化。在度过了几年的低迷期之后，21世纪初日本的工业机器人又开始重新焕发生机，尤其是我国和其他周边国家对工业机器人需求的增长，以及日本本国早年工业机器人因服务期限而带来的更新换代的需求，对日本工业机器人的发展发挥了积极的作用。目前日本已成为世界上拥有最先进机器人技术的国家之一。

谈及国际工业机器人产业，著名的公司有瑞典的ABB，日本的FANUC、安川电机（YASKAWA），美国的Adept Technology，德国的库卡（KUKA），意大利的COMAU等。其中以ABB、库卡、FANUC、安川电机为代表的"四大家族"，在各个技术领域内各有所长。ABB的核心领域在控制系统，库卡的核心领域在系统集成应用与本体制造，FANUC的核心领域在数控系统，安川电机的核心领域在伺服电机与运动控制器。

ABB制造的工业机器人广泛应用在焊接、装配、铸造、密封涂胶、材料处理、包装、喷漆、水切割等领域。ABB强调机器人本身的整体性，核心技术是运动控制系统。掌握了运动控制技术的ABB可以不断实现循径精度、运动速度、周期时间、可程序设计等机器人性能的改善，大幅度提高生产的质量、效率及可靠性。库卡机器人广泛应用在仪器、汽车、航天、食品、制药、医学、铸造、塑料等领域。技术创新是库卡每天的课题，这家企业定义的检测误差是在0.01mm之内。其以严谨的态度将机械臂的精确度控制在毫厘之间，并确保在运作上万小时后，仍能将误差控制在可控范围之内。FANUC素有"机器人界的微软"之称，其工业机器人最突出的竞争优势在于精度极高，据悉，其多功能六轴小型机器人的重复定位精度可达到0.02mm。因此，其产品在轻负载、高精度的应用领域的市场非常畅销。安川电机生产的伺服和运动控制器都是制造机器人的关键零件，其相继开发了焊接、装配、涂装、搬运等各种各样的自动化作业机器人。其核心工业机器人产品包括点焊和弧焊机器人、油漆和处理机器人、LCD玻璃板传输机器人和半导体晶片传输机器人等。该公司是最早将工业机器人应用到半导体生产领域的厂商之一。其机器人稳定性好，但精度略差。

在国际上，工业机器人技术在制造业应用范围越来越广阔，其标准化、模块化、智能化和网络化的程度也越来越高，功能越来越强，并向着成套技术和装备的方向发展，工业机器人自动化生产线成套装备已成为自动化装备的主流及未来的发展方向。

（3）我国工业机器人的发展现状

20世纪70年代初期，世界机器人发展慢慢成熟，我国工业机器人的研发起步于此时。刚开始处于萌芽期，经济水平低且科技水平不足，导致前十年发展十分缓慢。从20世纪80年代"七五"科技攻关开始起步，在国家科技攻关项目特别是"863"计划的支持下，我国工业机器人技术不断趋于成熟，逐渐形成产业化生产基地，并且有大量研究机构及高等院校参与研发制造，我国工业机器人发展跨出了一大步。2013年我国已成为全球第一大工业机器人市场。2014年我国销售的机器人达到5.7万台，同比增长56%，占全球销量的25%。

当前，随着我国人口红利逐渐消失，劳动力成本快速上涨，生产方式向柔性、智能、精细转变，构建以智能制造为根本特征的新型制造体系迫在眉睫，对工业机器人的需求将大幅增长。与此同时，老龄化社会服务、医疗康复、救灾救援、公共安全、教育娱乐、重大科学研究等领域对服务机器人的需求也呈现出快速增长的趋势。把握国际机器人产业发展趋势、整合资源、制定对策、抓住机遇、营造良好发展环境，对大力发展我国机器人产业具有重要意义。

（4）工业机器人的发展趋势

工业机器人在许多生产领域的使用实践证明，它在提高生产自动化水平，提高劳动生产率、产品质量及经济效益，改善工人劳动条件等方面有着令世人瞩目的作用。世界工业机器人市场被普遍看好，各国都在期待机器人的应用研究有技术上的突破。从近几年推出的产品来看，工业机器人技术正在向智能化、模块化和系统化的方向发展。当今工业机器人的发展趋势主要有以下几个方面。

① 工业机器人性能不断提高（高速度、高精度、高可靠性、便于操作和维修），而单机价格不断下降。

② 机械结构向模块化、可重构化发展。例如关节模块中的伺服电机、减速机、检测系统三位一体化；可用关节模块、连杆模块等以重组方式构造机器人。

③ 工业机器人控制系统向基于 PC 的开放型控制器方向发展，便于标准化，网络化；元器件集成度提高，控制柜日渐小巧，采用模块化结构，可大大提高系统的可靠性、易操作性和可维修性。

④ 机器人中的传感器作用日益重要，除采用传统的位置、速度、加速度等传感器外，视觉、力觉、声觉、触觉等多传感器的融合技术在产品化系统中已有成熟应用。

⑤ 机器人化机械开始兴起。从 1994 年美国开发出"虚拟轴机床"以来，这种新型装置已成为国际研究的热点之一，各国纷纷探索、开拓其实际应用的领域。

综合国内外研究和应用现状，工业机器人的总体发展趋势是，从狭义的机器人概念向广义的机器人技术概念转移，从工业机器人产业向解决方案业务的机器人技术产业发展是总体趋势。机器人技术的内涵已变为灵活应用机器人技术的、具有实际动作功能的智能化系统。机器人结构越来越灵巧，控制系统愈来愈小，智能也越来越高，并且正朝着一体化方向发展。

6.5　智能仪器仪表

智能仪器仪表是制造行业迈向智能建设的基础，是智能制造的"眼"和"手"，仪器仪表的智能化程度从某种程度也决定了智能制造的"智慧化"程度。当前，受国家鼓励政策和制造业竞争日趋激烈等因素影响，制造业智能化升级风潮渐起，这一趋势无疑将对智能仪器仪表的发展产生深远的影响，促进智能仪器仪表行业的快速发展。智能仪器仪表不仅能解决传统仪器仪表不易解决或不能解决的问题，还能简化仪器仪表电路，提高仪器仪表可靠性，更容易达到高精度、高性能、多功能的目的，因此迅速地在家用电器、科研单位和工业企业中得到广泛应用。

6.5.1　智能仪器仪表简介

纵观智能仪器仪表的发展历史，可以发现仪器仪表作为实现信息的获取、转换、存储、处理和揭示物质运动规律的必备工具，其每次进步与突破在很大程度上可以反映出一个国家生产力的发展情况。

（1）20世纪50年代初期，仪器仪表取得重大突破，数字技术的出现使各种数字仪器得以问世，把模拟仪器的精度、分辨力与测量速度提高了几个量级，为实现测试自动化打下了良好的基础。

（2）20世纪60年代中期，计算机的引入使仪器的功能发生了质的变化，测试技术又一次取得了重大进展：从个别电量的测试转变成整个系统的特征参数测试；从单纯的接收、显示转变为控制、分析、处理、计算与显示输出；从用单个仪器进行测量转变成用测量系统进行测量。

（3）20世纪70年代，计算机技术在仪器仪表中的进一步渗透，使现代电子仪器在传统的时域与频域之外，又出现了数据域测试。

（4）20世纪80年代中期，由于微处理器被用到仪器中，仪器前面板开始朝键盘化方向发展，过去直观的用于调节时基或幅度的旋转度盘，选择电压电流等量程或功能的滑动开关，通、断开关键已经消失。

（5）20世纪90年代，微电子技术与计算机科学技术巨大进步，智能仪器以及计算机系统本身的发展使其硬件结构及软件内涵复杂化。

（6）进入21世纪，智能仪器仪表最大的特点是嵌入式系统和网络技术的结合。嵌入式系统软硬件的快速发展带动智能仪器仪表进入更广阔的应用领域，使得仪器仪表朝微型化、多功能化及高性能方向发展；网络技术的进步则为智能仪器仪表打开新天地，无线的、有线的网络仪器仪表在各个领域随处可见。

智能仪器仪表是计算机技术与测量仪器相结合的产物，是以计算机科学、微电子学、微机械学和材料科学等为理论基础，完成信息传感、信号检测、信号处理、信号通信及过程控制等任务，具有自学习、自校正、自适应等功能的装置与系统。智能仪器仪表含有微处理器，能进行数据的存储、计算、逻辑判断、自动化操作等，其结构原理如图6.9所示。

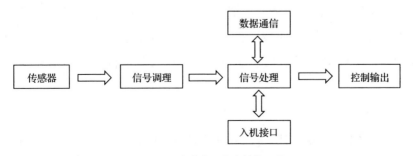

图6.9　智能仪器仪表结构原理

【阅读案例6-5：厦门宇电打造高端测控仪表民族品牌】

厦门宇电自动化科技有限公司是一家专业提供高端智能测控仪表产品的高新技术企业，产品包括云端智能控制器、智能温控器/调节器、导轨安装模块、电力仪表等多种倡导节能环保的工业自动化产品。这些产品适用于晶体生长、超导材料及精密实验设备等高端领域，广泛应用于制药、建材、冶金、热电、石化、食品机械等各类工业、科研及民用现场。

现如今智能化已经成为仪器仪表发展中不可逆转的趋势，仪器仪表的性能和精度也随之提升，向着高可靠、高精度、高稳定、低功耗的特点迈进。厦门宇电自动化科技有限公司技术总监粟晓立表示："伴随智能制造、新基建等国家战略的落地，宇电紧抓市场发展机遇，坚持以客户为中心，通过深耕仪表行业，发挥自主创新优势，驱动产品研发创新，不断提高产品质量、营销服务和品牌推广等能力，大力开拓新兴行业市场，提高市场响应速度，强化内部管理能力，努力打造高端测控仪表民族品牌。"据粟晓立介绍，作为高端智能测控仪表的专业供应商，顺应智能时代对于仪器仪表产品的需求，宇电经过多年的自主创新发展，在技术、规模、质量和服务等方面具有明显的竞争优势。在技术创新方面，宇电深耕测控仪表行业，拥有自主开发的人工智能调节算法、模块化和平台化等先进技术；在生产规模方面，宇电在湖里火炬园自行建设的现代化厂房，拥有全自动高速贴片机、无铅双波峰焊机、红外回流焊机、自动涂覆生产线等先进生产设备，以及电磁兼容、精密基准信号源、温湿度环境等测试设备，具有生产高质量、高精度、高可靠性及低温漂的工业自动化仪表系列产品的能力；在质量管理方面，一直以来，宇电立足于客户需求，对质量管理精益求精；在服务保障方面，宇电坚持并践行"以客户为中心"的服务理念，通过多样化的服务手段，为客户提供售前、售中、售后的个性化整体解决方案，还提供快速交货服务，客户订单交货期可实现小于2个工作日。粟晓立表示："未来，在聚焦行业客户需求的基础上，宇电将不断进行自主创新，持续打造核心竞争力，努力为客户提供更优质的产品方案和服务。"

6.5.2 智能仪器仪表功能特点

智能仪器仪表的基本功能包括：可进行多通道、多参数巡回检测；能进行数据分析和处理；能提供多种形式的数据输出，可方便地与网络、外设及其他设备进行数据交换；可作为自动控制的信息反馈环节，把检测与控制结合起来；可通过改变程序或采用可编程的方法增减仪器功能和规模来适应不同的环境和对象；具备自校准、自诊断、触发电平自动调整、量程自动调整和各种报警功能等。智能仪器仪表主要具备以下几个特点。

（1）开发性强，可靠性高

仪器仪表采用多样化的通用接口，编制各种各样的软件进行匹配，这可有效地拓展仪器仪表的用途，提高仪器仪表的使用效率。数字信号处理技术的发展极大增强了仪器的信号处理能力，软件的高速处理可以很快地实现很多硬件难以处理的问题，同时编程软件技术的不断修改升级，又可以在不更新硬件系统的环境中，轻松地以软件实现仪器仪表的升级换代。在不增加硬件设备的情况下，以软件代替硬件，通过开发不同的应用软件使检测系统实现不同的功能，使得智能仪器仪表的研制开发费用低、周期短。硬件功能软件化可简化硬件电路，减少元器件，减少故障发生率，提高仪器仪表的可靠性。

（2）性能好，精度高

利用微处理器的运算和逻辑判断功能，按照一定的算法可以消除漂移、增益变化、干扰等因素引起的误差，提高仪器的测量精度。同时还有利于传感器的非线性校正和动态特性补偿，改善仪器的性能。

（3）智能化

智能仪器仪表不仅可以对被测信号进行测量、存储和运算，还具有自校准、自动调零、量程自动转换、故障自诊断等功能，大大地改善了仪器的自动化水平。智能仪器仪表设备具有的自测功能可以进行故障的自动检测、自动校准及诊断等。对于仪器的自动检测，主要是在仪器的启动运行时，并且这种启动还可以在仪器的工作中运行，在很大程度上方便了仪器的维护。有些仪器采用专家系统技术，可根据控制指令和外部信息自动地改变工作状态，并进行复杂的计算、推理。

（4）友好的人机对话能力

智能仪器可以利用键盘代替传统仪器的开关，工作人员可以通过键盘输入命令，控制仪器完成测量和处理功能。智能仪器还可以通过显示屏将仪器运行状况、工作状态及数据的处理结果显示出来，帮助工作人员随时对仪器进行全面的了解，同时对于测量的数据也比较的直观。

（5）可程控操作的能力

大部分的智能仪器都配有标准的通信接口，可以很方便地与计算机联系，接收计算机的命令，使其具有可程控操作的功能。可以与其他的一些仪器组成自动测量系统，从而完成一些更复杂的任务。

6.5.3 智能仪器仪表发展趋势

仪器仪表历来是改造传统工业、提高产业能级、增强企业竞争力的重要基础，是科学技术发展和科技创新的重要支柱。随着微电子技术、计算机技术、精密机械技术、网络技术、纳米技术等高新技术的迅猛发展，各行业对智能化仪器仪表提出了更高的要求。为满足制造业用户的智能制造需求，仪器仪表行业正在从自动化向智能化方向高速迈进，微型化、多功能化、智能化、网络化等趋势正日益凸显。

（1）微型化

微型化主要是指将电子技术、微机械技术、信息技术等综合应用在仪器的生产中，从而使得仪器的体积更小、功能更齐全。微型化的智能仪器能够有效完成信息采集、线性化处理、数字信号处理、控制信号的输出和放大、与其他仪器的接口交互、与人交互等功能。随着机械技术的不断发展，微型智能仪器技术不断革新，并且逐渐趋于成熟，成本也在不断降低，应用领域更为广泛。它不但具有传统仪器的功能，而且其低成本、高性能的优势使其在自动化技术、航空航天、生物技术、医疗领域起到独特的作用，从而开辟更广阔的市场。

（2）多功能化

智能仪器仪表本身的一大特点就是多功能化，一些厂家在进行智能仪器的生产时，在其中设计了具有脉冲发生器、频率合成器和任意波形发生器等功能的函数发生器，这样可在很大的程度上提高智能产品的性能，并且在各种测试功能上都有很强大的解决方案。

（3）智能化

人工智能是计算机发展应用的一个全新方向，利用计算机模拟、延伸和扩展人的智能，可以应用于智能控制、专家系统、定理证明等各方面，节省更多的人力、财力及物力，减轻工作人员繁重的任务。因此，智能仪器仪表在进一步的发展中将会含有很大成分的人工智能化，以代替人类的大脑进行相应的劳动。这样，智能仪器仪表无须人们进行操作而自主地完成检测或控制工作，能在很大程度上节约人力及物力。

（4）网络化

随着科学技术的迅猛发展，互联网技术正在逐渐向工业控制和智能仪器仪表系统设计领域渗透。互联网技术能帮助人们实现智能仪器仪表的智能化信号传输、分析功能，以及对设计好的智能仪器仪表进行远程升级、功能重置和系统维护。

虚拟仪器是智能仪器发展的新阶段。

测量仪器的主要功能有3个方面：数据采集、数据分析和数据显示。在虚拟的系统中，数据分析及显示都是由PC来完成的，只要有相应的数据采集硬件，将其与PC进行组合会形成测量仪器，这种基于PC的测量仪器便称为虚拟仪器。并且，虚拟仪器具有一个很大的优点，就是在虚拟仪器中，利用同一个硬件系统，只要对软件系统进行不同程度的编程，将会得到不同的测量仪器，因此软件系统是虚拟仪器的核心。

应用案例：格力智能装备闪耀第三届中国制造高峰论坛

"五星红旗迎风飘扬，胜利歌声多么响亮！歌唱我们亲爱的祖国，从今走向繁荣富强……"一首《歌唱祖国》，揭开了论坛的序幕。一段熟悉而优美的旋律，背后的弹奏者来头"不一般"。作为此次论坛的"重磅嘉宾"——一支由格力智能装备公司自主研发的工业机器人组成的乐队"闪亮"登场。这些造型精美的"工业机器人"用灵巧的"双臂"在电子琴、钢片琴、吉他、爵士鼓等乐器上演奏乐曲，伴随着小女孩的歌声，机器与人细腻而默契的配合让在场观众"大开眼界"。

这一场层次丰富的乐章演奏一共使用了 3 种型号的格力工业机器人，悠扬琴声来源于格力 GRS405 水平多关节机器人的弹奏，架子鼓大鼓由格力 GRS401 水平多关节机器人演奏，其余乐器皆由格力 GR606 工业机器人演奏。格力 GR606 机器人采用经典外观风格，结构轻巧紧凑，运动速度快，定位精度高达 0.05mm，是一款多用途的通用型工业机器人，可广泛应用于电子工业如机器人装配、焊接、搬运、上下料及机器人教学等领域。格力 GRS405 和 GRS401 水平多关节机器人具有运动速度快、重复定位精度高的优势，可应用于 3C 行业零部件装配、涂胶、搬运、分拣等领域。

在智能制造业，工业机器人组成乐队进行现场表演本是创新之举，而与人声协奏难度更大，对控制精度和节奏要求极高。格力电器方面表示，精准控制多台工业机器人实现同曲协奏，体现了格力工业机器人在控制技术上的突出优势。

事实上，作为"新制造力量"的代表，格力经过几年来积极布局工业装备及制品领域，取得了不俗的成绩。据介绍，目前格力智能装备产品已覆盖数控机床、工业机器人、伺服机械手、智能仓储装备、智能检测等十多个领域，超百种规格。公司机床产品涵盖卧式加工中心、五轴加工中心、龙门加工中心、车铣复合加工中心、石墨加工中心、立式加工中心等主要机型，并为客户提供加工工艺、自动化加工等全套生产解决方案，在模具及 3C 加工领域得到广泛应用。在工业机器人技术领域，公司通过工业机器人本体优化设计方法研究、齿轮传动关键技术研究、实效转矩控制技术、机器人精度校准算法研究等，使格力机器人达到行业一流水平。在机床领域技术创新方面，公司攻克了无级变频调节技术，实现机床冷却机组的温控精度最高可达 0.1℃，解决了行业冷却机制冷速度慢、控温精度低的难题，同时机组具有高效节能、高可靠性、强适应性、安装维护便捷的特点。

在助力国家能源结构转型，推动绿色能源普及方面，格力不断通过自主创造核心科技贡献力量。正式对外发布的格力车用尿素智能机，则首创六位一体功能，为车用尿素提供一站式解决方案，解决了以往"白色污染、长途运输、仓储投资"三大问题，打破了全球车用尿素的"游戏规则"，具有重大的社会价值和环境价值。

格力电器有关负责人表示，亮眼的成绩背后，是格力自主创新基因不断超越与突破追求的成果，助力推进供给侧改革，让人民生活更美好的理念，也与格力一直以来推崇让消费者生活得到不断改善的企业价值观不谋而合。

本 章 小 结

制造装备是装备制造业的基础，装备制造业是为国民经济和国防建设提供生产技术装备的基础产业。本章首先介绍了智能制造装备的概况，包括智能制造装备的概念、意义和技术特征，然后介绍了智能制造系统中的 4 种典型智能装备，即智能机床、3D 打印设备、工业机器人、智能仪器仪表，重点讲解了这 4 类智能制造装备的概念和技术特征，并对国内外相关发展现状与趋势进行了介绍。智能制造装备是带动制造业转型升级，提升生产效率和产品质量的有力工具，对于实现制造过程智能化和绿色化发展具有重要的意义。

习 题

1. 名词解释

（1）智能制造装备 （2）计算机辅助工艺过程设计 （3）智能机床

（4）3D打印技术 （5）立体光固化成型 （6）激光选区烧结

（7）机器人 （8）工业机器人 （9）智能仪器仪表

2. 填空题

（1）与传统制造装备相比，从功能上来说，智能制造装备技术包括_____、_____、_____和_____。

（2）智能工艺系统由加工过程动态仿真、_____模块、_____模块、_____模块、_____模块、工序决策模块、工步设计决策模块和NC加工指令生成模块构成。

（3）机床的发展主要经历了3个阶段，第一阶段是_____化，第二阶段是_____化，第三阶段是_____化。

（4）3D打印技术又称_____，是相对于传统的机加工等减材制造技术而言的，其基本原理是_____。

（5）常见的3D打印技术原理包括_____、_____、_____、_____等。

（6）一般来说，工业机器人有3个特点：_____、_____、_____。

（7）工业机器人由3个部分6个子系统组成。3个部分是_____、_____和_____。6个子系统可分为_____、_____、_____、人机交互系统和控制系统。

（8）智能仪器仪表是_____技术与仪器仪表相结合的产物，是含有_____的仪器仪表。

3. 单项选择题

（1）以下（　　）产品不属于智能制造装备。

    A. 智能汽车　　　　　　　　B. 智能船舶

    C. 工业机器人　　　　　　　D. 智能家电

（2）下列不属于智能制造装备技术的是（　　）。

    A. 机器人技术　　　　　　　B. 物联网技术

    C. 增材制造技术　　　　　　D. MES

（3）智能数控机床与普通数控机床的本质区别是（　　）。

    A. 价格昂贵　　　　　　　　B. 具有CNC系统

    C. 大数据处理功能　　　　　D. 智能加工技术

（4）3D打印机属于（　　）设备。

 A. 自然交互   B. 二维图像交互

 C. 三维图形交互   D. 制动交互

（5）工业机器人的三大组成部分不包括（　　）。

 A. 主体   B. 驱动系统   C. 减速机   D. 控制系统

（6）以下（　　）不属于智能仪器仪表的发展趋势。

 A. 微型化   B. 透明化   C. 智能化   D. 结构虚拟化

4. 简答题

（1）简述智能制造装备的技术特征。

（2）简述3D打印的基本流程。

（3）简述智能仪器仪表的未来发展趋势。

5. 讨论题

（1）研发智能制造装备有哪些重要意义？

（2）厦门宇电未来在智能仪器仪表产品上应走怎样的发展之路？

（3）格力公司在智能制造装备方面取得了哪些成就？未来该如何发展？

第7章

智能制造服务

知识要点	掌握程度	相关知识
制造服务的定义	了解	基于 3 种类型的制造服务定义
制造服务的概念体系	熟悉	5 个基本概念
制造服务的创新模式	熟悉	基于产品生命周期 3 个阶段的创新模式
制造服务的共性技术	了解	4 种支持制造服务的关键共性技术
智能制造服务的定义	熟悉	概念和简介
智能制造服务的概念体系	熟悉	3 个基本概念
智能制造服务的特点	熟悉	3 个主要特点
智能制造的技术体系	掌握	3 种基础共性技术和一个技术体系框架
智能制造服务的知识工程	掌握	信息提取和知识获取，知识工程方法
智能制造的现状和未来	了解	4 种制造模式下的现状与前景展望

随着计算机和通信技术的迅猛发展，制造业也由传统的手工制造，逐渐迈入以新型传感器、智能控制系统、工业机器人、自动化成套设备为代表的智能制造时代，智能制造服务因而也越来越受到重视。近年来，随着人工成本的提高和高科技的快速发展，产品服务所产生的利润已经远远超过制造产品本身。以德国200家装备制造企业的统计样本为例，新产品设计、制造、销售环节的利润率不到4%，而产品培训、备品备件、故障修理、维护、咨询、金融服务等产生的利润率高达70%，尤其是用于产品维修的备品备件，利润率高达18%。由此可见，产品非实体部分的价值已经远超产品本身。

通过融合产品和服务，引导客户全程参与产品研发等方式，智能制造服务能够实现制造价值链的价值增值，并对分散的制造资源进行整合，从而提高企业的核心竞争力。本章首先介绍制造服务，再介绍智能制造服务，然后介绍智能制造服务技术、体系与知识工程，最后介绍智能制造服务的发展趋势。

7.1 制造服务概述

制造与服务融合是制造服务化的核心问题。从多学科角度看，机械工程注重产品结合服务获得更多价值，计算机科学注重服务平台的构建技术，管理科学与工程注重服务的运作模式等。这些学科从各个角度探索了制造服务化问题。本节将从制造服务的概念体系、创新模式和共性技术等方面来介绍制造服务的相关内容。

7.1.1 制造服务的概念体系

（1）制造服务的定义

制造是指把原材料加工成产品的全生命周期各环节生产活动的集合，是有序的、支持产品生产和获取的一系列活动过程的总和。产品全生命周期的制造活动包括市场调研、服务用户需求分析、产品研发与设计、加工制造、装配、分销、物流运输、维修维护、回收再制造等环节。

服务是用户与提供者之间共同实现价值增值的过程，是以满足用户需求为目标，以无形方式结合有形资源，在用户与服务提供商之间发生的一系列活动。典型制造企业的服务内容包括研发、设计、加工、制造、装配、销售、维修、物流等，这些服务内容可以分为以下3种基本类型。

第一类，提供产品，这类服务建立在生产能力直接运用于生产产品的基础之上。

第二类，产品支持与产品状态维护，它建立在将生产能力应用于产品生产和销售环节之后的产品支持的基础上，具体内容包括物流运输、产品装配、技术支持、产品保养/维修、状况监测等。

第三类，服务质量提升，它建立在对生产能力和服务管理能力综合优化的基础上，使产品和服务最大限度发挥使用价值，并进一步实现价值增加。

制造服务的概念是针对产品生产企业向服务业拓展的需要而提出的。制造服务的主体是产品生产企业和第三方服务商。服务对象包括产品生产企业和最终消费者，一般称为客户（也称用户）。狭义客户是指产品的用户（最终消费者）；广义客户还包括供应商（产品生产企业）。制造服务包括与产品关联的生产性服务（如工程机械的租赁服务）和不与产品关联的生活性服务（如家电的回收服务）。诸如整体解决方案服务、配件供应服务、产品回收服务、产品维修服务等，都是制造服务的典型例子。与产品关联的服务基于服务的主体分为制造企业的与产品关联的服务和第三方服务商的与产品关联的服务，制造企业的与产品关联的服务又包括能力服务和产品服务。这些基本概念之间的关系如图7.1所示。

由图7.1可以看出，与制造服务相关的概念不少，如生产性服务、生活性服务、能力服务、产品服务等。它们从多个角度定义了制造服务的概念。

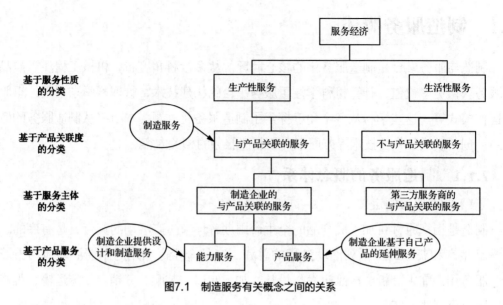

图7.1 制造服务有关概念之间的关系

① 基于产品关联度的定义。

基于产品关联度的制造服务，包括制造企业的与产品关联的服务和第三方服务商的与产品关联的服务。生产性服务中有一些不与产品直接关联的服务，如企业的财务优化服务、资产管理服务、法律咨询服务等；生活性服务中也有许多服务不与产品直接关联，如文艺演出服务、旅游服务、法律咨询服务、餐饮服务等，不属于制造服务。

② 基于产品服务的定义。

制造企业的与产品关联的服务可分为产品服务和能力服务，它们服务的对象都是产品生产企业和最终消费者。产品服务是制造服务的子集（制造企业基于自己产品的延伸服务），服务的主体是制造企业，服务的阶段主要是产品售后阶段。能力服务也是制造服务的子集（制造企业提供设计和制造服务），服务的主体是制造企业，服务的阶段是售前阶段。传统的制造通过销售产品获利，只覆盖产品售前阶段。而在现代的制造服务中，产品服务和能力服务覆盖产品全生命周期，制造企业的能力服务利用设计和制造能力提供服务获利，产品服务通过延伸服务获利，第三方服务商提供的与产品关联的服务通过为制造企业和客户提供服务获利，如图7.2所示。

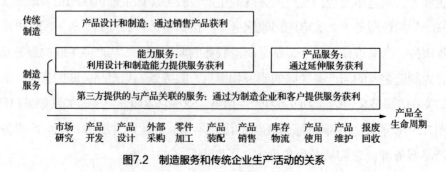

图7.2 制造服务和传统企业生产活动的关系

③ 基于制造服务概念演变过程的定义。

制造服务是在传统制造企业核心业务功能的基础上发展起来的一种盈利模式。传统制造企业核心业务功能要实现的是获得产品，而制造服务则是在产品完成后延伸的服务或是为供应商、其他合作伙伴（在服务过程中也视为客户）以及其他客户提供的服务。比如，制造企业为客户提供的加工解决方案服务、产品开发服务、产品设计服务、客户产品体验服务、客户需求咨询服务、客户需求调查服务、产品回收服务、产品维护服务和物流服务等；为供应商提供供货信息服务、采购信息匹配服务、采购过程监控服务、供应商培养服务、整体供应商体验服务、供应商供货平台服务、制造能力服务和产品装配服务等。

（2）制造服务的相关概念体系

制造服务理论是研究制造服务主体之间制造服务关系的融合理论，制造服务主体就是服务企业、制造企业和终端用户，制造服务关系就是生产性服务和制造服务化，相关的概念体系如下。

① 服务企业。服务企业是只提供中间性产品或服务的企业。服务企业的范畴应该限制在制造企业之间具有生产性服务的企业中，其他企业除外。例如，为制造企业提供零部件的配套企业，为手机制造企业提供外包加工配件的中间企业等。

② 制造企业。制造企业是从服务企业处获得生产性服务支持生产出最终性产品或服务，并将最终性产品或服务提供给终端用户的企业。制造企业在生产性服务中获得原材料、信息服务、设计方案等，在制造服务化中提供物流服务、销售服务、维修服务等；作为制造服务的中枢连接起服务企业和终端用户，形成完整的商业生态系统；并且具有扩展性，不断融入信息化技术。

③ 终端用户。终端用户是制造企业提供最终产品或服务的终端消费者，在制造服务化中获得更好的用户体验，从单纯产品使用到产品服务系统使用，并且获得个性化需求的满足。

④ 生产性服务。生产性服务是服务企业和制造企业之间形成的一种制造服务关系。服务企业提供中间性产品或服务，制造企业利用中间性产品或服务进行最终产品或服务制造。生产性服务内涵广泛，不容易界定。

⑤ 制造服务化。制造服务化是制造企业和终端用户之间形成的一种制造服务关系。制造企业通过不断增强产品的服务特性来满足终端用户的个性化需求，最后形成产品服务系统。

7.1.2　制造服务的创新模式

海尔集团的首席执行官张瑞敏曾说过："白色家电行业的竞争已不再由技术革命推

动，竞争力主要体现在商业模式中。"制造业也不例外，人们通过对制造服务模式的不断创新来提升行业竞争优势。本小节将产品生命周期分为产品形成阶段、产品制造阶段和产品售后阶段，并对各阶段的制造服务创新模式进行介绍。

【人物介绍：张瑞敏】

张瑞敏，1949年1月5日出生于山东省烟台市莱州市，"人单合一"模式创立者，"全球50大思想管理家"之一，创建了全球白色家电第一品牌海尔，因其对管理模式的不断创新而受到国内外管理界的关注和赞誉。

1984年，张瑞敏临危受命，接任当时已经资不抵债、濒临倒闭的青岛电冰箱总厂厂长。30多年创业创新，张瑞敏始终以创新的企业家精神和顺应时代潮流的超前战略决策引航海尔，持续发展。2015年，海尔全球营业额约1887亿元，近十年收入复合增长率达6%，利润约180亿元，同比增长约20%，从2007年开始，海尔连续9年利润复合增长率在30%以上，是营收复合增长率的约5.5倍。根据世界权威市场调查机构欧睿国际（Euromonitor）发布的2015年全球大型家用电器品牌零售量数据显示，海尔大型家电品牌零售量第七次蝉联全球第一，同时，冰箱、洗衣机、酒柜、冷柜也分别以大幅度领先第二名的品牌零售量继续蝉联全球第一。

（1）产品形成阶段的制造服务创新模式

产品形成阶段的制造服务主要是企业内部人员利用已有的知识为其他客户服务，共有如下3个环节：在市场研究环节，提供客户需求调查服务、客户需求咨询服务、客户需求协同监控服务、客户产品体验服务和企业战略咨询服务；在产品开发环节提供群体协同开放式创新服务、专利转让服务、产品定制开发服务和用户参与研发的服务；在产品设计环节提供零部件快速重用服务、产品协同设计服务、整体解决方案服务和大众化设计服务。

【阅读案例7-1：IBM的群体系统开放式创新】

IBM是最早意识到群体协作价值的公司之一，其从最初的开源与他人分享、共同研发Apache、Linux，延伸到现在为客户企业提供可实施大规模协作的技术支持。

1998年，IBM在挫折中意识到，IT业的制胜法则是群体协作。而此时Linux羽翼渐丰，成为开源社区的一员并被善加利用，被IBM看作新的起点。

Linux由100多个软件项目构成，每一个项目下面都有不定数量的子项目。IBM技术员首先要做的就是打破陈规，选择适合自己的项目。随后的10年里Linux逐渐成为越来越多的人的首选。目前，很多国家政府机构都把内部操作系统转移为Linux，不仅可节省开支，同时也可提高软件的安全性。

随着开源系统的风行，参与研发的成员也从中获益良多。在社区里参与开发的人有非常旺盛的创造力，他们这样做是为了得到来自外界的认可和赞许。做这些开源服务的时候，开发者可以通过别的途径来收费，如一些机构的赞助，还有来自广告的收入。

作为开源系统的重要参与者，IBM在为客户提供越来越多的选择和更加优质的商业环境的同时，也保证了自身的飞速发展。Linux本身不赚钱，但当客户需要一些以Linux为基础的解决方案时，IBM成了极佳的选择，因为IBM有很多硬件产品可以成功运行Linux，软件产品也不例外。此外，IBM在Linux上获得了大量相关技术，几乎所有围绕Linux的主营业务都可以成为IBM的盈利来源。

（2）产品制造阶段的制造服务创新模式

产品制造阶段的制造服务主要是产品从"无"到"有"全过程的服务，共有如下4个环节：在外部采购环节有供货商供货信息服务、供货商供货平台服务、采购信息匹配服务、采购过程监控服务、供应商全面体验服务和供应商培养服务；在零件制造环节有制造能力服务、产品定制服务、加工的整体方案服务、可重构制造服务和加工质量监控服务；在产品装配环节有装配计划推送服务、模块组合装配服务、客户自主装配服务和智能远程装配服务；在产品销售环节有产品融资租赁服务、产品成套销售服务、用户体验营销服务、供应商库存管理服务和基于网络的销售服务。

【阅读案例7-2：苏宁电器 "托管式" 模式 】

苏宁电器向供应商开放后台系统，由供应商查看自己产品的"进销存"情况，降低双方在订单上的沟通成本，提高订单响应速度。供应商掌握自己产品的"进销存"后，不仅可解决彼此信息不对称问题；更重要的是，借此发出的每笔订单流程中，能滤掉繁复的"订单沟通"环节，从而缩短供应链管理的长度。面对两万多家供应商、几十万种商品，以前苏宁不仅在库存管理上投入巨额成本，而且在每笔订单邀约上，总是为品类、批次、验收、入库和运输等环节，投入重复性沟通成本。为此，苏宁向供应商开放后台系统，供应商在苏宁的系统中，可随时查看自己产品每天的"进销存"情况。这样，供应商对供货就能做到"心里有底"。只要苏宁和供应商在每年年初做好谈判商定，以后的操作，就以该系统信息为依据。苏宁向供应商发出订单邀约时，双方无须再为订单中的品类、批次等细节沟通，彼此在流程上无缝默契。

通过"托管式"后台系统的开放，苏宁既能强化供应链的源头合作，又能通过省掉"订单沟通"环节，节约供应链管理成本。

（3）产品售后阶段的制造服务创新模式

产品售后阶段的制造服务主要是企业在产品运输过程和售后使用方面为客户提供的服务，共有如下4个阶段：在产品库存物流环节改善供应商管理库存服务、第三方物流服务、统一物流管理服务、主动物流服务和智能物流管理服务；在产品运行（使用）环节改善运行节能保障服务、远程监控运行服务、产品共享使用服务、产品增值服务等；在产品维护环节改善产品远程维护服务、零部件再制造服务、产品配件服务和产品智能维护服务；在报废回收环节改善生产者产品回收服务、零部件梯级重用服务和资源循环重用服务。

【阅读案例7-3：信息系统管理运送混凝土】

巴西的西麦克斯（Cemex）公司走出了一条从"小打小闹"地销售水泥到及时送货上门的混凝土业务服务的道路，成为世界上最大的混凝土公司之一。混凝土送货是一件难事：运量要合适，要按时送到正确的地点，不能让建筑工地等待，也不能让混凝土变质；另外，建筑工地情况变化多端，经常在送货的半途，用户提出暂时不需要这批混凝土了。混凝土的保质期很短，必须快速调度，送到其他需要混凝土的建筑工地。为此，西麦克斯公司开发了信息系统，使用GPS技术，来管理他们卡车运送混凝土的地点和具体事宜安排。现在，西麦克斯公司可以保证在20min之内把现成的混凝土送达目的地，并且可以按照用户的需求随时进行调度。

7.1.3　制造服务的共性技术

制造服务需要许多技术的支持。例如，某品牌服装公司开展西服量身定制服务。在公司的专卖店，服务员用一种专用工具测量顾客的身材尺寸。当顾客选择西服的面料与款式以后，服务员通过互联网将上述数据传送到服装厂。服装厂的工人接到这些信息以后，用服装变型设计系统进行变型设计，然后通过网络将变型设计结果进行计算机辅助排料，并将排料图传送到数据裁剪机进行裁剪，经人工缝纫、熨烫以后就可以将定制的成衣交送给顾客，整个过程只需一周的时间。这里涉及的技术和系统包括专用测量工具、计算机辅助排料系统、服装变型设计系统、顾客数据管理系统、数控裁剪机等。

不同的产品有不同的服务内容，并往往有自己的专用技术。下面介绍支持制造服务的4种关键共性技术：制造服务感知技术、制造服务管理技术、制造服务专业技术和制造服务社会化技术。

（1）制造服务感知技术

制造服务融合了互联网、通信、计算机等信息化手段和现代管理思想与方法，将信息化作为提供服务的平台和工具，借助于信息化手段把服务向业务链的前端和后端延伸，扩大了服务范围，拓展了服务群体，并且能够快速获得客户的反馈，能够不断优化服务，持续改进服务质量。

欧盟第七框架计划认为，服务网（Internet of Services，IoS）、内容/知识网（Internet of Contents and Knowledge，IoCK）、物联网（Internet of Things，IoT）和人际网（Internet by and for People，IbfP）是未来互联网的4大支柱。制造服务感知技术主要与内容/知识网、物联网和人际网有关，主要有面向制造服务的信息采集技术、面向制造服务的知识获取和服务技术、面向制造服务的信息集成技术。

（2）制造服务管理技术

制造服务管理技术主要有售后服务管理技术、制造服务可视化管理技术、客户关系管理技术、产品生命周期管理技术、零部件服务状态描述和管理技术等。

售后服务管理技术主要有基于产品可追溯性的售后服务管理和售后服务管理系统；制造服务可视化管理技术可以改善用户体验，使用户对复杂的数据有直观和生动的了解；客户关系管理技术使用户通过客户关系管理（CRM）系统方便地通过电话、网络等访问企业，进行业务往来；产品生命周期管理技术帮助企业关注产品的整个生命周期，并从中不断地为顾客提供产品和服务；零部件服务状态描述和管理技术帮助企业记录与管理其制造服务过程信息的设备模块，即服务状态项。

（3）制造服务专业技术

制造服务专业技术主要有MRO服务技术、远程监控和维修服务技术、再制造服务技术、虚拟现实和用户体验技术。

MRO指维护（Maintenance）、维修（Repair）和运营（Operation）或维护（Maintenance）、维修（Repair）和大修（Overhaul），MRO服务技术主要是指产品生命中期的使用和维护阶段所做的制造服务；远程监控和维修服务技术主要满足产品用户、产品制造企业、故障诊断专家对远程监控和维修服务的需求；再制造服务技术针对损坏或即将报废的零部件，运用先进表面技术、复合表面技术等多种高新技术和严格的产品质量管理技术，使废旧产品得以高质量再生；虚拟现实和用户体验技术将人与技术融为一体，逼真地模拟和重现世界，并对用户的操作实时做出反应，为用户提供与计算机生成的三维图像进行交互的体验。

（4）制造服务社会化技术

制造服务社会化技术主要基于Web 2.0技术和云计算技术。Web 2.0技术和云计算技术的发展，有力地促进了制造服务社会化，即可以组织社会力量一起开展制造服务。

相比Web 1.0技术，Web 2.0技术更注重用户的使用体验和交互作用，增加更多个性化和服务性的功能，由单纯的内容获取到协同共建发展。用户既是网站内容的使用者，又是网站内容的创造者。基于Web 2.0技术的服务技术有客户需求获取技术、零部件资源共享服务技术、标准协同建设技术。

目前，云计算技术已经从概念讨论进入以服务模式创新为代表的云计算应用落地阶段。应用落地的主要标志是云计算服务平台的建设。云计算服务平台在音乐共享、图书销售、搜索引擎、企业办公、学校教育等方面取得了进展。

7.2 智能制造服务概述

随着互联网的飞速发展,传统的制造服务不再满足用户个性化的需求,人们急需将新时代的新科技融入整个产品生命周期中,以此实现对产品的全方位管控,因此智能制造服务应运而生。本小节将从定义、概念体系和特点这三方面对智能制造服务进行概述。

7.2.1 智能制造服务的定义

智能制造服务是将互联网、大数据、智能计算等新一代信息技术应用到产品全生命周期制造服务各环节,实现制造服务的全方位智能化管控与优化的过程。智能制造服务的概念强调采用智能化的手段实现制造服务的设计、配置、决策、规划、运行、监控等。智能制造服务模式构建与实施的基础是建立工业互联网环境,将企业已有的制造服务资源进行虚拟化封装,然后通过诸如网络服务平台端口、智能手机等智能服务终端实现服务的运行与管控。在此过程中,通过新一代信息技术,获取与分析服务企业、制造企业和终端服务用户等服务交互主体在制造服务活动中的交互关系和业务需求,对制造服务资源进行高效、智能的描述,设计,配置,评估和管理,在合适的时间给特定的对象定制化提供所需的服务,从而实现高度柔性、智能化的服务匹配与优化,充分满足市场和服务用户动态、多样、个性的服务需求。

智能制造服务面向产品的全生命周期,依托于产品创造高附加值的服务,智能物流、产品跟踪追溯、远程服务管理、预测性维护等都是智能制造服务的具体表现。总的来讲,智能制造服务具有以下几个优势。

(1)智能制造服务综合运用现代信息技术,能够从根本上改变传统制造业产品研发、制造、运输、销售和售后服务等环节的运营模式。

(2)从智能制造服务环节得到的反馈数据,可以优化制造行业的全部业务和作业流程,实现生产力可持续增长与经济效益稳步提高的目标。

(3)实施智能制造服务的企业,可以通过捕捉客户的原始信息,在后台积累丰富的数据,以此构建需求结构模型,并进行数据挖掘和商业智能分析。除了可以分析客户的习惯、喜好等显性需求外,还能进一步挖掘与客户时空、身份、工作生活状态关联的隐形需求,从而主动为客户提供精准、高效的服务。

可见,智能制造服务实现的是一种按需和主动的智能,不仅要传递、反馈数据,更要系统地进行多维度、多层次的感知,以及主动、深入的辨识。

智能制造服务是智能制造的核心内容之一,越来越多的制造型企业已经意识到从生产型制造向生产服务型制造转型的重要性。服务的智能化既体现在企业如何高效、准确、及时地挖掘客户潜在需求并实时响应，也体现在产品交付后，企业怎样对产品实施线上、线下服务，并实现产品的全生命周期管理。

在服务智能化的推进过程中，有两个趋势相向而行：一个是传统制造企业不断拓展服务业务，另一个则是互联网企业从消费互联网进入产业互联网，并实现人和设备、设备和设备、服务和服务、人和服务的广泛连接。这两种趋势的相遇，将不断激发智能制造服务领域的技术创新、理念创新、业态创新和模式创新等。

7.2.2 智能制造服务的概念体系

智能制造服务是将制造服务扩展到工业互联网环境中的制造服务，智能制造服务具有制造服务的一般特征，更重要的是将制造服务资源虚拟化为智能制造服务，通过智能终端来运营制造服务。

在智能制造服务过程中，服务企业、制造企业和终端用户将各自的制造服务抽象为制造服务问题，通过对制造服务问题进行描述和设计转化为制造服务软构件，对制造服务软构件进行封装以Web服务的形式发布在互联网中，如果在制造服务软构件设计封装时考虑了工业互联网环境，满足各种技术配置条件，就形成了智能制造服务。智能化的过程实质上是工业互联网技术的应用的过程，随着工业大数据技术的突破，制造服务智能化的瓶颈就会被突破，这样只要是在互联网环境中运行的制造服务软构件就很容易移植到工业互联网中，因此智能制造服务的难点在于技术和管理创新。智能制造的开展成为中国制造的核心内容，这也为智能制造服务研究奠定了基础。

基于工业互联网的智能制造服务会更容易从技术上实现，而从制造服务到智能制造服务更多的是研究智能终端上智能制造服务主体的网络接入以及智能制造服务的应用。随着智能制造技术的发展，智能终端和网络接入会变得更加便捷，即插即用也会实现。将制造服务相关概念体系推广到工业互联网环境，则智能制造服务相关的概念体系如下。

① 智能制造服务。智能制造服务是将制造服务资源虚拟化为信息化软构件并发布在工业互联网上的Web服务，其内涵是Web服务背后的制造服务活动，即智能制造服务主体间基于工业4.0的智能制造服务关系。

② 智能制造服务主体。智能制造服务主体是指已经接入工业互联网环境的服务企业、制造企业和终端用户。随着企业信息化不断深入，服务企业、制造企业和终端用户可以通过智能终端方便地接入工业互联网。

③ 智能制造服务关系。智能制造服务关系是指已经接入工业互联网的智能制造服务主体之间基于工业4.0形成的生产性服务和制造服务化，其本质和前面提到的制造服务

关系无异。

7.2.3　智能制造服务的特点

网络化和平台化的制造服务资源集成与管理，面向产品全生命周期的制造服务协调和协作，智能化的服务设计优化与决策是智能制造服务的3个主要特点。

（1）网络化和平台化的制造服务资源集成与管理

在互联网、物联网、制造资源虚拟化动态建模与能力表述等技术的支持下，工业互联网环境中的服务资源可以被封装和虚拟化，进而聚类成为服务资源网络并集成到制造服务资源平台中。通过将分散的服务资源集中起来，便可形成逻辑上统一的制造服务资源池，配置相应的服务集成与管理功能，例如基于特征的制造任务报价、制造能力评价、制造任务分配、制造协同环境等，以支持服务用户高效、便捷地基于服务资源平台锁定自身需要的制造服务提供商。同时，服务提供商也可在平台上配置订单任务列表，由平台对各个服务用户的服务订单进行统一规划和管理，以保证每一服务用户都能按时得到服务交付。因此，通过对制造服务资源进行网络化集中管理与调度，可以提高制造服务资源利用率、高效快速地响应市场和用户的动态制造服务需求。

（2）面向产品全生命周期的制造服务协调和协作

制造服务将制造业价值链延长至产品全生命周期，内涵涉及制造过程服务化、制造产品服务化、制造业服务化等。同时，通过采用智能计算、大数据处理、互联网等技术，对产品战略研发、产品设计、知识产权保护、生产制造、现场管理、销售、安装调试、维护维修等各个服务环节中的信息服务、技术服务、人力资源服务、设备资源服务等进行智能化优化与管理。企业则需要不断地对产品全生命周期中的服务模式、能力和资源进行迭代与升级，以实现制造业价值链上服务环节价值的拓展与延伸。

（3）智能化的服务设计优化与决策

新一代信息技术使得高效且可靠地获取制造服务活动中的服务交互数据与信息成为可能。这些数据与信息支持着产品全生命周期各环节服务活动的智能化设计优化与决策。例如，CPS、物联网、大数据分析技术可以高效、精准地获取服务用户个性化、多样化的服务需求信息；云计算模型框架可对制造服务资源平台上的服务资源进行集成封装、集中式调度与管理；社会计算技术则可推动社群化制造服务网络的建模、分析、评估与优化；数据挖掘技术能够提取产品加工/生产过程质量描述、预测以及参数优化的相关信息；边缘计算技术可被用于在工业互联网环境下制造服务数据的分布式运算与处理。

7.3 智能制造服务技术、体系与知识工程

智能制造服务借助服务感知技术、网络安全技术和协同服务为代表的基础共性技术，基于物联网技术、大数据、知识图谱等新一代信息技术充分满足市场和用户动态、多样的服务需求。本节首先介绍智能制造服务技术和体系，再介绍智能制造服务知识工程。

7.3.1 智能制造服务技术

智能制造服务是世界范围内信息化与工业化深度融合的大势所趋，并逐渐成为衡量一个国家和地区科技创新和高端制造业水平的标志。而要实现完整的生产系统智能制造服务，关键是突破智能制造服务的基础共性技术，主要包括服务状态感知技术、信息安全技术和协同服务技术。在这些技术的基础上，智能制造服务可形成其技术体系。

（1）服务状态感知技术

服务状态感知技术是智能制造服务的关键环节，产品追溯管理、预测性维护等服务都是以产品的状态感知为基础的。服务状态感知技术包括识别技术和实时定位系统。

① 识别技术。

识别技术主要包括射频识别技术、深度三维图像识别技术以及物体缺陷自动识别技术等。深度三维图像物体识别技术可以识别出图像中有什么类型的物体，并给出物体在图像中所反映的位置的方向，是对三维世界的感知理解。结合人工智能科学、计算机科学和信息科学之后，三维物体识别技术成为智能制造服务系统中识别物体几何情况的关键技术。

② 实时定位系统。

实时定位系统可以对多种材料、零件、工具、设备等资产进行实时跟踪管理，例如，生产过程中需要监视在制品的位置以及材料、零件、工具的存放位置等。这样，在智能制造服务系统中就需要建立一个实时定位的网络系统，以实现目标在生产全过程中的实时位置跟踪。

（2）信息安全技术

数字化技术之所以能够推动制造业的发展，很大程度上得益于计算机网络技术的广泛应用，但这也对制造工厂的信息安全构成了威胁，如图7.3所示。

在制造企业内部，工人越来越依赖于计算机网络、自动化机器和无处不在的传感器，而技术人员的工作就是把数字数据转换成物理部件和组件。制造过程的数字化技术支撑着产品设计、制造和服务的全过程，必须加以保护。不仅如此，在智能制造体系

中，制造业企业从顾客需求开始，到接受产品订单、寻求合作生产、采购原材料或零部件、产品协同设计到生产组装，整个流程都通过互联网连接起来，信息安全问题将更加突出。

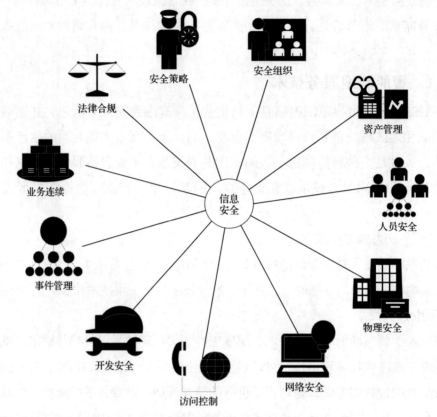

图7.3 信息安全关联

智能互联装备、工业控制系统、移动应用服务商、政府机构零售企业、金融机构等都有可能被网络犯罪分子攻击，从而造成个人隐私泄露、支付信息泄露或者系统瘫痪等问题，带来重大的损失。在这种情形下，互联网应用于制造业等传统行业，在产生更多新机遇的同时，也带来了严重的安全隐患。

想要解决信息安全问题，需要从两个方面入手。

① 确保服务器的自主可控。服务器作为国家政治、经济、信息安全的核心，其自主化是确保行业信息化应用安全的关键，也是构筑我国信息安全长城不可或缺的基石。只有确保服务器的自主可控，满足金融、电信、能源等对服务器安全性、可扩展性及可靠性有严苛标准行业的数据中心和远程企业环境的应用要求，才能建立安全可靠的信息产业体系。

② 确保IT核心设备安全可靠。目前，我国IT核心产品仍严重依赖国外企业，信息化

核心技术和设备受制于人。只有实现核心电子元器件、高端通用芯片及基础软件产品的国产化，确保核心设备安全可靠，才能不断把IT安全保障体系做大做强。

（3）协同服务技术

要了解协同服务技术，首先要了解什么是协同制造。

① 协同制造。

协同制造，是充分利用网络技术和信息技术，实现供应链内及跨供应链的企业产品设计、制造、管理和商务合作的技术。协同制造通过改变业务经营模式与方式，实现资源的充分利用。协同制造是基于敏捷制造、虚拟制造、网络制造、前期化制造的现代制造模式，它打破了时间和空间的约束，通过互联网使整个供应链上的企业、合作伙伴共享客户、设计和生产经营信息。协同制造技术使传统的生产方式转变成并行的工作方式，从而最大限度地缩短产品的生产周期，快速响应客户需求，提高设计、生产的柔性。

按协同制造的组织分，协同制造分为企业内的协同制造（又称纵向集成）和企业间的协同制造；按协同制造的内容分，协同制造又可分为协同设计、协同供应链、协同生产和协同服务。

② 协同服务。

协同服务是协同制造的重要内容之一。协同服务包括设备协作、资源共享、技术转移、成果推广和委托加工等模式的协作交互，通过调动不同企业的人才、技术、设备、信息和成果等优势资源，实现集群内企业的协同创新、技术交流和资源共享。

协同服务可最大限度地减少地域对智能制造服务的影响。通过企业内和企业间的协同服务，客户、供应商和企业都参与到产品设计中，可大大提高产品的设计水平和可制造性，有利于降低生产经营成本，提高质量和客户满意度。

7.3.2　智能制造服务体系

制造服务的研究角度有很多，例如，从管理学角度研究制造服务的商业模式，从计算机科学角度研究制造服务平台构建，从制造科学角度研究服务型制造理论等。本小节仅基于工业物联网角度，引入工业4.0 理论和智能制造技术，介绍服务企业、制造企业和终端用户在工业4.0 环境中形成的生产性服务和制造服务化关系，研究智能制造服务知识的建模与演化理论、智能制造服务运作的企业与模式理论、智能制造服务模块的生产与集成技术、智能制造服务系统的设计与组建技术等内容。在界定制造服务基本概念和智能制造服务基本概念的基础上，介绍如何形成智能制造服务体系框架。

智能制造服务的理论与技术主要包括智能制造服务知识的建模与演化理论、智能制造服务运作的企业与模式理论、智能制造服务模块的生产与集成技术、智能制造服务系统的设计与组建技术等。智能制造服务的运营模式是指基于智能制造服务平台随时随地地运作智能制造服务的商业模式，在此运营模式下，智能制造服务理论与技术的基本概念体系如下。

（1）智能制造服务知识。智能制造服务知识是在智能制造服务活动过程中涉及的生产性服务知识、制造服务化知识、服务型制造知识，以及支持智能制造服务主体的各种领域知识等，它是通过历史数据挖掘与大数据分析实时数据获得，在制造服务活动中进行积累和淘汰的。

（2）智能制造服务运作。智能制造服务运作是以智能制造服务为运营商品，在工业4.0环境下组织产品生产、服务设计、产品服务系统集成，并销售产品服务系统实现价值创造的过程，它是以智能工厂实现运作环境，以智能生产实现运作方式的。

（3）智能制造服务模块。智能制造服务模块是基于快速配置智能制造服务系统的目标，而创建的模块化的智能制造服务。这种模块是按照智能制造服务主体的核心产品或服务构建的，它可在工业互联网环境中动态调度，具有可配置等特性。

（4）智能制造服务系统。智能制造服务系统是考虑智能制造服务主体的智能制造服务需求，设计出智能制造服务方案，再根据方案将若干智能制造服务模块集成演化的系统。智能制造服务系统是智能制造服务运营的核心商品。

智能制造服务体系框架如图7.4所示。各个层次的具体说明如下。

（1）目标层。在目标层提出智能制造服务的研究目的。为了实现制造与服务的融合总目标，研究技术体系实施方案，利用工业互联网技术，使得智慧服务企业、智能制造企业和终端用户的需求最大限度获得满足。

（2）方法层。在方法层提出智能制造服务研究思路方法，主要是智能制造服务的运营模式，特别是针对生产性服务和制造服务化。生产性服务突出价值链形成行业特点，制造服务化突出产业链达到区域优势。

（3）理论技术层。在理论技术层提出实现目标的关键理论技术。关键理论技术是智能制造服务知识的建模与演化理论、智能制造服务运作的企业与模式理论、智能制造服务模块的生产与集成技术、智能制造服务系统的设计与组建技术等。

（4）基础层。在基础层主要提供智能制造服务研究的理论基础以及技术基础，包括工业4.0理论、智能制造技术、一切即服务、面向服务架构、云计算、物联网、大数据、ASP模式、Web服务技术、生产性服务、制造服务化等。

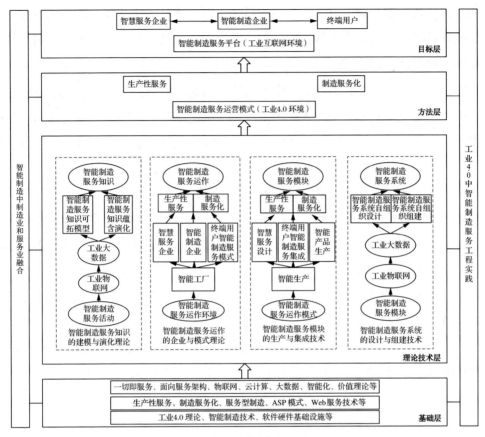

图7.4 智能制造服务体系框架

7.3.3 智能制造服务知识工程

与智能制造过程相比，智能制造服务更加注重对知识的利用，这些知识在制造服务活动中起到重要作用，其来源基础是智能制造服务过程产生的大数据。

智能制造服务活动产生的数据是客观存在的，这些数据蕴含的知识需要通过信息技术来挖掘。挖掘的方法是对智能制造服务活动进行抽象，从智能制造服务数据中提取智能制造服务信息，从智能制造服务信息中获取智能制造服务知识，再对智能制造服务知识进行建模，最终将有限的智能制造服务知识进一步演化生成更丰富的智能制造服务知识。如此不断积累的过程，为智能制造服务提供支撑技术，保障智能制造服务的顺利运作。在介绍智能制造服务的知识工程之前，首先介绍智能制造服务的信息提取和知识获取。

（1）智能制造服务的信息提取

智能制造服务活动涉及制造企业、服务企业和终端用户3方面的主体活动和相互之间的业务活动，对于产生的大数据，需要运用知识发现理论进行信息提取和知识获取。首先用知识表示方法对智能制造服务知识进行规范化编码。智能制造服务知识规范化编码是确定智能制造服务知识符号化的一种描述法则，这种描述法则可以把知识方便、有效地变成计算机能够处理的某种数据结构。编码方法有基于产生式规则的编码、基于实例的编码、面向对象的编码等。

将知识编码后，可从原始数据库中提取智能制造服务信息。智能制造服务信息是关于制造服务活动产生的各类相关数据的集合，在制造服务活动中产生的大数据，通过物联网和云计算等技术手段采集和处理后存入数据库或者数据仓库。通过对应的智能制造服务知识规范编码，对智能制造服务信息进行分类，就是智能制造服务信息提取，因此智能制造服务信息提取是智能制造服务知识获取的基础。

可拓学是用形式化模型研究事物拓展的可能性和开拓创新的规律与方法，并用于解决矛盾问题的科学。从可拓学角度分析，采集和处理后存入数据库中的数据作为提取的原始数据库；用可拓学的逻辑细胞——基元来表示制造服务的数据；经过可拓变换方法得到变换前后制造服务基元数据元库；再选取制造服务评价特征，经过可拓传导方法得到变换前后制造服务评价数据元库；综合关联度、关联积和关联差放入可拓分析器中，回溯至基础数据元库。基础数据元库将制造服务信息提取至制造服务信息元库中，结合支持度和可信度最终得到制造服务信息库，流程如图7.5所示。

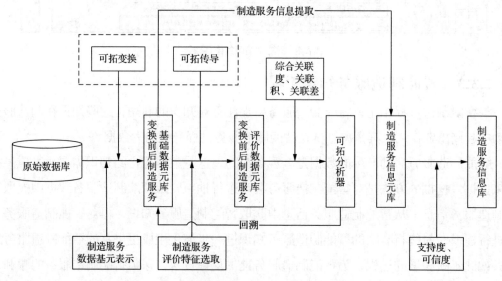

图7.5　智能制造服务信息提取的一般流程

（2）智能制造服务信息的知识获取

从业务活动产生的大数据中提取出智能制造服务信息后，接着就可以获取智能制造服务信息的知识。由于智能制造服务信息之间存在各种各样的联系，智能制造服务信息的知识具有传导性。如果对某一个智能制造服务信息的变换会导致其相关智能制造服务信息的变化，或对某一个智能制造服务信息特征量值的变换会导致智能制造服务信息其他某些特征量值的改变，这些变化记录在智能制造服务信息库中，从智能制造服务信息库中挖掘这些具有传导作用的知识就能够获取智能制造服务知识。在获取过程中，需要考虑"变换"对其智能制造服务的作用，因此变换前后的制造服务基础信息元库需要计算制造服务变换前后的量值差和制造服务传导信息元，区分不同的传导度对信息造成的影响，再回溯至智能制造服务信息库中，如此循环往复地不断获取智能制造服务信息的知识。从智能制造服务信息中获取智能制造服务知识的过程就是从数据库中挖掘传导知识的过程，类比图7.5从可拓学角度分析，获取的一般流程如图7.6所示。

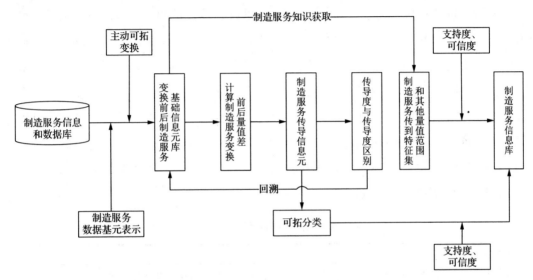

图7.6　智能制造服务知识获取的一般流程

智能制造服务属于典型的知识密集型服务，如何将制造服务过程中海量的知识进行有序表达、高效推理并系统存储，是解决制造服务领域中知识高效利用的关键问题，而知识工程则是解决该问题的有效途径之一。知识工程是一门以知识为研究对象的学科，研究如何将知识以计算机能识别的方式存储，并在此基础上对问题进行自动推理求解。知识工程的研究包括知识表示、知识存储、知识推理、知识重用、知识繁衍等，其中知识表示是知识工程的基础。知识工程最早是由美国斯坦福大学的教授在1977年第五届国际人工智能会议上提出的，他将知识工程定义为一种采用人工智能原理和方法，求解这些需要领域专家知识才能解决的应用难题的手段。近年来，知识图谱（Knowledge Graph，KG）作为现代人工智能技术中的重要组成部分，能够在制造服务数据的存储、管理以及在此基础上的搜索、智能问答、情报分析等领域中发挥重要作用。其中，知识图谱构建技术方面主要有专家构建方式、众包构建方式和自动构建方式等。本小节将从以下3个方面介绍知识工程的方法。

（1）全生命周期制造服务经验的知识化

知识是制造过程的智能化的载体，通过在制造过程中应用知识工程，可以快速实现制造过程的信息化、智能化。知识表示则是将知识以某种形式符号化的过程，便于计算机进行存储和管理，以及结合具体问题进行推理应用。同时，一种好的知识表示方法是知识库易于维护和知识推理高效的前提，更是知识系统能有效解决问题的决定性因素。因此，知识表示一直以来都是知识工程领域研究的热点与核心。目前，国内外学者已经提出多种知识表示方法，包括一阶谓词逻辑、语义网络、产生式规则、框架、实例、本体等。

一阶谓词逻辑是一种采用经典谓词逻辑形式来表示知识的方法。语义网络是一种采用带有标记的有向图来表示知识的方法。产生式规则是一种采用"If A Then B"的形式来表示知识的方法，意思是如果前提部分A的条件满足，则执行B中规定的动作。框架实际上是对象、属性和属性值的集合，包含若干个槽或侧面，它们分别描述对象某个方面的属性。实例是对以往解决问题的客观描述，它将问题求解的初始条件、方法过程和求解结果存储起来，隐含求解过程中所运用的知识和经验。本体表示法的目标是统一人类对某领域知识的共同理解，实现人和计算机某种程度上对知识资源的共享和重用。这几种知识表示方法的优缺点如表7.1所示。

表 7.1　几种知识表示方法的优缺点

知识表示法	优点	缺点
一阶谓词逻辑	接近人类语言，易于接受	事实较多时推理易出现组合爆炸
语义网络	反映人类思维联想过程，自然清晰	形式多样导致处理复杂性大大提高
产生式规则	善于表示过程性知识和因果性知识	不便于表示结构性和层次性知识
框架	善于表示结构性和层次性知识	不便于表示过程性知识和因果性知识
实例	便于存储问题求解时的隐含经验	具体表示形式和标准不统一
本体	便于描述事物之间的复杂联系	关系描述过多时导致推理过程复杂

智能制造服务过程中所蕴含的知识的形式和结构各不相同，不便于统一描述、组织和管理。因此，为了对这些不同类型的知识进行统一表达，还需建立支持多种知识共存的智能制造服务的混合知识表示模型，采用思维导图来实现。

思维导图最初是由20世纪60年代英国人提出的，其充分运用源自大脑的神经生理学习互动模式和多感官学习特性，可极大地展现个人智力潜能，提升思考技巧，提高记忆力、组织力与创造力等。目前，思维导图已被广泛应用于文化、教育、商业、行政等领域，但是这些领域中思维导图往往只是被当作一种静态的、常识性的知识描述工具，很少体现出其在动态知识推理方面的价值。如果将某领域的知识在思维导图中以一定的结构表示和组织起来，那么在求解该领域具体问题时通过调用相关的知识推理算法对思维导图中的节点进行遍历和匹配，即可找出该问题的解。由此可见，思维导图不仅能静态地表示知识，还能通过动态的知识推理来解决实际问题。基于思维导图的知识表示模型如图7.7所示，基于思维导图的知识表示具有以下特点。

① 知识主题被置于思维导图的中心。

② 由知识主题开始呈放射状向四周发散形成由一级知识节点构成的主分支。

③ 一级知识节点继续向外辐射形成不同层次的各级知识节点构成的若干子分支。

④ 整个基于思维导图的知识表示模型呈多叉树结构。

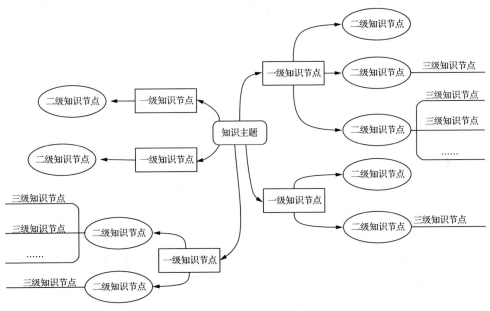

图7.7　基于思维导图的知识表示模型

（2）智能制造服务的知识工程

在完成全生命周期制造服务经验的知识化后，需要借用知识工程工具解决实际制造服务问题。智能制造服务的知识工程主要分为知识存储和知识推理两部分，下面分别进行论述。

① 智能制造服务的知识存储。

知识库是为了满足某领域问题的求解需要，而将相互联系的知识集合以某种表示方式存储在计算机中，以方便知识的组织、管理及推理应用的一种手段。知识库是知识工程和数据库技术发展相交融的重要产物，它使得基于知识的系统具有智能性，其核心在于面向某些领域问题，通过知识的共享和重用，来完成知识的推理应用。

知识库和数据库的侧重点不同。数据库用于企业的数据管理，存储类型不同、形式各样的数据，而知识库面向的是知识工程领域问题的智能求解，存储的是多样化、易于使用以及全面有组织的知识集群，且这些知识表现形式和逻辑结构各不相同。但知识库和数据库的联系又非常紧密。知识库的构建离不开数据库的支撑，知识库是用来存放知识的实体，不同表示方式的知识最终都将转化为合适的数据结构存入计算机中，目前通常采用关系数据库来实现。随着知识工程的发展，从知识库中存取知识如同从数据库中存取数据一样方便，知识存储已经成为当前知识库研究的主要趋势。

知识库是否易于维护、知识存取是否快捷是衡量一个知识系统效率高低的关键性因素。智能制造服务的计算与决策中包括框架、实例、产生式规则以及本体不同类型的知识。若将这些知识全部存放在一个知识库中，不仅会直接增加知识管理的难度，更会导致知识库的存取效率下降。针对智能制造服务的计算与决策的混合知识表示模型，知识库逻辑结构如图7.8所示。

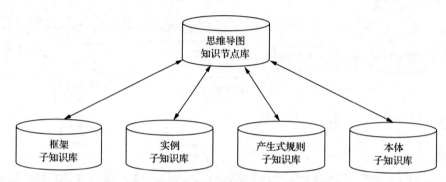

图7.8 智能制造服务的计算与决策知识库的逻辑结构

在图7.8中，整个智能制造服务的计算与决策知识库以思维导图知识节点库作为统领，按照知识节点内容的不同，分别将不同类型的知识节点与对应的框架、实例、产生式规则、本体子知识库相关联，从而形成以思维导图为导引的知识库。这种逻辑结构可以有效地提高智能制造服务的计算与决策知识库的知识存取效率，通过对不同类型知识进行分类存储，有利于对知识的组织，更可为推理过程中知识的高效提取创造条件，同时也使得对不同类型知识的维护更加便利。此外，思维导图具有极好的延伸性和拓展性，也可为知识库的继续扩充留下余地。

② 智能制造服务的知识推理。

广义上的推理是指人类根据既定的事实进行思维拓展、演绎推理出结论的过程，它是人类高级思维的一种重要体现。知识推理是指利用计算机模拟人类的思考推理方式，根据一定的求解策略，在已经建立的知识集合中自动推理搜寻问题解的过程。知识推理按照知识形式不同，相关方法也有所不同。

a. 采用框架推理来求解问题时，首先需要建立待求解问题的初始描述框架；然后将完成填充后的初始描述框架与框架库中已有的框架进行部分槽或侧面的匹配，从而找到满足某些条件的预选框架；最后通过预选框架中其他槽或侧面的内容以及框架系统间的联系，得到进一步的启发，使得问题的求解不断向前推进。

b. 实例推理的基本思想是，将以往求解问题时的条件、方法和结果以实例的形式存储起来放入实例库中，当下次要解决类似的问题时，首先对当前问题进行描述，然后在实例库中寻找与当前问题最为相似的实例，并根据需要对搜索出来的实例进行修改以满足新的问题求解要求，最后对修改完成后的实例进行保存。

c. 产生式规则推理包括正向推理、反向推理和混合推理3种。正向推理是一种从已有的事实出发，通过遍历规则库中的产生式规则来逐步推断出新结论的推理方法。反向推理是一种从问题的求解目标出发，通过不断地提出结论来逐步寻找前提证据的推理方法。混合推理是正向推理与反向推理同时进行的推理方法。

由于本体描述语言无法描述复合属性，因此语义网规则语言（Semantic Web Rule Language，SWRL）往往与其结合起来被用于本体推理中。通常本体推理采用OWL+SWRL + Jess的结构，其中网络本体语言（Web Ontology Language，OWL）对本体概念类及其关系进行表述，SWRL进一步对本体内因果过程关系进行说明，Java专家系统外壳（Java Expert Shell System，Jess）将OWL和SWRL转换为Jess支持的事实库和规则库，并在此基础上推理出隐含事实。

（3）智能制造服务中的知识图谱技术

基于领域知识图谱的服务数据空间，可实现大规模的查询与自动推理。其利用语义本体对服务流为中心的相关概念进行形式化描述，并对涉及的服务约束知识进行建模，最终实现服务数据空间模式层的建模。同时，结合Datalog和R2RML，可把在领域知识图谱上的SPARQL查询转换为关系数据库的SQL查询，以构建基于查询重写的映射规则，实现服务数据空间实例层的映射。

基于领域KG的SD模型，一方面方便了多类型服务交互以统一的方式获取各类制造与服务数据，辅助生产决策；另一方面为多层级交互与协作提供了统一的数据接口，实现多服务主体节点间的数据交换与共享。基于领域KG的SD模型并非像传统数据仓库那样需要额外提供一个固化的存储空间来存储各个数据源的数据，而是提供一种中间映射结构，将数据源与领域KG进行映射，因此领域专家可借助映射关系（RDB）快速高效地写出语义查询语句，避免因缺乏IT知识不能写出复杂的SQL查询语句的问题。

SD模型由3个部分构成，形式化描述如公式（7-1）所示。

$$DataSpace(D,K,M) \tag{7-1}$$

式中，D——SD模型的数据源，通常为关系数据库，包括数据库根式和实例数据，其中关系数据库模式包含数据表和数据列的定义、主键和外键等一致性约束。

K——知识库，这里为领域本体，为SD模型提供高层面的数据概念视图、数据查询词汇和推理所需的本体公理。目前，描述本体模型的标准语言为 W3C最新标准OWL2，这里使用其子语言OWL2 QL构建领域KG的模式层。

M——语义映射规则集合，描述数据源中的数据如何填充到本体中的类和属性中，每一个映射规则形如*m*:SQL(*X*)→Triple(*X*)，SQL(*X*)表示在RDB上的SQL查询，Triple(*X*)是构建在领域KG上的RDF三元组模板，表示如何将从RDB中获取到的值赋给RDF项，从而实例化本体类与属性。描述语义映射规则的标准语言为W3C标准R2RML，通过R2RML可构建RDB和RDF图之间的映射关系。

RDB转换为领域KG的模型与方法，是针对当前制造服务数据杂乱无章和关系复杂背景下的制造服务数据统一集成与管理的思路，这套方法包括以静态服务资源和动态服务流为中心的SD模式层构建及利用本体公理进行知识约束建模方法；RDB与领域KG的映射方法，即利用Datalog和R2RML集成的方式实现SPARQL到SQL的映射。

7.4 智能制造服务的发展趋势

本节首先介绍多种制造模式下的智能制造服务现状，再对智能制造服务的未来应用做出展望。

7.4.1 多种制造模式下的智能制造服务发展现状

目前，智能制造服务的制造模式有4种：面向服务型制造、面向社群化制造、面向云制造、面向产品服务系统。本小节介绍基于不同的制造模式智能制造服务发展的现状。

（1）面向服务型制造的智能制造服务

服务型制造是制造与服务融合发展的一种新业态，其依托外包、服务租赁等机制，将制造服务提供给用户，以实现双方互利共赢。20 世纪90年代，国外学者给出了服务型制造的概念和实现策略。2007 年前后，国内学者结合中国制造的特点，较为系统地提出了服务型制造的理论架构。孙林岩等指出，服务型制造模式的关键目标是通过产品与服务深度融合、服务用户深度介入、业内服务企业互助协作来实现离散制造资源的整合与协同，最终实现制造业价值链上的增值。林文进等认为，服务型制造模式的诞生背景是制造业和服务业的高度融合，它通过高效的网络化协作实现制造向服务的迁移以及服务向制造的融合，最终使得企业在为服务用户创造价值的同时为自身谋取利益。江平宇等从产品服务系统的角度入手研究具体如何实现服务型制造，并指出产品服务系统是发展面向产品全生命周期的制造服务的关键。

总的来说，服务型制造更突出地强调服务对制造业价值增值的作用，通过在产品全生命周期的各个环节融合外包/众包/产品服务系统等高附加值的服务方案，重构与优化"服务发包方和接收方"的生产组织形式、运营管理方式和商业发展模式，来拓展和延伸制造产业链的价值链，实现制造服务双方的共赢局面。

（2）面向社群化制造的智能制造服务

社群化制造是指专业化服务外包模式驱动的、构建在社会化服务资源自组织配置与共享基础上的一种新型网络化制造模式。社群化制造模式下，拥有不同制造服务资源类型的企业自组织、自适应地形成动态、复杂、多元拓扑资源网络。网络中分散的社会化制造及服务资源，通过多种社交关系关联形成面向不同类型制造服务资源的动态自治社区，社群内自治制造服务资源可根据制造服务能力与服务用户需求之间的匹配关系进行自组织动态协同。同时，依托开放式、工具化的社群化制造服务资源平台，社区内的制造服务资源可标准化描述与封装，更好地支持服务需求能力匹配、基于服务能力的社区自治等。

社群化制造模式越来越多地出现在实际生产中。例如，企业组织架构的小微化、外包/众包模式、开源模式、创客/小微企业的涌现等。造成这些现象的原因在于社交媒体技术、互联网信息技术的进步，以及市场环境和共享经济概念所催生出的企业/个人交互模式的改变。制造服务提供商可用多种数据感知、挖掘与分析工具，全方位获取市场和服务用户的产品需求信息与行为数据。当接到订单后，亦可整合社群化制造服务资源平台上的制造服务资源，以订单信息流为驱动，通过去中心化、扁平化网状结构生产互联模式，依靠自组织、自适应的制造资源服务社群满足服务用户的需求。

社群化制造下的智能制造服务模式，可看作以制造服务为核心的"制造+服务"网络的进一步发展和延伸。如何以制造服务为基础构建相应的制造服务网络是实现社群化制造模式背景下智能制造服务发展与应用的关键。对此，企业需聚焦如何把生产外包/众包、大企业组织形态小微化、创客模式、开源模式等与社群化制造模式深度结合，并在此基础上通过服务交互博弈、服务网络演化、服务价值流分析等研究手段，实现社群化制造模式背景下的智能制造服务建模、配置、运行与实施。

（3）面向云制造的智能制造服务

云制造是一种基于网络和云制造服务平台，按需制造的一种网络化制造新模式，它融合现有网络化制造和服务、云计算、物联网等技术，实现各类制造资源（制造硬设备、计算系统、软件、模型、数据、知识等）的服务化封装并以集中的方式进行管理，顾客根据自己的需求请求产品设计、制造、测试、管理和产品生命周期的所有阶段的服务。通过云制造服务资源平台，可以实现对社会化加工资源进行虚拟访问、生产任务的外包与承包、特定外包任务的执行过程监控等功能，并为服务用户提供按需加工服务。云制造模式遵从"分散资源集成融合"与"集中资源分散使用"两条逻辑主线，对社会化制造服务资源进行统一整合与按需分配，从而提高资源利用率、节省成本，帮助通常情况下自身生产能力有限的企业（以中小微企业为主）获取低价优质的制造服务，其运行机理如图7.9所示。

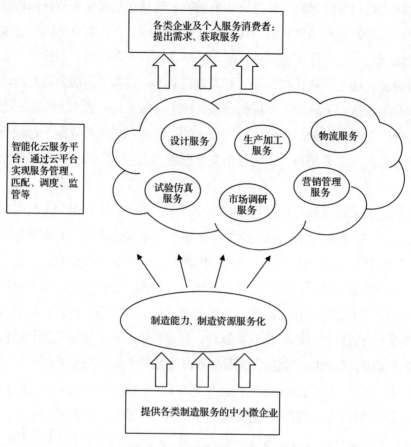

图7.9　云制造服务的运行机理

（4）面向产品服务系统的智能制造服务

产品服务系统（Product Service System，PSS）是实现服务型制造的重要内容和核心驱动力，它通过系统地集成产品和服务，为用户提供产品功能（而非产品本身）以满足服务用户需求，从而在产品全生命周期包括设计、制造、销售、配置、运控和维护等各个环节实现价值的增值。产品服务系统主要有产品导向、使用导向、结果导向3类。产品导向是指在已有的产品系统中加入诸如产品装配使用指导、维修、回收等服务内容；使用导向的核心思想是通过实物产品共享增加实物产品使用率，从而降本增益；结果导向的关键在于通过卖"服务"来代替卖产品的方式，减少用户对实物产品本身的需求。

产品服务系统涉及用户需求分析，服务设计、配置、运行，服务性能评估等多方面概念和问题。

① 在用户需求分析方面，可通过建立用户需求模型，将其与企业的服务能力匹配。

为实现该目标，可以通过分析现有产品服务系统设计方案，找到服务用户需求和方案之间的差距和原因，进而提出解决方案。

② 在服务设计方面，围绕产品全生命周期的服务方案进行分析，以确定服务设计的目标、内容和基本框架。另外，也可对现有产品服务系统本身进行分析，提取设计知识并予以重用，以实现提高设计效率和降低设计成本的目标。

③ 在服务配置方面，根据服务用户需求的不同，可在产品全生命周期中融合相应的服务以提高产品的功能和经济性能。其中，服务配置的核心在于依据服务项目之间的约束关系，以最优的服务需求匹配结果满足服务用户对服务的需求。

④ 在服务运行方面，主要内容在于围绕产品本身展开一系列运行和维护服务，包含服务项目、服务提供商、服务行为和服务流程等。需要指出的是，服务系统的运行效率决定其服务能力，提高服务运行效率对企业利润、服务用户满意度和服务生态均有积极的影响。

⑤ 在服务性能评估方面，通常可分为服务运行前评估和运行后评估。产品服务系统评估一般会选取多个指标（比如投入产出比、服务性能和服务过程能力、成本等），然后根据评估指标的不同而选用不同的评估方法。最终通过评估结果判断产品服务系统是否可以满足用户需求，并帮助其选出合适的服务项目和内容。

7.4.2　智能制造服务的未来应用

近些年来，人们的生活已经慢慢被智能产品所充斥，如智能手机、智能手表、智能眼镜，以及物联网下的智能家居等。在未来，智能制造服务等新型行业必会得到广泛关注与发展，可以包含以下6类。

（1）产品个性化定制、全生命周期管理、网络精准营销与在线支持服务等。

（2）系统集成总承包服务与整体解决方案等。

（3）面向行业的社会化、专业化服务。

（4）具有金融机构形式的相关服务。

（5）大型制造设备、生产线等融资租赁服务。

（6）数据评估、分析与预测服务。

美国GE公司在2012年11月发布了《工业互联网：打破智慧与机器的边界》的报告，确定了未来装备制造业智能制造服务转型的路线图，将"智能化设备""基于大数据的智能分析""人在回路的智能决策"作为工业互联网的关键要素，并将为工业设备提供面向全生命周期的产业链信息管理服务，帮助用户更高效、更节能、更持久地使用这些设备。使用中的设备或系统首先需要进行健康检测，再进行设备衰退管理，去除冗余信息等得到设备健康信息；最后进行测试，将完善的六西格玛设计返回给产品中心，保证设备零故障运行，进行下一次测试；在每一轮测试中，需要反馈可靠性和可用性设计，进行产品再设计，得到升级的设备。装备制造业服务系统设计构架如图7.10所示。

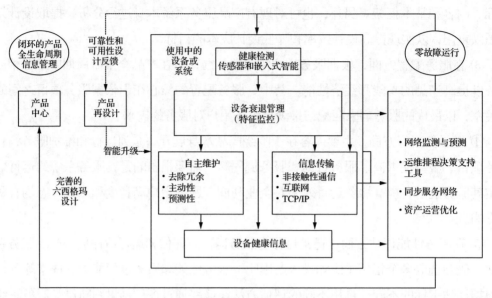

图7.10 装备制造业服务系统设计架构

【企业介绍：美国GE公司】

GE公司，即美国通用电气公司（General Electric Company），创立于1892年，又称奇异公司，是世界上最大的提供技术和服务业务的跨国公司之一，总部位于美国波士顿。自从托马斯•爱迪生创建了GE公司以来，GE公司在多元化发展当中逐步成长为出色的跨国公司，业务遍及世界上100多个国家，拥有员工约30多万人。

GE公司电工产品技术比较成熟，产品品种繁多。它除了生产消费电器、工业电器设备外，还是一个巨大的军火承包商，制造宇宙航空仪表、喷气飞机引航导航系统、多弹头导弹系统、雷达和宇宙飞行系统等。阿特拉斯火箭、雷神号火箭就是这家公司生产的。

GE公司致力于不断创新、发明和再创造，将创意转化为领先的产品和服务。GE公司由四大业务集团构成，每个集团都包括多个共同增长的部门。GE公司的业务推动着全球经济发展和人们生活条件的改善。GE公司的4个全球研发中心吸引着世界上出色的技术人才，上千名研究人员正努力创造新一代的技术。

未来，产品价值将最终被服务价值所代替，每一个企业都会借助工业互联网的兴起和它日益完善的功能，在优化提升效率获取可观收益之后，不断进行探索，为服务模式的创新奠定坚实的实践经验和数据基础。智能制造服务可以满足制造服务主体的个性化需求，智能制造服务工程可以提高制造企业竞争力，智能制造服务平台可以提供制造服务主体之间实践服务化的桥梁，而且面向不同类型的企业，可以提供不同类型的智能制造服务。

（1）面向国际制造企业的智能制造服务，可以提供企业在全球范围的运作和管理，将最新制造战略快速传递到世界各个分公司，而且制造服务各个环节的起承转合都不受时间和地域限制。更多生产性服务加入工业互联网可以不断改进企业的方方面面，例如，产品设计、产品制造、产品销售、人力资源部署配置、金融资本流通、服务方案落实等。特别是决策支持系统的个性化咨询服务。

（2）面向中央制造企业的智能制造服务，可以使企业更快地实现技术和管理创新，将世界范围内好的资源快速集成到企业发展蓝图中，能及时获取更全面的技术信息和管理策略。有更多制造服务化方案可供企业选择，特别是装备企业提供产品服务系统的整体方案可以通过智能制造服务获得顶尖的技术支持，使企业和消费者双赢。

（3）面向民营制造企业的智能制造服务，可以给企业提供更多的商机，使得企业产品和服务可更方便地出售，对于企业的信息化可以采用租用模式节省成本，又可获得信息化带来的便捷。企业难题可以通过智能制造服务在世界范围内悬赏求助，更有机会获得最佳的制造服务资源。企业的个性化需求也会给其他企业带来制造服务创业的机会，使分散的民间智力资源充分发挥作用。

（4）面向传统制造业企业的智能制造服务。可从3个方向入手：一是依托制造业拓展生产性服务业，并整合原有业务，形成新的业务增长点；二是从销售产品向提供服务及成套解决方案发展；三是创建公共服务平台、企业间协作平台和供应链管理平台等，为制造业专业服务的发展提供支撑。

应用案例：创世纪——智能制造服务业公司积极培育和发展的业务

广东创世纪智能装备集团股份有限公司的前身为广东劲胜智能集团股份有限公司，公司以高端智能装备业务为核心，致力于以产品品质推动人们生活品质的升级，给世界工业带来高效、绿色、创新的加工应用和服务体验，努力创建国内外一流的机床品牌。

公司集高端智能装备的研发、生产、销售、服务于一体，数控机床产品品种齐全，涵盖钻攻机、立式加工中心、卧式加工中心、龙门加工中心、数控车床、雕铣机、玻璃精雕机、高光机、激光切割机等系列精密加工设备，广泛应用于5G产业链、3C消费电子领域、机械制造、医疗器械、新能源汽车、汽车零部件、工程机械等领域的核心部件加工。

公司拥有深圳、苏州、宜宾、东莞4个现代化生产基地，厂房面积达300 000余平方米，员工约2 000人，月产出2 000多台机器。公司秉承"高速度·高精度·高效率·高性价比"的市场定位，通过技术创新和规模化生产，提供高性价比的产品，让客户能以更低的成本享受科技创新带来的成果，持续为客户创造更大价值。

公司销售和服务网络遍及全国各地，设有专业售后服务中心，并在北京、上海、天津、广东、江苏、浙江、福建、安徽、山东、湖北、湖南、四川、广西等地设有分公司和办事处，为客户提供全面、方便和快捷的服务支持。

展望未来，公司将弘扬"我们一直用心，努力做到更好"的企业文化精神，始终坚持以市场和用户需求为导向，以完善的管理体系和质量保证体系为基础，持续为广大机加工用户提供高效率、高品质的专业服务。目前的核心竞争优势如下。

（1）数控机床床身铸件技术

通过精心设计机床铸件结构，使机床长期保持精密的几何精度、运动精度和定位精度。通过有限元分析和模态分析的方法，多次优化认证，设计出高刚性和抗震性能优越的机床结构。采用对称、热平衡设计方法，改善机床结构热变形，使得机床加工精度更高。

（2）系统智能化控制技术

通过机床系统智能化设计，可以实现高速高精度控制，如系统预读30个程序段来自动计算路径，较大的预读可保证计算的准确性；系统根据程序的加工路径，自动计算程序运行时的加减速时间；通过计算加工路径间的角度，在加工的拐角处，实行最佳速度控制，在角度加工之前系统会根据角度的大小、加工的速度，自动计算最佳的加工速度保证转角加工的精确性；加工时，当所加工的线段单节角度很小，并且在没有实行最佳转角减速的情况下，系统自动选择使用向量精密插补功能生成的路径更平滑；使用前馈控制功能，可以减少控制系统时延造成的加工误差，提高加工的精度。

（3）智能刀具寿命管理技术

在机械零件加工过程中，对刀具进行寿命管理非常重要。三菱与FANUC宏程序开发3数控机床刀具寿命管理功能的方法，内容涉及刀具切削用时的自动统计、显示与报警，以及报警和相关数据的自动清除。利用刀具寿命管理功能来把握诸如使用次数和使用时间的刀具使用状态，使得设定值在到达使用状态后更换为备用刀具，由此可事先预防钻头的破损等故障。

（4）ATC换刀速度提升技术

公司在传统自动换刀装置的基础上提高动作速度或采用动作速度更快的机构和驱动元件，根据高速工具机的结构特点设计刀库和换刀装置的形式和位置。

截至2020年上半年，公司东莞中创智能制造系统有限公司收入规模较小，对公司经营业绩不构成重大影响。智能制造服务业务属技术密集型行业，主要依靠技术和产品创新、满足客户多样化的服务需求驱动业务发展。为此，公司智能制造服务业务尤其注重人才团队建设，积极引入具有相关行业创新能力的技术人员，不断增强智能制造服务能力。

本章小结

智能制造服务能够实现制造价值链的价值增值，并对分散的制造资源进行整合，从而提高企业的核心竞争力。本章首先介绍了制造服务的定义、概念体系、创新模式和共性技术；然后介绍了智能制造服务的定义、概念体系和智能制造服务的3个特点；接着介绍了智能制造服务的3种关键共性技术，它们分别是服务状态感知技术、信息安全技术和协同服务技术；接着介绍了智能制造服务体系框架的4层结构，它们分别是目标层、方法层、理论技术层和基础层，并讲述了知识工程方法；最后介绍了基于4种制造模式下智能制造服务发展的现状，最后展望了智能制造服务的未来发展。

习　题

1. **名词解释**

（1）制造　　　　（2）制造服务　　（3）智能制造服务　（4）服务状态感知技术

（5）协同制造　（6）协同服务　　（7）智能制造服务的知识存储

（8）智能制造服务的知识推理

2. **填空题**

（1）制造服务创新模式将产品生命周期分为_____、_____、_____段。

（2）制造服务的关键共性技术有_____、_____、_____、_____。

（3）智能制造服务是将_____、_____、_____等新一代信息技术应用到产品全生命周期制造服务各环节，实现制造服务的全方位智能化_____与_____的过程。

（4）智能制造服务的特点有_____、_____、_____。

（5）制造服务活动涉及_____、_____和_____3方面的主体活动和相互之间的业务活动，产生的大数据没有现成的技术原理，需要运用_____进行智能制造服务知识获取。

（6）_____是智能制造服务的关键环节，_____、_____等服务都是以产品的状态感知为基础的。

（7）_____是制造过程的智能化的载体，通过在制造过程中应用知识工程，可以快速实现制造过程的_____、_____。

（8）对传统制造业企业来说，实现智能制造服务可从 3 个方向入手：_____、_____、_____。

3. **单项选择题**

（1）以下（　　　）不属于产品形成阶段的制造服务的3个环节之一。

    A. 市场研究　　　　B. 产品开发　　　　C. 产品设计　　　D. 产品销售

（2）制造服务专业技术不包括（　　　）。

    A. Web 2.0技术　　　　　　　　　　B. MRO服务技术

    C. 远程监控技术　　　　　　　　　　D. 维修服务技术

（3）智能制造服务知识规范化编码方法不包括基于（　　　）的方法。

    A. 生产式规则　　B. 结构化数据　　C. 面向对象　　D. 实例

（4）协同服务可最大限度地减少（　　　）对智能制造服务的影响。

    A. 时间　　　　　B. 信号　　　　　C. 地域　　　　D. 经济效益

（5）知识图谱构建技术方面主要有3种方式，以下（ ）不在其中。

　　A．专家构建方式　　　　　　　　B．自动构建方式

　　C．众包构建方式　　　　　　　　D．随机构建方式

（6）以下（ ）不属于工业4.0环境下的智能制造服务理论与技术体系层次。

　　A．目标层　　　　　　　　　　　B．网络层

　　C．方法层　　　　　　　　　　　D．理论技术层

4．简答题

（1）简述智能制造服务的特点。

（2）简述智能制造服务的技术体系。

（3）简述智能制造服务的知识工程方法。

5．讨论题

（1）IBM的群体系统开放式创新有哪些优点和缺点？

（2）制造服务的关键共性技术可以运用在生活中的哪些方面？

（3）创世纪公司的竞争优势是什么？还有哪些需要改善的方面？

第8章
智能制造管理

【本章教学要点】

知识要点	掌握程度	相关知识
智能制造管理的概念	掌握	智能制造管理的基本概念和发展
成本管理的概念和特点	掌握	成本管理的基本概念，4个特点
成本管理的方法	了解	标准成本法、作业成本法
质量管理的概念和特点	掌握	质量管理的定义，3个特点
先进质量管理模式	了解	PDCA循环、5W2H1E方法
设备管理的概念和技术	掌握	设备管理定义，5项关键技术
精益管理的概念和作用	掌握	基本概念，丰田屋，2方面作用
精益管理的优化过程和方法	熟悉	精益小组和班组建设，3个注意事项
供应链管理的概念和特点	掌握	供应链管理的提出、特征和分类，原理图
智能供应链管理的特征	熟悉	3个新的特征
智能制造工厂的含义和类型	掌握	离散型和流程型
智能制造工厂的架构	了解	智能制造工厂的概念及其架构图

　　智能制造与传统制造一样需要管理，并且需要新的管理理论和方法。智能制造过程涉及大数据、物联网等多种技术，其制造成果受质量、成本等多个指标的影响，采用适当的方法对智能制造进行有效的管理能够充分发挥"智能"的价值，提高作业效率、优化生产成果。本章首先介绍智能制造管理的概念、发展等知识，在此基础上详细介绍智能制造管理体系的各个组成部分，然后分别介绍智能制造中的精益管理和供应链管理，最后介绍智能制造工厂的相关内容。

8.1　智能制造管理概述

　　随着制造企业的智能化发展，传统的管理模式已经无法满足现代制造型企业发展的需求。智能制造管理对于智能制造的顺利进行至关重要，制造过程的智能化同时需要管理的智能化。本节将从介绍管理的概念开始，在此基础上介绍智能制造管理的概念以及我国制造业管理现状。

8.1.1　智能制造管理的概念

（1）管理的概念

生活中经常能够听到"管理"一词，小到一项作业活动，大到一个企业，都需要进行管理。许多管理学家和经济学家都非常强调管理的重要性，如有人把管理看成工业化的催化剂和经济发展的原动力，同土地、劳动和资本并列为社会的"四种经济资源"，或者同人力、物力、财力和信息一起构成组织的"五大生产要素"；还有人把管理、技术和人才的关系比喻为"两个轮子一个轴"。如同没有先进的科学技术作业活动乃至管理活动无法有效地开展一样，没有高水平的管理相配合，任何先进的科学技术都难以充分发挥作用，而且，技术越先进，对管理的要求也就越高。

对于管理，不同的管理学家给出了不同的定义。

①"科学管理之父"弗雷德里克·温斯洛·泰勒（Frederick Winslow Taylor）认为："管理就是确切地知道你要别人干什么，并使他用最好的方法去干。"在泰勒看来，管理就是指挥他人用最好的办法去工作。

②诺贝尔奖获得者赫伯特·西蒙对管理的定义是："管理就是制定决策。"

③彼得·德鲁克认为："管理是一种工作，它有自己的技巧、工具和方法；管理是一种器官，是赋予组织以生命的、能动的、动态的器官；管理是一门科学，一种系统化的并到处适用的知识；同时管理也是一种文化。"

④亨利·法约尔在其著作《工业管理与一般管理》中给出管理概念之后，该概念就产生了整整一个世纪的影响，对西方管理理论的发展具有重大的影响。法约尔认为，管理是所有的人类组织都有的一种活动，这种活动由5项要素组成：计划、组织、指挥、协调和控制。

⑤斯蒂芬·P·罗宾斯给管理下的定义是：所谓管理，是指同别人一起，或通过别人使活动完成得更有效的过程。

综合来看，所谓管理，就是指在特定的环境下，通过对资源进行有效的计划、组织、领导和控制，以实现既定目标的过程，即通过与其他人共同努力，既有效率又有效果地把事情做好的过程。虽然活动类型不同，具体的管理过程不尽相同，但都具有相似性和共通性。

（2）智能制造管理的概念及特点

管理是为完成目标而进行的，智能制造作为一种集生产、供应链等多个过程为一体、应用大量智能技术的活动，也要对其实施管理才能保证制造过程顺利进行。智能制造与智能管理是一个事物的两个方面。

根据管理的定义，不难理解智能制造管理的概念。智能制造管理就是根据企业的生产模式及规律，对智能制造生产过程进行计划、组织、领导和控制，充分利用各种资源和科技手段以实现不同时期的制造目标的企业活动。这个概念包括以下4个方面的含义。

① 管理对象：智能制造企业的生产活动是生产过程和流通过程的统一，因此，企业的管理涉及内部活动和外部经营两方面。智能制造企业管理的对象一是人，这个"人"不仅包括员工，还应包括智能机器人；二是物，其中物除了传统的固定资产外，更多的是智能制造企业中大规模使用的智能设备；三是事，做事的原则是正确地做正确的事。

② 管理主体：智能制造企业是由管理者来管理的。凡是参与管理的人，包括企业的高层领导、中层领导、基层领导，都是管理主体。在智能制造企业中，管理主体更加依赖于智能管理系统，对企业的管理对象进行管理。

③ 管理目的：管理是一种有意识、有组织的动态活动过程。智能制造企业管理的目的是实现组织目标，合理地利用资源，尤其是科技应用与创新，在满足社会需求的同时获得更多的利润。

④ 管理依据：智能制造企业的管理是管理者的主观行为。要使主观行为变成可行的客观活动并取得客观性的效果，就必须使管理者的行为符合客观规律。所以管理的依据是企业的特性及由此表现出来的生产经营规律。可以说，智能制造企业管理的成效如何基本上取决于管理者认识和利用生产经营规律的程度以及主观能动性的发挥程度。

与传统的制造企业的管理相比，智能制造管理的最大特点就是着重对"智能"的管理，涉及智能设备、智能技术和使用智能设备和技术的人员，它是一种通过综合运用现代化信息技术与人工智能技术，以现有管理模块为基础，以智能计划、智能执行、智能控制为手段，以智能决策为依据，智能化地配置企业资源，建立并维持企业运营秩序，实现企业管理中各种要素之间的高效整合和人机协调的管理模式。

从目前处于管理前沿的企业的实践来看，智能制造管理具有以下特点。

① 机器化。机器取代人类完成越来越多的管理工作，从简单重复的作业，到程序化的决策，再到半程序化的决策，通过物联网的管控功能和实时监控分别实现物流、信息流合一和资金流、信息流合一。

② 人机协同。人机协同能力成为最重要的管理能力之一，线上线下协同、直觉与科学分析结合、完成非程序化管理、大数据在管理方面得到应用开发。

③ 系统化。广泛应用组织智能与社会智能系统，如Web 2.0技术、云技术，行业专家系统等。

④ 重视知识管理。知识是人类智能的基础。开发个人、组织和社会知识资产，是智能化管理的必然选择。20世纪90年代，一批先进企业开始实践知识管理，它们成立专门机构、设立知识管理总监，通过总结最佳实践经验和标杆管理方法，将隐性知识转化为显性知识，将个人知识转化为组织知识。后来越来越多的企业组织力量开发专家系统，建立知识共享平台，实行开放式的研究开发政策。我国许多企业还积极践行学习型组织理论，大大提升了企业的智能管理水平。

⑤ 大量开发并应用人工智能工具。目前企业管理领域纷纷应用人工智能技术，取代人类完成越来越多的管理工作，企业管理智能工具已涵盖计划与控制、办公自动化、财务会计、人力资源管理、供应商与分销商管理等职能。

⑥ 管理环境智能化。企业为实现智能化管理积极创造条件，包括增强信息化、知识化、智能化意识，积极开发建设物联网，为建立信息化平台统一通信标准，为加强沟通、促进创新而进行组织变革，为适应信息系统运行要求而进行流程再造，为激励知识分享完善奖励制度，充实专家队伍，加强人员培训等。

8.1.2 智能制造管理的发展

智能制造管理也处于不断发展之中，产生了几种主要的管理模式。

（1）智能制造——构建数字工厂

传统制造业生产过程中，从订单下达、生产计划、物料分析、采购到生产排产、派工、进度等均需要手写单据、手动核实，导致每个部门都在做大量重复性的工作。信息不透明、传递慢，也让企业无法及时下达科学生产计划，一旦出现紧急情况，企业极易出现错漏，加之响应慢、无人管等衍生问题的出现，更是拖延生产进度，影响生产正常进行。数字设备能有效助力企业构建信息资源实时共享平台，对企业各类数据进行整合与关联，实现产销一体化并行管理模式。

（2）智能监控——达成层层追溯

在生产过程当中，无法追溯，便无法追责。追溯体系不完善在导致企业流程难优化的同时，还额外增加了员工的工作量，最终延误生产、破坏规则，变成恶性循环。此外，速度的竞争就是时间的竞争，就是市场优势的竞争，而生产进度则是最能体现企业速度的环节之一。目前究竟生产了多少，是否能按时完成，设备出现异常该如何第一时间高效解决，订单变更又如何快速通知生产人员等，均需要企业做到及时反应，及时处理。

对智能制造过程进行智能监控能协助制造企业打造数字化工厂车间，建立可追溯的管理体系，从多个维度助力企业实时查询生产各环节进度，实时反馈生产异常，使得企业内部的信息沟通更加及时和有效。

（3）智能管理——全面转型升级

当前时代，是机遇与挑战并存的时代。传统制造企业面对"只有适者能生存"的竞争压力，想要领先于人，必先自内改革。智能制造管理助力企业建设数字化工厂，通过充当"超强大脑"，全面协助企业转型升级，将大数据、全方位追溯、车间现场可视化、精益生产与企业的管理理念相结合，协助提升企业市场核心竞争力，紧跟时代浪潮，开启智能制造之路。

深度产学合作是国家提出的新思路，倡导政、产、学、研、各领域做好3个层次的工作。产学之间在智能制造管理供需方面存在鸿沟，必须面对并花大力气逾越。智能制造管理人才培养是瓶颈，解决问题的出路在于产学深度融合。高校师生要重视实践，走进企业，融入企业环境中，发现问题、解决问题；企业需要主动为高校研究者提供问题，并为他们现场解决问题提供协助。

当前我国飞速发展的制造业为国力的提升贡献了重要力量，"制造强国"目标的实现指日可待。但目前我国制造企业在智能化管理上还是存在一些问题，如表8.1所示。

表 8.1　我国制造业智能化管理现存问题

制造环节	存在的问题
生产计划	生产计划执行混乱，人员精益生产意识薄弱，信息化程度低，未能有效辅助生产
物料清单（BOM）	现有工艺 BOM 中存在大量虚拟件、组件和清单单位错误，未及时清理
流程管理	物料退料、换废补料处理流程烦琐，流程处理时间较长，影响生产
质量管理	供应商质量管控力度不大、退换货周期长、入库抽检标识管理不规范、抽检不及时
供应链管理	未建立供应商管理体系，对供应商的产品质量问题和延迟到货、少到货问题不作为
关键绩效指标（KPI）	缺乏 KPI 考核

【阅读案例8-1：西门子在中国的生产管理】

几十年来，西门子一直是技术与工业领域的领导者。凭借专有的技术支持和服务理念，西门子在产品、生产和厂房生命周期管理等领域引领着全球各行业的发展。应用生产管理软件和自动化与驱动技术，可以显著缩短产品的上市时间，并降低能源的管理成本。

西门子对众多行业领域的市场都了如指掌。企业可以通过应用西门子的工业解决方案，优化从开发到生产的整个价值链。

例如，汽车工业鼓励创新，推崇卓越的产品开发和优化的生产流程。作为汽车行业的长期技术合作伙伴，西门子熟悉汽车行业的生产流程，了解不同市场的偏好。我国较大的乘用车出口商——奇瑞汽车股份有限公司通过应用西门子提供的"机械手与自动生产线规划"软件模拟生产和装配过程，这让奇瑞可以在产品开发阶段发现生产问题，从而避免错误，消除返工时间并降低成本。

食品、药品及其他消费品等混合型生产行业，也需要能同时优化产品加工和制造过程的合作伙伴。西门子是全球领先的加工和包装自动化领域供应商之一，同时还能提供相应的软件解决方案，支持客户全球研发团队开展工作。华北制药股份有限公司在其位于河北省石家庄高新技术产业开发区的新建抗生素生产厂，选择了西门子作为其值得信赖的合作伙伴。该厂实现了最高的自动化水平：针对整个生产过程采用了基于SIMATIC. PCS 7的全面过程控制解决方案。

8.2 智能制造管理体系

智能制造管理不是对某一生产某一产品的具体过程进行管理，也不是对单独某类活动的管理，而是由成本管理、质量管理、设备管理等几个相互独立又紧密相连的管理模块组成的一个完整的管理体系。不同的模块具有不同的特点和管理方法。任何一个模块的管理都对企业的运行至关重要。本节将重点介绍智能制造管理体系中的成本、质量、设备3方面的相关内容。

8.2.1 成本管理

（1）成本管理的概念及特点

成本管理主要是指企业为了有效降低成本费用水平而对其在生产经营过程中需要耗费的原材料、人工费等各种成本因素实施的预测、归集核算、控制、分析以及考评等管理活动。成本管理是智能制造管理的核心和重点，成本控制也是智能制造的重要维度之一。成本管理要求按照财务维度逐层从车间、工段一直明细到机台和生产线，明确各层级岗位对应的可控成本费用范围及成本目标，然后按照业务维度结合生产计划和物料清单将成本目标分解到各产品规格，结合各产品的生产工艺，制定工序成本定额标准体系，输出产品各工序定额成本，建立产品的目标成本，最终形成岗位成本自我改善目标，使企业获得较强的竞争优势。企业通过系统而全面、科学和合理地管理成本，能够促进增产节支、加强经济核算，改进企业管理。成本管理基本程序如图8.1所示。

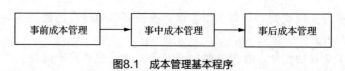

图8.1 成本管理基本程序

事前成本管理是在项目筹划、产品设计、项目建设、老项目改造、新项目开发、厂房、机械设备扩建改建时，提出多种可行性方案，并进行成本预测和方案选优的控制过程，是成本控制体系中的关键环节；事中成本管理是以事前控制确定的现行标准成本来控制实际成本，它是成本控制体系的重要环节，直接决定所确定的成本目标是否被突破和利润目标能否实现；事后成本管理是指在事前、事中成本控制的基础上，定期总结各责任成本中心在成本控制上的业绩或存在的问题，为下一个成本控制循环提出新的控制目标的过程。

智能成本管理是指在物联网、"互联网 +"、大数据、云计算等技术的支持下，根据智能制造对成本管理的要求，将企业的成本管理智能化，即将虚拟与现实相结合，关注企业成本管理的内外部环境变化，通过智能化的信息系统合理规划各项企业成本、优化企业成本结构、量化企业成本管理、强化企业成本战略、合理化企业成本评价，从而提高成本执行的效率与效益，增强企业竞争性、对变化的适应性，以期实现企业的长期稳定可持续发展。总而言之，智能制造的成本管理是一种智能制造与成本管理相互融合的创新机制，是成本管理在智能制造环境下的功能扩张，要求企业在成本管理过程中关注智能化的生产环境，强化智能化的成本规划、优化成本战略和成本评价，并将智能化的成本信息贯穿于整个智能制造的决策过程中。

信息化是成本管理与控制的重要手段。在智能制造时代，工业机器、设备、存储系统以及运营资源可以利用网络通信技术连接起来，能够实现良好的信息集成功能，并借助于开放的成本管理控制系统使技术与经济紧密结合，实现成本管理与控制活动的横向沟通与纵向交流，使企业财务与业务有机结合、敏捷运作，从而及时、高效地管理与控制成本。

成本管理要围绕企业的智能化管理，结合企业的总体发展战略制定与实施相应的成本管理策略。一方面，借助于成本信息支持系统，对企业管理过程中的成本结构、成本行为进行全面的了解、控制与改善，探寻可持续发展的价值增值新路径，并获取企业的竞争优势。另一方面，在成本管理的控制系统方面，积极关注企业价值增长的战略空间、管理过程、控制绩效，加强不同战略选择下成本管理与控制的措施与对策，努力实现企业成本最小化与效益最大化，增强成本管理的系统性、有效性与针对性。

智能制造的成本管理具有以下特点。

① 需要具备一定的能力。从管理角度来看，智能制造的成本管理应包括以下能力：对企业成本环境变化的适应能力、保持或获取成本竞争优势的能力、及时发现新领域或随环境变化制定成本战略的能力、将企业嵌入更大系统且实现可持续性成功的成本控制能力等。

② 结构变化。传统的成本管理由于受技术手段与会计制度规范的约束，主要计量与

控制的是企业购买或雇佣生产要素的实际支出，体现出的是显性成本的本质特征。而在智能制造的环境下，以往难以计量与控制的一些隐性成本，如企业所有者自己提供的资本、自然资源和劳动的机会成本，也能够通过智能化的成本管理加以充分体现，但是制造智能化也会增加机器折旧与研发费用。

③ 管理对象变化。早期的成本管理围绕成本特性，将企业的成本管理按照固定成本与变动成本进行分类，并据此加以管理与控制。智能化的成本管理则以企业经营活动及其价值表现为对象，通过对成本信息等的深加工和再利用，为企业经营活动过程的预测、决策、规划、评价等具体管理提供有力支撑。

④ 成本管理的创新。人工智能、物联网等先进技术的引进能促进成本管理的创新，如产品设计的优化等。

（2）成本管理方法

① 标准成本法。

标准成本法是指以预先制定的标准成本为基础，通过对标准成本的制定、执行、核算、控制、差异分析等一系列环节进行有机结合，将成本的核算、控制、分析、考核融为一体，实现成本管理目的的一种管理制度，是一种全过程、跟踪式、动态式的成本控制手段。企业根据自身的生产技术和生产效率，总结出在最理想的状态下单位产品生产的所有花费折合成通用货币需要的资本数量，并将这一预算定为单位产品标准成本。然后企业根据实践过程中需要产出的数量得出规定产品在较理想、不发生意外情况下共需要多少成本，以最小成本为基础展开产品生产，生产后根据标准成本与实际成本之间的差额分析出现出入的原因，并采取相对应的解决策略。有效应用标准成本法可以更好地控制企业制造过程中发生的成本，防止资源浪费。

标准成本法主要适用于产品品种较少，产品生产技术比较稳定的企业。例如钢铁企业生产连续、规模庞大，产品品种相对稳定，标准化程度较高，产品成本中材料费用的占比较高，材料费用的控制对钢企产品成本至关重要，因此采用标准成本管理具有一定的优势。

② 作业成本法。

作业成本法又称作业成本分析法、作业成本计算法、作业成本核算法，是基于活动的成本核算系统。

作业成本法是基于活动的成本管理方法，它对原来的成本管理方法做了重新调整，使人们能够看到成本的消耗和所从事工作之间的直接联系，这样人们可以分析哪些成本投入是有效的，哪些成本投入是无效的。作业成本法主要关注生产运作过程，加强运作管理，关注具体活动及相应的成本，同时强化基于活动的成本管理。

【阅读案例8-2：智能制造下海尔的成本管理】

在动态变化的市场中，不断寻求发展进步的企业才能站得住脚。作为我国电器行业的领先企业，海尔集团正在提高制造的智能化水平和管理的智能化水平，以适应制造业的智能化节奏。在成本管理的智能化方面，海尔的行动和效果如下。

① 基于内部价值链的成本管理。

海尔2015年尝试"互联网＋工厂"，核心在于将机械化向着智能化、模块化革新，并使用户端、生产端、设计端等多环节无缝连接，以实现人机互联、机物互联、机机互联。两年间内，9个互联工厂全面落地，定制产品占比约57%，订单交付的周期缩短约52%，效率提升约50%。"互联网＋工厂"做到了产品价值链的环环紧扣，降低了生产成本、运营成本和库存成本。大规模的工业机器人投入，降低了人力成本的同时，提高了生产效率和产品质量。

② 基于外部价值链的成本管理。

在大数据、互联网、云计算的背景下，对供应商进行整合，对原材料统一采购，降低采购成本，同时提高原材料质量。"人单合一"战略提出由客户驱动产品，客户参与产品设计过程，企业做到即需即供，不仅降低了库存成本和减值风险，还真正做到了个性化定制，有利于提高客户的品牌忠诚度。

③ 成本管理效果。

海尔施行的降本措施，使其在2015年后营业发展迅猛，保持强劲的增长态势，2016年到2017年，在营业利润猛增情况下，销售费用率、管理费用率分别下降约0.09%、0.05%，说明海尔智能制造有效连接用户和企业，降低人力成本、运营成本的效果明显。海尔在推进上述措施后，2016年营业毛利率增长幅度较大，一定程度上验证了海尔的成本管理措施的有效性。

8.2.2　质量管理

（1）质量管理的概念及特点

质量是指那些能满足顾客需求，从而使顾客感到满意的"产品特性"。多个专家都曾提出过有关于质量的概念，美国质量管理专家朱兰对质量的阐述是："质量意味着免于不良，即第一次就把事情做好，也就是说没有造成返工、故障、顾客不满意和投诉等现象和问题。"在朱兰的阐述中，可以发现，其对质量的要求是在初次生产中就能够达到顾客满意，强调了顾客满意的重要性。

质量管理活动就是为了达到产品所规定的质量要求而采取的监控和改进手段。其目的是消除产品质量的不稳定因素，降低成本损失，提高经济效益。随着生产模式的转变和技术的不断发展，质量管理的相关理念和方法也在不断更新和变革。在智能制造中，技术人员可以使用网络技术和智能技术实现对生产制造过程的信息收集，以此来优化生产工作的质量管理。

智能制造环境下的质量管理具有以下新特点。

① 质量管理的对象发生了改变。

传统模式下，质量管理的对象为生产的产品，但是随着质量管理相关理论的发展，对产品的质量要求提升到了新的高度，管理对象从生产产品逐步拓宽到质量管理体系、产品的质量策划、质量管理流程、质量数据以及检测设备等。质量管理的侧重点也从产品质量的日常管理转变为质量的策划和过程的改进。

② 质量数据的检测手段发生了改变。

传统模式下，由于技术的制约和设备的智能程度较低，数据的数字化检测程度较低，主要检测方式为质检员的手动检测或半自动化的检测，但是随着互联网技术和计算机技术的发展，产品的质量数据将以数字化检测为主要手段，数字工厂的推进也大大降低了纸质记录的应用频率，传统模式下的成品检测手段也会被自动化实时监测手段所替代，实现预报式的质量检测，由智能设备自主收集数据并分析和形成报告，工艺团队根据报告建议实现高速的响应和改善，反应式的质量控制方法将被逐步取代。

③ 质量管理的空间范围发生了改变。

随着经济全球化的发展，各国在经济上的合作不断增多，跨国公司的数量也呈上升趋势，因此质量相关的标准和规定也必将趋向统一，质量标准化是未来的发展方向，质量管理上的协同发展也将成为常态，质量信息可以通过互联网平台在不同国家的制造企业中流转，企业自身封闭的质量管理将会被打破，客户、供应商和企业间的信息鸿沟也将会大大缩小。

（2）质量管理的发展历程

我国在质量管理方面起步较晚，20世纪70年代，我国的质量管理走上了质量检验的阶段，所用的检验方法是百分比抽检法。之后，我国对质量管理的理念逐步重视，并在20世纪80年代初期建立了抽样检查的标准。1985年，全面质量管理的理念开始逐步在国内推广，原国家经委颁布了《工业企业全面质量管理办法》。除此之外，国家开始关注消费者的权益并出台了相关法律法规，企业也开始应用相关的质量管理方法，并对相关理论进行研究。2015年5月，国务院印发了文件，把智能制造作为两化深度融合的主攻方向，着力发展智能装备和智能产品，推进生产过程智能化，培育新型生产方式。我国质量管理发展历程可分为4个阶段，如表8.2所示。

表8.2　我国质量管理发展历程

阶段	时间	特点
第一阶段	1970—1980	制造业刚开始发展，采用百分比抽检法
第二阶段	1980—1985	逐渐重视质量管理，建立抽样检查标准
第三阶段	1985—2015	全面质量管理开始推广，相关法律标准不断完善，并研究相关理论
第四阶段	2015至今	质量管理走向智能化

为了实现智能化制造，首先需要掌握制造业各环节的质量管理数据。但是，我国制造企业的质量管理还存在很多突出的矛盾和问题，主要表现在以下方面：关于企业质量问题的研究非常有限，质量管理的教育和培训投入严重不足，工业与信息化的融合程度较低，人工测量和采集数据，数据分析软件应用范围窄，质量管理人员学历层次较低。

我国未来的发展方向集中在产品的智能化，先由单机智能化过渡为智能生产线，在此基础上转为智能车间，最终转变为智能工厂。要想实现智能工厂下的质量实时监控和预警，还有很长的路要走。

（3）先进质量管理模式

对于智能制造下的质量管理出现的新特点，需要利用新的质量管理方法，目前先进质量管理方法主要有PDCA循环和5W2H1E法。

① PDCA循环。

通过PDCA循环完善智能制造企业的全面质量管理工作，质量将有质的提升和飞跃。PDCA循环包括4个阶段，PDCA循环图如图8.2所示。

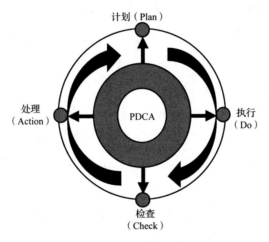

图8.2　PDCA循环图

当一个项目经过一个流程之后，需要进行合理的总结分析，将有效的经验进行标准化，还有问题未解决或需提高时则通过下一个PDCA循环进行处理。PDCA循环是全面质量管理的核心思想，每经过一次循环，都可以通过柏拉图法使企业的产品质量水平和质量管理人员的技术水准得到新的提升。

② 5W2H1E法。

5W2H1E法构成图如图8.3所示，具体的含义如下。

a. Why：为什么？

b. What：什么？做什么工作？

c．Who：谁？这个项目由谁来承担？

d．When：什么时候？

e．Where：何处？从哪里入手？

f．How：怎么做？如何提高工作效率？

g．How much：多少？需要花多少钱？

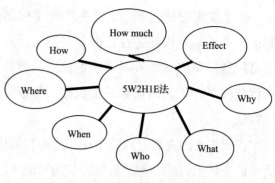

图8.3　5W2H1E法构成图

h．Effect：效果，通过前面的所有流程，预测整个项目的企划结果和效果。

以上方法就是对一个问题追根刨底，尽最大可能地发现新的知识和新的疑问，然后将新的疑问按PDCA循环的方法去解决。科学地运用以上方法能更好地提升质量管理人员的基本素质。

③ 强化企业内部质量管理专业知识培训。

公司高层应当充分认识到对质量管理人员培训的重要性，人事部门要合理安排培训计划，在不影响生产任务的前提下留出充足的培训时间。每次培训要结合客户的要求讲解现场异常问题的分析处理方法，分析异常问题的发生原因以及讲解如何改善对策制订的方法等。

④ 将人工智能与质量工具有机结合。

国务院《关于加强质量认证体系建设促进全面质量管理的意见》中明确指出了质量管理体系在我国企业中的重要地位。六西格玛、IATF/6949"五大手册"的运用，使质量管理人员的视野更加开阔、思维更加先进，质量文化已成为企业文化的有机组成部分。把质量管理与保证体系的建设整合在一起，以ISO 9001标准为基本依据建立质量管理保证体系，并通过第三方外部认证及每年的监督审核，使程序文件、主要作业指导文件、规章制度及支持其运行的记录表单有机地为企业的质量管理体系运作保驾护航。运用人工智能推演计算企业质量管理过程中获取的大数据，满足质量管理实现产品可追溯、可识别、可定位的基本要求。管理智能化通过系统平台过程管控使管理更加科学、准确、高效。着眼于以数字化和网络化为支持的企业智能化质量管理是加快融合创新、推动质量管理方式转变的重大变革。

【阅读案例8-3："智"量管理助力海立"智"胜未来】

作为世界最大的压缩机制造商之一，上海海立（集团）股份有限公司（以下简称"海立"），身处市场竞争激烈的空调压缩机行业中，用12年时间摸索出了一套离散型大量定制生产的智能制造系统，通过数字化转型"智"胜未来，满足客户个性化定制。

在海立，每个产品以数字化的形式贯穿着产品生命周期，从原材料、产品生产、装配到成品装箱出厂实施全过程质量追溯。通过参数化设计，为客户实现快速化产品定制。通过产供销一体化计划，精准管控从"客户需求""销售订单""采购""制造"到"发货"整个价值链流程。通过供应链管理，实时协同全球化的采购资源，为海立四地五厂制造基地提供跨区域的统筹协同。通过AVG和立体仓库，高效地进行生产资料的物流调度和资源配置。通过质量大数据互联互通，对工序质量进行实时监测，实现主动防错。

自1993年进入空调压缩机行业，海立就积极推行"精益生产"以及"全面质量管理"，在生产、设计及运营方面都积累了大量的经验。这些宝贵的经验，对于处在转型发展期的海立来说，可以转化成数据，进而转化为竞争力，通过竞争力为企业创造更大的价值。

8.2.3 设备管理

（1）智能设备管理的概念

智能设备管理以设备预知维护策略及生产计划排程集成为核心，利用大数据分析技术、智能算法技术、运筹学、统计学、系统建模理论等实现设备的智能感知、实时预警、智能维护和高效集成。

智能设备管理的对象主要是智能机床、工业机器人等智能设备。智能设备管理是一项系统工程，需要集团层、公司层、产线层3层共同协力开展。

① 集团层是整套系统的大脑，负责组织管理方向和指导方针的顶层设计，保证各子公司间的协调统一。

② 公司层从集中一贯制管理维度，牵头策划本公司智能设备管理蓝图，确保厂部规划与公司规划衔接一致。

③ 产线层是设备管理的基层责任者，需要发动所有管理者与员工参与现代智能设备管理，以设备的一生为对象，以大数据系统作为支撑，以TPM（Total Productive Maintenance，全面生产维护）为行为准则，贯穿于整个设备管理周期，包括对设备自身的运动形态（即设备的设计选型、监督制造、购置、安装、使用、维护、周期更换直至报废），还有设备的价值运动状态（即设备的投资预算、维修与更换费用对比、折旧、改造资金的筹措、原始积累、支出、质保等）管理，这样才能保持设备的良好状态，保证设备的有效使用，并使其运行获得最大的经济效益。

随着科学技术和专业知识的发展及设备现代化水平的不断提高，智能设备管理可以概括为一种系统工程，或者是一种体系，它有着综合性以及全面管理的方法。管理的核心在于正确处理可靠性、维修性与经济性三者之间的关系，要有可靠性、正确维修方案、提高设备运行精度和有效作业率，才能发挥设备的高效能，以获取最大的经济效益和安全保障。

制造企业的智能化向设备管理及其工作者提出新要求。

① 设备管理要有系统全局观念。设备管理与社会生活和企业管理的关系越来越紧密，它不再是一个可以相对独立的职能，也不是一个能形成自我闭环的小系统。它是整个社会或企业运行系统的一部分，与其他业务将密不可分，比如制造执行、质量检验、售后服务等。设备管理工作者应该从系统全局的角度思考自己的工作方式和方法。

② 设备管理要有流程观念。设备管理涉及方方面面，这是由工业4.0时代的设备互联属性所决定的。设备维护工作不是对着一个设备单体在开展，要从系统工程的角度思考，严格按照标准流程执行。

③ 设备管理要有信息化观念。工业4.0时代的设备管理更加复杂，在设备互联形成的网络中，故障原因不会仅限于局部，可能更加隐蔽并且不易查找。因此，未来的设备维护需要更广泛、更深入地协同。如果不借助信息化的手段，即先进的信息系统进行有效的计划和控制，就可能造成极大的无序和失控。

（2）智能设备管理的技术

智能设备管理利用先进成熟的数据采集技术获取设备原始数据，通过将原始数据状态特征提取处理为可识别的设备状态，基于大数据分析技术建立设备状态趋势预测模型，通过设备劣化趋势分析制定设备维护规则，通过构建设备维护规划模型制定设备预防性维护策略，集成高级计划排程，实现设备资源的利用最优化配置。其关键技术包含以下几个方面。

① 数据采集技术。要实现对复杂设备系统的健康管理，首先要获取其健康状态的信号。不同的设备具有不同的监测参数，总体来说包括压力、速度、温度、功率等。依据不同的工业应用标准及实践，可使用较为成熟的监测技术；针对个性化的需求，可在考虑经济性和实用性的情况下，选择相适应的传感器来满足设备健康管理的需要，如基于RFID的无线感应技术及基于Watchdog Agent的嵌入式智能代理技术，通过采集设备的实时参数来为预知维护决策提供数据支撑。

② 数据处理分析。数据处理分析通过对数据进行数据特征提取、评估来量化分析生产设备的健康状态。设备的状态由一系列的数据状态特征表现，需要模型化的映射来量化表述。而数据状态特征需要通过对原始数据预处理获得，因此数据处理分析首先对原始数据预处理及特征提取，其次对特征空间降维到工程实用的层次，最后通过统计模型识别方法来识别设备的状态，同时评估设备健康状态，为设备健康预测提供分析的依据和基础。

③ 健康趋势预测。预知维护决策不仅需要评估设备当前的健康状态，更需要在数据处理分析的基础上通过数据挖掘，迅速预判出生产设备未来的劣化趋势。健康趋势预测的算法主要包括基于模型、基于知识和基于数据的健康预测算法，智能化的设备管理系

统应依据企业的实际需求选用相适应的算法来科学预测企业设备健康状况。

④ 设备维护规划模型。设备维护规划模型是为实现降低故障风险、减少维护成本、提高可用性等维护目标，在现有企业维护资源的约束下，科学地规划维护作业的实施时机和维护资源的预先配置。

⑤ 集成设备预知维护的生产排程。在传统的设备维护策略中，生产计划排程与维护计划通常被认为是相互独立的系统。生产计划排程考虑在一定产能基础上（设备始终可用）对订单进行合理有序排产；而在维护规划中则多以生产过程始终保持稳定情况为前提，不太考虑异常情况。但在企业实际生产中两者是紧密关联的，即在生产计划执行期间，若设备故障导致正常生产的中断，需要采取维护作业保证系统的可靠性，这必将导致生产时间的消耗，原定的生产计划将被破坏。因此，将设备维修与生产排程进行科学统筹分析，建立集成设备预知维护的生产排程是十分必要的。

（3）智能设备管理的发展

近年来，国际设备管理进步飞快，随着我国从制造大国逐渐迈向制造强国，我国的设备管理进步更加明显，很多新理念、新方法来源于我国制造业的肥沃土壤。纵观国内外设备管理发展趋势，"十四五"甚至更长一段时期，以下特征将较为明显。

① 虚拟传感——不是技术而是管理创新。

国际上流行的虚拟传感概念，是指通过间接的传感转换为设备状态信息，其实并非传感技术概念，而是思考如何利用设备上众多的传感器，将其中的有用信息，转换成反映设备劣化的信息，从而帮助我们做出检修决策。虚拟传感也可以理解为将（可利用的）多变量进行组合，如正常的能源效率、异常的工艺状态、质量指标等，通过数学运算得到驱动矩阵，来生成维修需求，这等于多变量的状态维修。

② 关于设备管理的区块链概念。

近年来，区块链成为十分流行的概念，并逐渐显露出其未来的发展前景。关于未来区块链在资产、设备管理领域的应用，将来会有以下发展趋势。

将区块链转化为资产身份识别卡；将资产、设备按照区块链划分；将资产货币化，将资产设备零部件、总成、局部货币化；资产与设备状态指标的独立性、不可篡改性即客观性的实现；资产管理策略的独立性、个性化；资产管理绩效的可度量性和自动化生成。

③ 设备管理进步的发展模式。

资产与设备管理进步的标志性概念是预防（Preventive）维修的出现。预防维修可以划分为定期预防维修、计划预防维修、状态预防维修、机会预防维修等。预防维修区别于传统事后维修的最大特点是使维修更有准备、更有效率，更好地分配利用维修资源，同时可以避免设备故障扩大和连锁损坏，减少或者降低设备的安全、质量以及环保事故。

④ 以大数据为基础的精准维护（BDBPM）。

在诸多维修策略中，未来以大数据为基础的精准维护体系将成为主导方向。从产生的背景来看，一方面是企业自动化、智能化的技术进步驱使，另一方面是劳动力价格的攀升，加上机电产品硬件价格的持续降低，使企业通过智能化降低成本成为可能。另外，从激烈市场竞争和精益的角度，企业不愿意投入大笔经费用于对原来设备状态的采集，而原来设备本身明明有不少数据信息未被发掘利用。

⑤ 设备安全管理新方向。

传统设备管理在设备安全管理方面是缺失的，有的也仅涉及特种设备管理内容。而近年来大量出现的安全事故都和设备密切相关，对于装置密集、技术密集型企业而言，系统本质安全离不开人本安全和机本安全两个方面。为此，我国企业逐渐形成了设备安全管理的主体框架。

⑥ 设备维护。

设备维护涉及工程建设、供应链、管理、组织、人员素养以及健康安全环境等诸多要素。智能制造对设备维护提出了更高的要求，同时也为之提供了技术手段。企业在设备维护方面要应对3个挑战，一是企业高层观念的改变，二是人才的准备，三是必要的硬件、软件的引进。

⑦ 设备全生命周期管理顶层设计。

我国设备管理走过了向发达国家学习的漫长摸索之路。我国制造发展的肥沃土壤孕育了我国设备管理的完备化、科学化和系统化，结合我国企业的实践，也吸纳了国际设备管理的先进理念，形成了自己的设备全生命周期管理顶层设计框架。

设备管理经过几十年的发展已经取得丰硕的成果。面向智能制造的设备管理系统将更加适应现代企业的生产节奏，满足大量定制生产化、产品个性化、设备健康多样化、系统结构复杂化、决策需求动态化的发展要求，在保障企业设备可靠性、安全性的前提下，通过减少停机维护成本，提高设备资源利用效率，最大限度地降低企业设备成本，提高企业竞争力，为我国制造企业智能制造转型升级提供一条切实可行的发展路径。

【阅读案例8-4：John Deere的智能化设备管理】

John Deere 是一个农业机械设备制造企业，目前可以对其客户的机器进行预测维护。远程信息处理和农业数据的应用是该企业提供给它的客户及其他合作商的基本服务。方案如下。

① 预防性维护：查询机器各零件运行状态、健康度，实时分析预测，提供维护预测并给出故障维修建议，减少非计划性的维修活动，降低维修成本，预防性维护同样用于产品，便于缩短"探测错误-纠正错误"的周期，提高产品质量。

② 监测机器状态：监测各零件运行状态、机器运行与闲置情况，通过对闲置时间的预警来增加机器正常运行时间。

③ 远程控制：可远程控制机器的位置，减少收割的等待时间。

该服务带给John Deere的价值：远程信息处理增加了2 400万美元至3 600万美元的年度节余。农业数据的销售可带来额外收入。通过维护预测，能提供高质量的产品，降低维修成本，增加设备正常运行时间，提高产量和客户满意度。

8.3 智能制造中的精益管理

随着信息技术的发展，智能制造技术正推动各个行业迈向互联化和智能化。精益管理也已经发展到与生产制造深度融合的智能制造新阶段。基于智能制造的精益管理模式在传统生产制造企业中的实施和应用将改变传统的管理模式。通过信息服务提供智能生产和精准物流配送，通过信息化、数字化技术手段指导的精益管理模式与传统的精益管理模式相比可大大提高生产品质、快速响应市场、根本改变制造业的运作流程、提高管理和生产效率。

8.3.1 精益管理的概念

精益管理的定义：精益管理是企业树立持续追求高效及最大价值流的思想与意识，并自始至终优化人事组织、运作流程、现场状态、结果控制的一系列管理活动，包括受精益思想、精益意识支配的人事组织管理、运行现场管理、运行流程管理与结果控制管理等。

① 人事组织的精益管理。

人是企业中最活跃的因素，也是企业运作顺利与否的决定性因素，所以精益的人事组织管理是确保企业整个精益管理顺利开展的关键部分。精益管理人事组织可以为企业提供适应企业现状和未来发展的组织结构和员工队伍，同时能够保证其他职能精益管理的展开。

② 运作现场的精益管理。

运作现场的管理目前是非常受我国企业重视的一项优化职能，主要采取5S、6S现场管理方法来进行实践优化。现场管理的优化是企业实施精益管理的先导，现场管理的优化表现出的人人参与、时时检点、持续改善等特点将企业的精益管理实践逐步引向深入。但目前我国不少企业由于认识存在问题，在现场管理优化实践中流于形式，缺乏引领企业精益管理不断深入的后劲。

③ 运作流程的精益管理。

精益的流程管理是企业精益管理最重要的内容之一。若想让企业的价值流变得更高效、更洁净，让流量变得更大，就必须持续优化流程。以前，流程再造理论普遍被当作企业生死存亡时刻的救命稻草，但依照目前的企业发展来看，企业流程再造应该贯彻到企业平常的管理当中，企业人员应当不断追求流程管理方面的精益。

④ 结果控制的精益管理。

要想达到精益目标，只对过程进行优化是不够的，必须要对企业管理的结果控制职能加强精益，这些结果包括阶段性成果和最终结果。TQC（Total Quality Control，全面质量管理）就是一种比较成熟的结果控制精益管理方法。

我国专家根据丰田的生产方式将精益生产定义为系统地提高生产效率的生产模式，并构建出精益"丰田屋"，如图8.4所示，同时指出精益生产是一个包含多种制造技术的综合技术体系，是工业工程技术在企业中的具体应用。

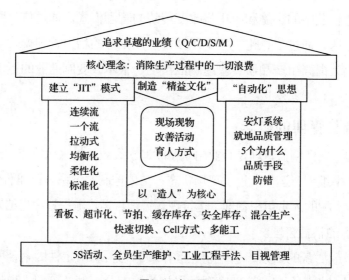

图8.4 丰田屋

综上所述，精益管理是一种以工业工程技术为核心，以消除浪费为目标，围绕生产过程进行提升的一种管理形式。

精益管理具有两个特点。

① 精益思想贯穿始终。精益思想是与企业价值流密切相关的思维体系，它也是精益管理的本质特点。

② 在企业管理实践开始之前实施。精益管理的起点并不是总像目前流行的认识那样（为了改善企业管理），而是从企业管理实践开始之前，就应按照精益思想来设计企业流程和运作，并在实施过程中持续改善。

8.3.2 精益管理的作用及目标

（1）精益管理的作用

在竞争日益激烈的市场环境中，企业管理的基础、效率和成本成为企业参与竞争的最大资本，也是企业提升管理创新能力的基础。而精益管理正是支持企业管理目标实现的哲理和重要的技术手段，是现代管理发展的高级表现形式，对提升企业管理创新有着重要的作用，包括两个方面。

① 塑造企业文化。

精益管理能通过规范和提升企业现场作业最大限度地发挥员工的智慧和能力，塑造全员参与改善的企业文化，从而为企业追求卓越的求变管理目标提供支持，并为企业管理创新提供基本前提。

② 促进管理创新。

通过参与精益管理的各个环节，企业全体员工能够意识到精益管理的重要性，并以主人公的心态投入具体工作中，不断发现问题、解决问题，最后使精益管理固化为企业的一种管理创新理念和文化，持续不断推进企业管理创新。纵观发达国家的制造业企业发展的过程，可以发现精益管理是实现企业管理创新基础积累的重要手段。随着国际合作的加快，国内企业也开始用精益管理为企业管理创新积累正能量。如一汽轿车通过学习丰田生产方式和精益生产，不断积累企业管理创新的基础，经过十几年的发展终于创造出红旗生产管理方式。

精益管理对企业管理创新能力的提升作用主要体现在两方面。一方面，精益管理要求企业在生产现场、人员组织、系统结构、运行方式等方面进行不断规范、改善和提升，这种规范、改善和提升使整个企业得到系统优化，在优化过程中所采用的精益工具和方法实际上就是企业管理方法的创新；所制定的作业标准和所形成的制度体系实际就是企业管理制度的创新；优化后的人员组织实际就是企业管理组织的创新；所采用的"拉动式生产方式"在减少库存的基础上，着眼于市场，根据客户的需求来制订生产计划从而更好地为顾客服务，实现了市场的创新，所形成的新的商业模式实际就是商业模式的创新；经过长期的实践所固化下的"精益求精、以人为本"等精益生产和精益文化理念，实际就是企业管理理念和管理文化的创新。

另一方面，精益管理的有效实施也需要一个有效的考核体系。精益管理要求绩效考核指标必须直接或间接承接企业整体目标与愿景，绩效考核应该更加注重对于团队的考核而非仅着眼于个人，对精益管理实施情况的考核与创新绩效管理的目标相一致，实际也属于创新绩效考核的范围。

（2）精益管理的目标及发展

实施精益生产的目标即帮助企业取得零缺陷、零故障、零浪费、高效率、优质量的生产管理效果。虽然在实际运营中，要达到这些目标几乎是不可能的，但高效率和优质量不仅是每个企业所追求的目标，更是其核心的竞争力，所以企业依然需要以近乎完美的标准要求自己，运用先进的生产管理技术，逐步推动企业循序渐进地完善自身，最终达到提高生产效率和产品质量的管理目标，进而赢得更高的顾客满意度，在市场竞争中占取一席之地。

精益管理不仅强调杜绝浪费，更加注重创造价值。通过消除浪费，达到降本增效、提升产品质量，为顾客提供满意的产品与服务这一目的。现在学者研究的精益管理已由最初在生产管理方面的成功应用，通过与各学科的融合分别延伸到企业的各项管理业务，也已从具体业务管理方法转变为战略管理的理念。精益管理是与企业战略管理、组织行为管理、供应链管理等环节紧密相连、多方面资源和能力相互协调的管理方式。精益管理的实施需要企业全方位协同，只有各组织及人员积极地全方位协同，才能真正地实现精益管理，取得理想的效果。

随着时代的发展，精益管理的具体形式也在不断演化，关注点由最初的制造环节逐渐开始转向职能管理环节，由最初的只在汽车制造业中的应用逐渐开始在其他行业、其他领域中广泛应用；其核心也由以准时生产为中心的精益生产转变为以提升管理效率为中心。精益管理是以人为本、以团队为组织细胞，按照顾客要求进行产品开发，确定产品价值的快速满足用户多样性、个性化需求的一种管理方式。

8.3.3　精益管理优化过程及优化方法

（1）精益管理的优化过程

① 建立精益小组。精益小组是确保精益生产活动顺利进行的领导核心，其建立步骤大致为：结合车间管理机构，挑选确立精益小组成员；规定精益小组职责并对小组成员进行培训；在精益生产理念的指导下，充分调动小组成员积极性，使成员严格按照计划推行精益生产，小组长要积极主动、认真负责地监管执行，使精益任务能顺利地上传下达及反馈，做到信息畅通，以便及时处理问题或调整方案。优秀的精益小组能保证精益优化活动按部就班地顺利进行。

② 班组建设。班组是企业生产活动中最基础的一级管理组织，是企业组织生产经营活动的基本单位，是企业工作的立足点。全面加强班组建设，实现班组建设的科学化、制度化、规范化，是精益生产管理活动实施的基本要求。班组建设的基本要求包括细化并确定班组成员的岗位职责、权限和任务，班组成员应人人熟知本岗位职责内容；保证

各岗位工作职责之间没有重叠和断点，并且每项工作都能找到明确的责任人；岗位职责与分工既要体现出各自独立、彼此有分工，又要体现出相互协作与支撑；班组的岗位设置与职责分工要体现流程的顺畅。

企业建立班组的流程：根据班组建设的相关要求，结合车间现状，将员工合理分组，制定班组成员的分工职责；以班组为单位进行培训学习，提高班组成员的生产工作技能与综合素质，同时导入精益生产理念及精益生产工具的使用方法；适当安排作业及评比活动，使组织成员以更有效的方式学习企业规章制度、专业知识、工作技能、安全知识等，评比和比赛还能使员工之间形成一种良性竞争，极大程度地激起员工的积极性、创造性，使他们以饱满的热情、充足的干劲投入工作当中。

（2）精益方法的选择

精益方法是指为使精益职能达到精益目标的实践途径。精益方法层出不穷，企业在选择方法时应该注意以下3点。

① 根据不同的优化职能选择不同的精益方法。解决运作现场优化应选择5S管理标准、全面生产维护（TPM）或快速换模法（SMED）等方法；解决结果控制优化可以选择全面质量管理（TQC）法；战略分析、价值链分析、提案活动适用于解决流程优化；解决人事组织优化最好采用人力资源管理的系列方法。

② 考虑职能目标。企业在选择精益方法时，必须结合职能领域的目标来综合考虑，进行系统组合。

③ 采用精益信息化方法。精益的信息化方法是现代社会中每个企业必须要掌握和运用的精益方法。每个企业应结合自身实际，选择或开发适合企业高效运作的精益信息化方法，该类方法对企业精益优化的各个职能领域都有很大的促进作用。

【阅读案例8-6：某公司召开选矿现场5S精益管理交流会】

2021年3月19日上午，×××集团控股有限公司召开选矿现场5S精益管理交流会。×××集团公司党委副书记、工会主席陈××出席会议并讲话。×××公司副总经理主持会议。会上，×××分公司选矿车间介绍了5S精益管理经验，其他参会单位进行5S精益管理座谈、交流发言。

×××集团公司企业管理部就选矿现场5S精益管理工作强调三点意见：一是要全员参与。推进企业高质量发展，对标世界一流企业，加强领导，全员参与，持之以恒做好5S精益管理工作。二是层层推进抓落实。要学习×××分公司选矿车间5S精益管理工作经验，树立标杆意识，落实集团公司5S精益管理要求，全员齐抓共管见成效。三是举一反三不欠账。做到5S精益管理责任区全覆盖，定期检查考核，建立"曝光台"，着力打造符合世界500强企业5S精益管理现场。

陈××指出，5S精益管理的工作真谛是提高企业效益、降低生产成本、防止安全事故发生。现场5S精益管理工作要树立没有搞不好的思想，关键是要责任到人。选矿车间现场5S精益管理的落脚点是提高经济技术指标。进入新时代，我们要做到与时俱进，要有绿色发展的理念，肩负起国有大型企业责任，要有世界500强企业应有的精神面貌。

陈××要求，做好5S精益管理工作要重视实质，不是做表面文章，要解决内在问题，不是流于形式。各单位要发挥广大职工的聪明才智，调动职工全员参与的积极性。希望通过这次会议召开，各单位对照集团公司5S精益管理的要求，找差距，抓落实，增素养，不断提升企业对外形象。

8.4　智能制造中的供应链管理

智能制造的发展带来了供应链管理的创新，传统的供应链管理已经不完全适合现代智能制造企业，要想在全球化背景下的竞争中脱颖而出，就必须在供应链管理的先进理念指导下，与供应链上、下整合。

8.4.1　供应链管理的概念

（1）制造业供应链的内涵

供应链的概念是在由美国哈佛商学院教授迈克尔·波特在20世纪80年代初期提出的价值链理论基础上进一步发展而来的。多年来，许多研究者从不同的角度出发给出了不同的定义，早期的观点认为供应链是制造企业中的一个内部过程，重视企业的自身利益；随着企业经营的进一步发展，供应链的概念开始涉及企业的外部环境；现代供应链的概念更加注重围绕核心企业的网链关系。

直到今天，供应链的定义也没有固定的说法。在制造业领域，我国学者将供应链定义为：围绕核心企业，通过对物流、信息流、资金流的控制，从采购原材料开始，制造成中间产品以及最终产品，最后由销售网络把产品送到消费者手中的将供应商、制造商、分销商、零售商直到最终顾客连成一个整体的网链结构模式。

根据上述关于供应链的不同定义，我们可以总结出供应链的三大要素。

① 供应链参与者，包括供应商、制造商、分销商、零售商、最终顾客等。

② 供应链活动，包括原材料采购、运输加工制造、送达最终用户等。

③ 供应链的3种流：物料流、资金流和信息流。

根据不同的分类方式，供应链可以被分为不同的种类，具体如表8.3所示。

表8.3　供应链的种类

分类方式	类别	特征
供应链容量与用户需求关系	平衡供应链	供应链的容量能满足顾客需求
	倾斜供应链	供应链不在最优状态运作

续表

分类方式	类别	特征
供应链稳定性	动态供应链	市场需求频繁变化
	稳定供应链	市场需求稳定
相关产品规模	产品供应链	某一特定产品或服务
	企业供应链	多个产品
供应链的功能模式	反应性供应链	中介功能
	有效性供应链	物理功能

（2）概念

"供应链管理"的概念始于20世纪80年代，起初是针对如食品业、零售业等库存较多的产业，着眼点在于如何削减在库产品以及调整需求者与供给者之间的供需关系等，通过整合上下游企业，集中管理整个流通渠道的物流与资金流，以获得强大的企业竞争优势。对于供应链管理的定义，许多组织、学者从不同的角度发表了不同的看法，其中美国供应链协会提出的观点广受认可："供应链管理包括管理供应与需求，原材料、备品备件的采购、制造与装配，物件的存放及库存查询，订单的录入与管理，渠道分销及最终交付用户。"图8.5展示了供应链管理原理。

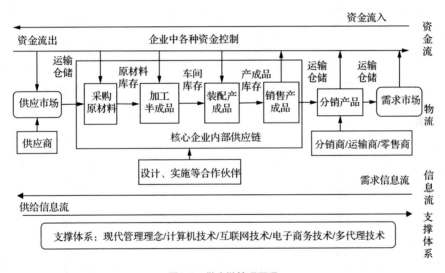

图8.5　供应链管理原理

供应链管理实际上就是为实现战略合作伙伴间的一体化管理，以在最短的时间内以最低的成本为客户提供最大价值的服务为目标，通过以一个企业为核心企业而形成的"链"上各个企业之间的合作与分工，对从供应商的供应商直到顾客的顾客整个网链结构上发生的物流、信息流和资金流等进行合理的计划、组织、协调和控制的一种现代管理模式。这种管理模式以客户需求为中心，运用信息技术、人工智能技术以及管理技术等进行管理，从而提高整个供应链的运行效率、效益及附加价值，为整个供应链上的所有加盟企业节点带来巨大的经济效益。

8.4.2　智能供应链

智能时代下制造业的快速发展对供应链提出了新的要求，智能制造模式下的供应链具有对技术要求更高，可视化、移动化特征更加明显，信息整合性、协作性以及可延展性更强等特点。为了适应供应链的发展，供应链管理也进入了与信息化深度融合的新阶段，智能供应链是智能制造模式下供应链发展的必然趋势。

智能供应链是指在互联网/物联网环境下，企业利用智能供应链平台和大数据资源，感知、获取消费者（用户）对个性化的产品或者服务的需求，触发相关组织（企业间或企业内）进行跨企业智能预测、沟通和整合供应链上的资源计划，将消费者（用户）、线下门店、线上端、渠道商、品牌方、智能物流服务供应商、智能制造厂方和材料/零部件供应商等从原材料到成品交付的各个环节的参与方智能协同起来，实现智能研发、智能采购、智能生产、智能交付和智能结算，从而满足日益个性化的消费者需求的网链式服务体系。

智能供应链并未改变供应链的本质，而是区别于传统供应链的大部分使用人工、局部软件模块和单线协同的做法，智能供应链侧重通过大数据、物联网和智能制造等技术进行预测、资源调度、产品研发到最终交付，更多地使用智能物流技术、信息化技术和3D打印等新一代数字化制造技术，是传统供应链的升级版，其目标还是满足市场的需求。智能制造不仅强调智能制造本身，而且强调数字化、网络化和智能化，强调端到端的联通，强调横向与纵向协同，智能供应链更是智能制造的必备条件。智能制造必须要有智能的供应链作为基础，才能够保证精益制造、有效交付，没有智能供应链的协同与匹配，智能制造将停留在实验室阶段。智能供应链更多的是应用与智能制造相匹配、相适应的场景。从整体价值流而言，智能制造实际上就是智能供应链的一个核心环节。

随着智能制造和与之相配的智能供应链的不断发展与优化，到2025年，制造业整体水平将大幅提升，创新能力显著增强，全员劳动生产率将不断提高，两化融合更加深入；重点行业和企业增值能力更加强化、基础更加扎实；资源消耗和污染排放更加可控；将形成一批具有较强的国际竞争力的跨国公司和产业集群，在全球产业分工和价值链中获得更加凸显的位置。

目前，智能制造下的供应链管理呈现出以下3个新的特征。

① 生产的敏捷性。敏捷制造的概念是1991年美国在《21世纪制造企业发展战略报告》中提出的，报告中给出的敏捷制造的定义是："敏捷制造是先进制造技术和组织结构的具体结合形式，其基本思想是通过动态联盟（即虚拟企业）先进的制造技术和高素质

的人员进行全面集成，从而形成一个对环境变化能做出有效敏捷反应、竞争力强的制造系统，以使资源得到最充分利用，取得良好的企业效益和社会效益。"目前敏捷制造已成为国际上有关先进制造技术研究和实施的重点。

② 信息的统一标准与共享。统一标准的信息对于精简供应链十分重要，它能够提高信息的及时性与准确性，从而提高供应链的运转效率；而信息共享则能保证供应链的正常运转，操作层面和战略层面都需要信息的高效共享。此外，供应链的协同也要基于信息共享。因此提高整个供应链的及时性和流动速度是提高供应链绩效的必要措施。缺乏全面集成信息的能力和实用性，是传统供应链取得实效的主要障碍。

③ 管理网络化。网络技术推进了供应链"横向一体化"模式的发展。"横向一体化"形成了一条从供应商到制造商再到分销商、零售商的贯穿所有企业的"链"。这条链上的节点企业必须达到同步、协调运行，才有可能使链上的所有企业都受益。智能制造的供应链管理利用现代信息技术，改造和集成业务流程，与供应商以及客户建立协同的业务伙伴联盟等，大大提高了制造企业的竞争力，使企业在复杂动态的市场变化中站稳脚跟。

【阅读案例8-7：AIRBUS的智能感应解决方案】

AIRBUS是世界上最大的商务客机制造商之一，它担负着生产全球过半以上的大型新客机（超过100个座位）的重任。随着其供应商在地理位置上越来越分散，AIRBUS发现它越来越难以跟踪各个部件、组件和其他资产从供应商仓库运送到其18个制造基地过程中的情况。

为提高总体可视性，该公司创建了一个智能的感应解决方案，用于检测入站货物何时离开预设的道路。部件从供应商的仓库运抵组装线的过程中，它们会途经一个智能集装箱，这种集装箱专用于盛放保存有重要信息的RFID标签，在每个重要的接合点，读卡机都会审查这些标记。如果货物到达错误的位置或没有包含正确的部件，系统会在该问题影响正常生产之前向操作人员发送警报，促使其尽早解决问题。

AIRBUS的解决方案极大地降低了部件交货错误的影响范围和严重度，也降低了纠正这些错误的相关成本。通过精确了解部件在供应链中的位置，AIRBUS将集装箱的数量降低了8%，也因此省去了一笔数额不小的运输费用，提高了部件流动的总体效率。借助其先进的供应链，AIRBUS可以很好地应对已知的及意料之外的成本和竞争挑战。

8.5 智能制造工厂

智能制造工厂是通过底层设备互联互通、大数据决策支持、可视化展现等技术手段，进行生产过程的智能化管理与控制，最终实现全面智能生产的工厂。智能工厂的实施可以提高企业生产效率、降低运营成本、缩短产品研制周期、降低产品不良品率、提高能源利用率。其相关技术推广后将全面提升相关行业自动化、智能化水平，对我国从制造大国到制造强国的转型有着十分重大的意义。

8.5.1　智能制造工厂的概念

（1）智能制造工厂的含义

智能工厂是指通过物联网对机器设备等企业实体资源进行端到端集成而建立的融入信息物理系统的新型数字化工厂，也就是以信息物理系统使现有的数字化工厂智能化。智能制造工厂是智能制造服务运作环境的载体，也是工业4.0的主题之一。基于智能工厂可以实现高度智能化、自动化、柔性化和定制化的生产，从而快速响应市场的需求，实现高度定制化的集约化生产。

对于智能制造工厂可以分别从狭义和广义两方面来理解：从狭义上来看，智能工厂是移动通信网络、数据传感监测、信息交互集成、高级人工智能等智能制造相关技术、产品及系统在工厂层面的具体应用，以实现生产系统的智能化、网络化、柔性化；从广义上来看，智能工厂是以制造为基础、向产业链上下游同步延伸的组织载体，涵盖产品整个生命周期作业。

可以看出，智能制造工厂的本质就是通过人机交互，实现人与机器的协调合作，从而优化生产制造流程的各个环节，具体体现在如下几个方面。

① 制造现场：使制造过程透明化，敏捷响应制造过程中的各类异常，保证生产有序进行。

② 生产计划：合理安排生产，减少瓶颈问题，提高整体生产效率。

③ 生产物流：减少物流瓶颈，提高物流配送精确率，减少停工待料问题。

④ 生产质量：更准确地预测质量趋势，更有效地控制质量缺陷。

⑤ 制造决策：使决策依据更翔实，决策过程更直观，决策结果更合理。

⑥ 协同管理：解决各环节信息不对称问题，减少沟通成本，支撑协同制造。

（2）智能制造工厂的类型

① 流程制造的智能工厂模型。

流程制造的智能工厂模型是制造企业对工厂总体设计、工程设计、工艺流程及布局等建立的较完善的系统模型，并进行模拟仿真，设计相关的数据进入企业核心数据库。该模型的建立要求：首先，企业关键生产环节的实现要基于模型的先进控制和在线优化，因此工厂需要配置符合设计要求的数据采集系统和先进控制系统，达到90%以上的生产工艺数据自动采集率和工厂自控投用率；其次，工厂生产实现要基于工业互联网的信息共享及优化管理，因此企业还需建立实时数据库平台，并使之与过程控制、生产管理系统实现互通集成。

流程制造的智能工厂模型的构成包括：与企业资源计划管理系统集成的制造执行系统、生产计划、调度建立模型，功能是实现生产模型化分析决策、过程的量化管理、成本和质量的动态跟踪；企业资源计划管理系统的作用是实现供应链管理中原材料和产成品配送的管理与优化。该模型利用云计算、大数据等新一代信息技术，在保障信息安全的前提下，实现企业经营、管理和决策的智能优化，并通过持续改进实现运行过程动态优化、制造信息和管理信息全程透明、共享，全面提升企业的资源配置优化、操作自动化、实时在线优化生产管理精细化和智能决策科学化水平。

② 离散制造的智能工厂模型。

离散制造的智能工厂模型是制造企业对车间/工厂总体设计、工艺流程及布局建立的数字化模型，并进行模拟仿真，实现规划、生产、运营全流程数字化管理以及将相关数据纳入企业核心数据库。该模型的建立需要采用三维计算机辅助设计、计算机辅助工艺规划、设计和工艺路线仿真、可靠性评价等先进技术，企业产品信息能够贯穿于设计、制造、质量、物流等环节，从而实现产品的全生命周期管理。另外还要建立生产过程数据采集和分析系统，以便充分采集制造进度、现场操作、质量检验、设备状态等生产现场信息并与车间制造执行系统实现数据集成和分析。

离散制造的智能工厂模型的构成包括：车间制造执行系统，功能是实现计划、排产、生产、检验的全过程闭环管理；包括装备、零部件、人员等的车间级工业通信网络系统；企业资源计划管理系统，其中供应链管理模块能实现采购、外协、物流的管理与优化。该模型利用云计算、大数据等新一代信息技术，在保障信息安全的前提下实现经营、管理和决策的优化与企业智能管理与决策，全面提升企业资源配置优化、操作自动化、实时在线优化、生产管理精细化和智能决策科学化水平。另外，通过持续改进该模型，能实现企业设计、工艺、制造、管理、监测、物流等环节的集成优化。

【阅读案例8-8：海尔的离散型智能制造工厂】

海尔作为我国首批智能制造综合试点示范企业，从2008年开始改造传统的制造系统，到目前建立起以沈阳冰箱生产工厂为代表的智能工厂。分析海尔智能工厂可以发现，其主要从以下4个方面来进行离散型智能制造。

第一，通过系统集成实现柔性制造。针对消费需求呈现个性化、多样化的趋势，海尔主动适应需求，对生产工厂进行数字化改造，深化PLM、ERP、iMES、iWMS、SCADA五大系统集成，打通人机互联、机物互联、机机互联、人人互联的信息通道，实现人、机器、生产线的随需交互，实现物联网、互联网和物联网3网融合相通，对产品全生命周期实现全数字化的管理，通过数字化的排产，变传统的长生产线为高度自动化短生产线，实现了柔性生产。

第二，增强生产模块提高装配效率。为了降低产品零部件多带来的生产复杂性，解决柔性生产面临的瓶颈，海尔搭建了模块商资源平台：海达源。模块商注册、用户需求提出、解决方案竞选、评价结果等过程都记录在平台上，实现了供应商、用户和海尔多方透明化协作。

第三，优化资源平台推进协同创新。平台是互联网时代协作创新的技术支撑，是资源汇聚与分享的重要载体。海尔通过深度整合企业内外部资源，构建了七大资源平台，包括交互用户定制平台、零距离虚实营销平台、智联U＋服务平台、开发创新平台、模块商资源平台、智能制造平台、智慧物流平台，涵盖从用户交互到研发设计、物流、智能服务七大流程。

第四，提升产品和技术智能化水平。产品智能互联是电器产品未来发展的趋势。海尔在产品中嵌入温度、湿度、压力等传感器，不断提高产品的智能化水平。

8.5.2　智能制造工厂的架构

智能工厂是实现智能制造的基础和前提，图8.6是智能工厂架构。

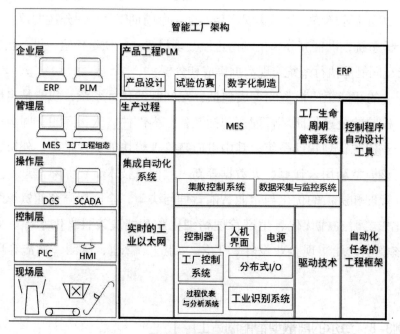

图8.6　智能工厂架构

从图8.6中可以看出，智能工厂分为企业层、管理层、操作层、控制层、现场层5个层次，这五大管理层次又分成产品工程、生产过程、集成自动化系统三大管理集群。

（1）企业层——基于产品的全生命周期管理

企业层是整个智能制造工厂管理模型的最高层，也是整个工厂架构的第一大部分。企业层主要负责统一管控产品研发和制造准备，它将产品设计与试验仿真有效地整合在一起，这样的整合在一定程度上可有效地消除产品在设计过程中的盲区，如设计过程中无法准确定位客户需求的问题、设计过程中无法预知产品能否在生产线生产的问题以及生产过程中是否有些生产环节难度过大从而影响产品整体质量的问题等，避免产品在研发过程中"关门造车"所带来的一些危害。

企业层通过集成ERP和PLM来实现对企业顶层管理的全方位监控与管理，帮助企业层实现全数字化制造，使企业层可以从设计研发到生产进行高度数字化管理，最终实现以顾客所期望产品为中心、自上而下贯穿所有层级的垂直数字化管理。

（2）管理层——生产过程管理

管理层的主要工作是实现生产过程的全数字化管理，也是整个智能制造工厂体系架构的第二大部分，这部分的工作主要在相关的制造职能部门完成。管理层对工厂生命周期管理系统收集来的信息进行整合，然后对整个生产过程中的生产计划做出最合理的安排，避免信息不对称或者信息传递时延所造成的生产计划不合理的问题，提高生产过程中的生产效率，同时降低频繁调整生产计划所产生的生产质量波动的风险。

管理层通过MES对底层的工业控制网络进行监控管理，实时监控底层工业网络的运行情况，并及时反馈生产过程中的问题，对生产计划的执行、跟踪以及生产资源（人、机、料、法、环）的状态进行实时的全面监控管理，对收集到的底层工业网络设备工作状态、产品的生产信息、工厂内物流信息以及产品过程质量监测信息等进行整合分析，以便发现潜在的威胁生产过程的问题并提出解决方案，以预防生产过程中问题的出现。

（3）操作层、控制层、现场层——集成自动化系统

集成自动化系统是智能制造工厂架构的底层管理系统，也是该模型的第三大部分。该系统的工作原理是从底层出发，通过物联网技术自上而下贯通操作层、控制层与现场层3部分，完成对现场设备、生产过程、现场物流状态、人员配备情况、产品过程质量以及生产资料的使用情况等的全方位实时监控，并将监控信息整理成数据反馈给MES。各层的结构如下。

① 操作层。该层包括集散控制系统（DCS）和数据采集与监控系统（Supervisory Control And Data Acquisition，SCADA）。

【阅读案例8-9：数据采集与监控系统】

数据采集与监控系统（SCADA）是一类功能强大的计算机远程监督控制与数据采集系统，它综合利用了计算机技术、控制技术、通信与网络技术，完成对测控点分散的各种过程与设备的实时数据采集、本地与远程的自动化控制，以及生产过程的全面实时监控，并为安

全生产、调度、管理、优化和故障诊断提供必要和完整的数据和支持。

② 控制层。其主要包括PLC和人机接口组成的控制平台，承载任务包括接收上位机系统下发的曲线轨迹和控制指令；解析上位机曲线轨迹，并转化成速度-时间的控制曲线；对现场层驱动器进行控制。

③ 现场层。其通过网络服务器、网络通信链路等基础设施实现车间网络布局，进而支持现场设备的通信功能。现场工控设备与系统包含AGV（自动导引车）、传感器、数控机床、智能仪表、工业机器人等。现场数据采集与显示设备包含移动终端（手机、平板电脑等）、条码扫描枪、FRID采集机、电子看板（机台看板、产线看板、车间看板）、大屏监控中心等。

集成自动化系统以工业以太网（或工业总线）为基础，应用分布式I/O模块，集成工厂的控制系统、过程仪表与分析系统和工业识别系统等，形成工厂的物理网络，实时采集生产过程数据，分析生产过程的关键影响因素，监控生产物流的稳定性和生产设备的实时状态，以实现智能控制整个工厂的生产资源、生产过程，达到智能化、数字化生产的目的，通过集成自动化系统与PLM/ERP的链接，就能在整个企业层级自上而下地数字化驱动。

概括来讲，智能制造工厂的运作流程是：在企业层对产品研发和制造准备进行统一管控，与ERP进行集成，建立统一的顶层研发制造管理系统；管理层、操作层、控制层、现场层通过工业网络（现场总线、工业以太网等）进行组网，实现从生产管理到工业网底层的网络连接，满足管理生产过程、监控生产现场执行、采集现场生产设备和物料数据的业务要求。除了要对产品开发制造过程进行建模与仿真外，还要根据产品的变化对生产系统的重组和运行进行仿真，在投入运行前就要了解系统的使用性能，分析其可靠性、经济性、质量、工期等，为生产制造过程中的流程优化和大规模网络制造提供支持。

智能制造工厂管理模型可以实现高度的集成数字化管理，对智能化、网络化、自动化、柔性化以及定制化的生产过程能做到快速响应，从而提高研发制造过程的效率，提高对市场需求变化响应的灵敏度，实现高度定制化的生产并节约生产资源。

应用案例：智·造——福建百宏以智能制造推动质量管理

福建百宏聚纤科技实业有限公司（以下简称"百宏"）成立于2003年，始终视产品质量管理是企业经营管理第一要务。2008年，公司通过ISO 9001质量管理体系认证并良好运行；2014年又结合产品特性、总结同行经验，利用互联网信息化技术，实现化纤生产车间全流程互联互通。通过建设综合性的高度集成数控自动化生产车间达到质量管理的目标，生产车间集结熔体直纺涤纶长丝纺丝工程模拟计算系统及工艺优化和数字化智能化全自动生产系统，构建"安全、质量、经济"的三维智能制造系统，形成"一致性、准确性、时效性"的生产数据模式。

（1）实施背景

从产品结构调整和企业转型升级的迫切需求来看，大多涤纶长丝企业的生产组织模式是按照营销计划安排生产计划，同质化严重，利润率低。百宏希望依托与强化区域品牌发展优势，开发抗菌、耐磨、透气产品专用涤纶长丝，与各大品牌企业对接融合，开发阻燃、耐污、抗皱、保型产品专用涤纶长丝。在创新产品优势的环境下，产品结构的调整亟待智能产品开发系统的建立，优化产品开发流程与工艺，提高产品开发的效率。

从产品质量检测系统升级的迫切需求来看，目前涤纶长丝生产自动化水平推进速度加快，进展迅速，但就整体工序而言，涤纶长丝检测成为智能制造的瓶颈。产品外观检验完全依赖人工，工作量巨大、人为影响因素多，而大部分物性指标为抽检，检测准确性和产品质量稳定性不高，且检验检测过程无法达到可追溯要求，需要开发在线张力及均匀性监控，建立基于工艺、装备、原料、环境等大数据的在线品质管控系统，实现产品完全可追溯。

从管理迫切性来看，涤纶长丝企业处于成本敏感区，规模大、利润率低，提高效益需要开发中央数据库与定制型制造执行系统（BH-MES）、定制型企业资源计划（BH-ERP）系统互通集成平台，建立基于工业互联网的信息共享及企业经营、管理和决策的优化体系，涵盖大宗原材料价格走势分析、辅助材料品质与供应分析、产量与仓储分析、产品销售趋势分析、客户订货分析等模块，实现全程信息跟踪，实时与客户建立反馈，实现全供应链与产品销售的管理与优化。

（2）智能制造管理

百宏开发的智能制造管理模式分为运营管理层、生产执行层、信息技术层，以安全经济运行和提高企业整体效益为目的，实现整个公司范围内的生产数据实时采集和信息共享。

通过建立企业数据中心，构建企业一体化信息集成系统，实现各系统间数据的智能抽取，消除信息孤岛，有效解决各业务系统间数据分散、数据源分散等造成的数据一致性、准确性、时效性等问题，为信息资源有效利用提供保证。

在智能化技术的帮助下，涤纶长丝自动包装系统开发了机器人手爪柔性化技术，多等级丝卷和纸箱智能分道技术，卷装信息多点绑定和多重校验技术，堆垛机的高速运行及高精度定位技术，分配车的智能化技术，智能跟踪、监控、调度及管理软件技术等，实现卷装从丝车上线、输送、储存、分类、包装到码垛的全程自动化，大幅度提高工作效率。

而数字化智能化车间体系模式，也是化纤行业的一大创新。公司开发BH-MES、BH-ERP系统互通集成平台，建立基于工业互联网的信息共享及涤纶长丝企业经营、管理和决策的优化体系，实现各生产单元的产量、品质、物耗、能耗、成本的量化管理与动态跟踪，实现全供应链与产品销售的管理与优化。

（3）实施与运行

推进智能制造，公司立足于提高生产效率、产品差别化率、产品附加值和生产自动化程度，全面实现科学智能的生产过程及供应链管理，进一步提升聚酯纤维的品质，降低能耗，扩大差别化品种比例，提高其附加值，增加化纤产品在国际市场的竞争力。在公司组织架构上，成立了以总裁为代表，各相关部门主管为成员的企业信息化领导小组，同时成立了信息化管理者代表，以保障信息化工作的开展。实际行动上，百宏目前已引进美国SAP系统，建设了化纤全自动生产车间、生产自动化包装线和10万吨智能化立体式仓库，并不断完善信息网络及数据中心、建设智能化物流系统。

公司通过各类会议反复进行企业文化理念的宣讲，定期开展企业文化和质量文化宣传会议，以巩固、强化员工对质量文化的认识和理解；定期组织各类质量文化活动，如每年持续开展"3·15"消费者权益日活动、质量月活动等。通过质量知识竞赛、技能操作竞赛、质量征文、质量看板、质量标兵评比等多样活动，营造积极向上的质量氛围。此外，公司创办《百宏报》，搭建质量展示平台，宣传企业质量文化，开设专栏刊登每个季度评选的优秀文章，提高员工质量意识。

百宏建立的智能制造管理系统执行于产品的研发设计、生产制造管理、过程控制管理、信息化智能化管理，包括生产工艺仿真与优化系统、生产工艺数据自动采集与可视化系统、产品质量智能在线检测系统、智能物流与仓储系统、BH-MES和BH-ERP系统，通过建立企业数据中心，构建企业一体化信息集成系统。

公司以科技创新为本，其中聚酯装置采用我国纺织工业设计院、五釜连续式及七釜一拖二连续式差别化聚合工艺技术，纺丝装置引进德国巴马格、日本TMT的先进技术设备和纺丝卷绕设备，配备先进的控制系统；加弹装置根据产品种类分别选用巴马格和TMT的加弹机，设备性能优良。公司注重自主创新建设，将成果产业化，自主研发46项、合作研发1项，打造特色，创建品牌。

以产品质量智能在线检测系统为例，针对目前涤纶长丝外观检验、在线张力和理化性能检测的行业性难题，建立熔体直纺生产过程智能检测系统，建立包括原料参数、装备参数和工艺参数的大数据在线品质管理系统，建立涤纶长丝条干、张力不匀率等与产品质量相关的主要参数的在线测试和监控系统，建立毛丝、僵丝、油污丝、卷装成型异常等不良外观的在线检验系统，建立涤纶长丝强度、伸长率、染色一致性等产品理化性能的离线抽检系统。通过对涤纶长丝不匀率的检测，利用波谱图进一步对丝条不匀率的结构进行分析，判断不匀率产生的原因和对织物的影响，找到产生周期性质量变异的部位，以便检查和调整纺丝工艺，为后工序生产提供良好的半成品。

而BH-MES是企业信息化建设的执行层，专注于生产过程的一体化管控，在企业总体信息系统中起着上下衔接的关键作用。系统功能模块包括系统平台、基础数据管理、计划安排管理、配送及库存管理、物料管理、生产过程管理、在制品管理、质量管理、产品自动化包装管理、能源在线监控数据采集管理、文档管理、数据平台、报表管理等，实现涤纶长丝产品物流、产品流程卡流转、制造过程管控信息流、BH-ERP系统信息流线上同步，进而实现生产执行可视化、品质可视化、追溯可视化。

（4）效果

通过智能制造管理方法的实施，对人、机、料、法、环五大生产要素进行管控，以实现从前端采购、生产计划管理到后端仓储物流等生产全过程的智能调度及调整优化，实现柔性生产，从而积累质量管理经验，从以生产任务为核心的信息化管理开始，到各项质量要素和过程的集中管控，最终达到从采购、生产计划与排产、生产作业、仓储物流、完工反馈等全过程的闭环与自适应。通过项目的实施，公司人均年产值由67万元/人提高到100万元/人；新产品研发周期由平均120天降至60天；产品不良品率由3%降至1%；单位产品能耗，2018年同比降低20.02%；柔性化定制化产品占比由43%提高至69%。公司内部推广应用后，预计年销售收入可达到60亿元，实现利润5亿元，利润率达到8%以上，高于行业平均水平的2%~3%，经济效益有望大幅提升。

从社会效益来看，智能制造管理方法的实施可提高产品质量，满足高端市场需求，提高劳动效率，降低生产耗能，为节能和环保做出应有的贡献，同时可引领数字化制造技术在化纤产业的进一步发展，加快推进纺织行业智能化制造转型与升级，有效缓解产品同质化、产品附加值低等难题。通过国产化数字化车间的开发，奠定其在涤纶长丝行业数字地位与影响力，有利于促进涤纶长丝熔体直纺智能制造数字化车间在国内外推广与普及。

百宏建设开发了具有自主知识产权的智能制造管理方法。化纤制造是我国重要的基础材料和纺织工业整体竞争力提升的重要支柱产业，属于国际竞争比较有优势的产业，其中涤纶纤维占化纤的80%以上，是纺织行业重要原材料，我国涤纶长丝产能接近3 000万吨/年。以项目推广后，市场占有率30%计算，百宏的系统可以得到大力推广，带动行业涤纶长丝产能转型升级。

本 章 小 结

随着制造企业的智能化发展，传统的管理模式已经无法满足现代制造型企业发展的需求，智能制造对于其过程的管理提出了更高的要求。本章首先介绍了管理的概念、智能制造管理的发展和主要模式；然后介绍了智能制造管理体系中的成本管理、质量管理和设备管理的概念、特点、管理方法和管理目标，这是智能制造中几个相互独立又紧密相连的重要管理模块；再次介绍了基于智能制造的精益管理模式，它是一种以工业工程技术为核心的，以消除浪费为目标，围绕生产过程进行提升的一种管理形式；最后介绍了智能制造中的供应链管理和智能制造工厂的相关内容，包括供应链管理的概念、智能制造中的供应链管理以及智能制造工厂的概念和结构，其中智能制造工厂对于我国从制造大国到制造强国的转型有着十分重大的意义。

习　题

1. **名词解释**

（1）智能制造管理　　（2）标准成本法　　（3）质量管理

（4）智能设备管理　　（5）智能供应链　　（6）精益管理

（7）智能成本管理　　（8）智能制造工厂

2. **填空题**

（1）智能制造的成本管理具有_____、_____、_____、_____4个特点。

（2）运作现场的精益管理具有的_____、_____和_____等特点，能将企业的精益管理实践逐步引入深入。

（3）供应链的3种流分别是_____、_____、_____。

3. 单项选择题

（1）智能制造管理的主体不包括（　　）。

  A. 高层管理者　　　　　　　　B. 中层管理者

  C. 基层管理者　　　　　　　　D. 基层作业人员

（2）智能设备管理中负责顶层设计的是（　　）。

  A. 集团层　　　B. 公司层　　　C. 产线层　　　D. 业务层

（3）供应链管理的支撑体系不包括（　　）。

  A. 计算机技术　　　　　　　　B. 电子商务技术

  C. 分布处理技术　　　　　　　D. 多代理技术

（4）在智能工厂中，负责统一管控产品研发和制造设备的是（　　）。

  A. 管理层　　　B. 企业层　　　C. 现场层　　　D. 操作层

4. 简答题

（1）简述精益管理的组成。

（2）举例智能制造设备管理的2~3种技术。

（3）智能工厂的各部分是怎么运作的？

5. 讨论题

（1）海立公司的产品生命周期管理是如何进行的？

（2）海尔是如何数字化改造它的离散型智能制造工厂的？

（3）百宏实施的智能制造管理为企业带来了什么利益？